普通高等教育"十三五"应用型人才培养规划教材

U0296993

AutoCAD 2014
快速入门教程

AutoCAD 2014 KUAISU RUMEN JIAOCHENG

主　编／马　铭　王振宁　翟　雁

副主编／王志刚　李　菲　田　龙
　　　　韩向可　徐广晨

参　编／王　倩　赵韩菲

西南交通大学出版社
·成　都·

图书在版编目（ＣＩＰ）数据

AutoCAD 2014 快速入门教程 / 马铭，王振宁，翟雁
主编. —成都：西南交通大学出版社，2015.8（2023.1 重
印）
普通高等教育"十三五"应用型人才培养规划教材
ISBN 978-7-5643-4036-0

Ⅰ. ①A… Ⅱ. ①马… ②王… ③翟… Ⅲ. ①
AutoCAD 软件 – 高等学校 – 教材 Ⅳ. ①TP391.72

中国版本图书馆 CIP 数据核字（2015）第 162010 号

普通高等教育"十三五"应用型人才培养规划教材

AutoCAD 2014 快速入门教程

主编　马铭　　王振宁　　翟雁

责 任 编 辑	李芳芳	
特 邀 编 辑	王小龙	
封 面 设 计	墨创文化	
出 版 发 行	西南交通大学出版社 （四川省成都市金牛区二环路北一段 111 号 西南交通大学创新大厦 21 楼）	
发 行 部 电 话	028-87600564　028-87600533	
邮 政 编 码	610031	
网　　　址	http://www.xnjdcbs.com	
印　　　刷	成都中永印务有限责任公司	
成 品 尺 寸	185 mm × 260 mm	
印　　　张	22.75	
字　　　数	565 千	
版　　　次	2015 年 8 月第 1 版	
印　　　次	2023 年 1 月第 2 次	
书　　　号	ISBN 978-7-5643-4036-0	
定　　　价	39.80 元	

课件咨询电话：028-81435775
图书如有印装质量问题　本社负责退换
版权所有　盗版必究　举报电话：028-87600562

前　言

随着计算机应用技术的迅猛发展，作为现代工业设计的重要组成部分，计算机辅助设计绘图软件 AutoCAD 因其强大的图形绘制和编辑功能以及良好的通用性和易用性，已经广泛应用于机械、建筑、电子、化工、冶金、纺织、出版印刷、地理信息等各种工程设计领域。

本书共分 10 章，涵盖 AutoCAD 各方面的知识，包括 AutoCAD 入门和绘图基础、绘制和编辑二维图形、图层的创建与管理、图块与外部参照、图案填充的使用、文字和表格、尺寸标注以及打印输出等内容。

本书中的每一章内容都遵循由浅入深、简明易懂的理念，针对 AutoCAD 2014 版本二维绘图功能，全面详细地介绍了 AutoCAD 2014 中文版的使用方法，配合大量教学实践中反复验证的经典案例讲解命令，几乎每个主要命令都配有相关例题，在命令讲解和例题中插入大量操作技巧，并在综合实例中详细讲解了绘图流程和技巧，同时配合打印出图的多种方式的详细讲解，能够使读者系统掌握 AutoCAD 绘图和打印输出的全过程。

本书结构清晰，内容充实，简明易懂，适合机械类、建筑类和工业设计类等各专业学生使用，满足工科院校各层次各专业的教学内容要求，同时可以作为相关工程技术人员的自学参考书。

本书由安阳工学院马铭、王振宁、翟雁任主编，王志刚、李菲、田龙、韩向可、营口理工学院徐广晨任副主编，王倩、赵韩菲参编。第 1 章和第 4 章由田龙编写；第 2 章由王倩编写；第 3 章由李菲编写；第 5 章 1~6 节由王志刚编写；第 5 章 7~9 节由徐广晨编写；第 5 章 10~12 节及第 6 章由翟雁编写；第 7 章由马铭编写；第 8 章由韩向可编写；第 9 章由赵韩菲编写；第 10 章由王振宁编写。

由于时间仓促，书中难免有疏漏和不妥之处，恳请广大读者不吝批评指正。

编　者

2015 年 7 月

目　录

第 1 章　初识 AutoCAD 2014

■ 本章导读

本章我们将初步认识 AutoCAD 2014，为进入系统学习提供必要的前提准备，主要涉及内容：了解 AutoCAD 2014 安装、启动和退出的方法；了解 AutoCAD 2014 的工作空间与工作界面，重点掌握"AutoCAD 经典"操作界面的组成及其功能；掌握图形文件的管理；掌握 AutoCAD 2014 帮助系统文件的使用。

■ 本章要点

初识 AutoCAD 2014，了解软件安装、启动和退出的方法；

认识工作空间与界面组成；

掌握图形文件的管理；

掌握帮助文件的使用。

1.1　AutoCAD 2014 的安装、启动和退出

1.1.1　AutoCAD 2014 概述

AutoCAD（Auto Computer Aided Design，计算机辅助设计）是当今国际上应用最为广泛的绘图工具之一，它是由美国 Autodesk 公司开发的计算机辅助设计软件，它具有功能强大、使用方便、体系开放等特点，现已被广泛应用于建筑、机械、电子、航空航天、造船、石油化工、地质矿业、土木工程、广告、纺织等领域。AutoCAD 使工程技术人员从繁重的手工绘图工作中解脱出来，更加轻松高效地完成图形的设计与绘制工作。

在 AutoCAD 2014 中文版的软件界面中，由于工作空间的不同，组成整个软件的工作界面也有所区别。下面对 AutoCAD 2014 中文版的安装、启动和退出进行逐一介绍。

■ 经验交流

AutoCAD 2014 拥有友好的用户界面，通过菜单命令和快捷键便可以进行各种操作，非计算机专业人员也能很快学会使用。

1.1.2　安装 AutoCAD 2014 中文版

在学习使用 AutoCAD 2014 中文版之前，首先需 要安装 AutoCAD 2014 中文版。下面介绍 AutoCAD 2014 中文版的安装方法。

AutoCAD 2014 中文版的硬件要求：

（1）CPU：对于 Windows 8 和 Windows 7：3.0 GHz 及以上（支持 SSE2 技术）；

（2）对于 Windows XP：1.6 GHz（支持 SSE2 技术的）；

（3）内存：2 GB RAM（推荐使用 4 GB 及以上）；

（4）硬盘空间：6 GB 及以上。

（5）浏览器：Internet Explorer 7 或更高版本。

【练习 1-1】　安装 AutoCAD 2014 中文版软件。

案例分析： 在 Windows 7 32 位操作系统中，使用 "AutoCAD_2014_Simplified_Chinese_ Win_32bit_dlm.sfx" 文件，安装 AutoCAD 2014 中文版软件。

AutoCAD 2014 中文版的安装步骤如下：

（1）将 AutoCAD 2014 中文版安装文件拷贝到本地硬盘，双击安装文件，AutoCAD 2014 自解压进入软件安装界面，如图 1-1 所示。

图 1-1　AutoCAD 2014 自解压文件

（2）进入"接受许可协议"页面，选择"我接受"选项，软件将自动初始化，如图 1-2 所示。

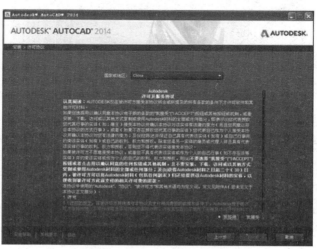

图 1-2　AutoCAD 2014 许可协议

（3）初始化完毕后将打开"AutoCAD 2014 安装向导"，单击"安装产品"，进入下一步安装流程，如图 1-3 所示。

图 1-3　AutoCAD 2014 初始安装界面

（4）在"产品信息"界面输入"产品序列号"和"产品秘钥"后，点击"下一步"，如图 1-4 所示。

图 1-4　输入产品序列号和产品秘钥

（5）进入"安装-配置安装"页面，软件将列出当前配置信息。如需改变安装路径，则单击"浏览"进行选择，如图 1-5 所示。

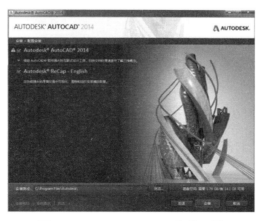

图 1-5　AutoCAD 2014 安装配置

（6）单击"确定"后，软件将自动执行安装。该过程大约需要 1～2 分钟，如图 1-6 所示。

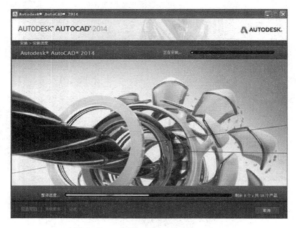

图 1-6　安装 AutoCAD 2014

（7）单击"完成"，完成 AutoCAD 2014 中文版的安装，如图 1-7 所示。

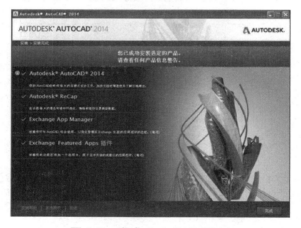

图 1-7　完成 AutoCAD 2014

经验交流

　　安装试用版的 AutoCAD 2014 中文版，还需要输入相应的产品序列号，并对它进行注册与激活。如果不注册激活，AutoCAD 2014 只能试用 30 天。

1.1.3　AutoCAD 2014 的启动与退出

　　在使用 AutoCAD 2014 软件之前，应该了解正确的软件启动和退出方法，这样才能更好地使用软件。

1. 启动 AutoCAD 2014 程序

（1）命令选择法：在任务栏中单击"开始"按钮，然后选择"程序"→"Autodesk"→

"AutoCAD 2014-简体中文（Simplified Chinese）"→"AutoCAD 2014-简体中文（Simplified Chinese）"命令，启动 AutoCAD 2014 程序。

（2）快捷方式法：在完成 AutoCAD 2014 的安装之后，系统会自动在 Windows 桌面上创建 AutoCAD 2014 的快捷方式图标 ，双击快捷方式 图标，即可启动 AutoCAD 2014 程序。

（3）打开文件法：在已安装 AutoCAD 2014 的情况下，双击任意一个后缀名为".dwg"的 AutoCAD 图形文件，在打开该文件的同时即可成功启动 AutoCAD 2014 程序。

2. 退出 AutoCAD 2014 程序

可以通过下列方式退出 AutoCAD 2014：

（1）直接单击 AutoCAD 2014 软件界面右上角的"关闭"按钮 。

（2）在菜单栏中选择"文件"→"退出"命令。

（3）在命令行中输入"EXIT"命令或"QUIT"命令，然后回车执行即可成功退出 AutoCAD 2014。

1.2　工作空间与界面组成

1.2.1　认识 AutoCAD 2014 的工作空间

AutoCAD 2014 提供了"草图与注释""三维基础""三维建模"和"AutoCAD 经典"四种工作空间模式。AutoCAD 2014 的各个工作空间都包含"菜单浏览器"按钮、快速访问工具栏、标题栏、绘图窗口、文本窗口、状态栏和选项板等元素。此外，用户还可以根据需要自定义工作空间。

1. 选择工作空间

可以通过以下两种方式选择工作空间：

（1）状态栏：单击"切换工作空间"按钮 ，选择一种用户常用的"工作空间"，如图 1-8 所示。

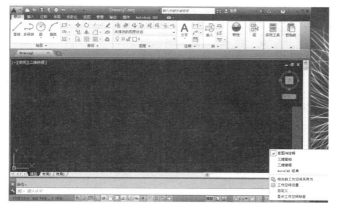

图 1-8　切换工作空间 1

（2）菜单：执行"工具"→"工作空间"命令，选择一种用户常用的"工作空间"，如图1-9 所示。

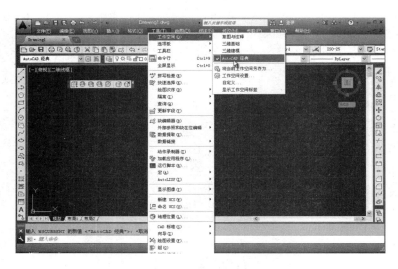

图 1-9　切换工作空间 2

2. "草图与注释"工作空间

如果用户是 AutoCAD 2014 的初始用户，那么在启动 AutoCAD 2014 软件后，将进入如图 1-10 所示的"草图与注释"工作空间，该空间显示了二维绘图常用的工具，用它来绘制二维图形与标注二维图形比较方便快捷。

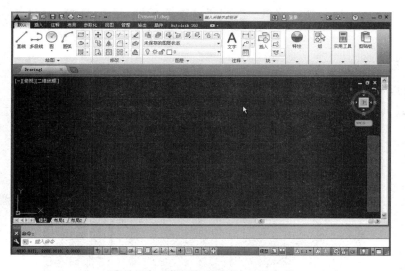

图 1-10　"草图与注释"工作空间

3. "三维基础"工作空间

创建三维模型时，可以使用"三维基础"工作空间。其界面更经典，只显示 7 个常用的与三维建模相关的选项卡，如图 1-11 所示。

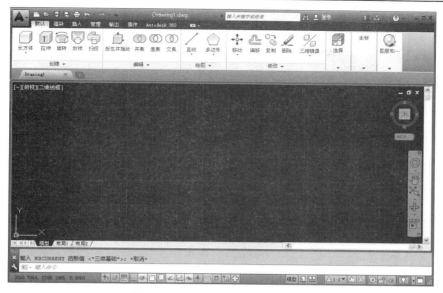

图 1-11 "三维基础"工作空间

4. "三维建模"工作空间

创建三维模型时，可使用"三维建模"工作空间。其界面特点与"草图与注释"工作空间界面相似，但功能区只有与"三维建模"相关的按钮，包含 14 个选项卡，与绘制二维图相关的按钮为隐藏状态，如图 1-12 所示。

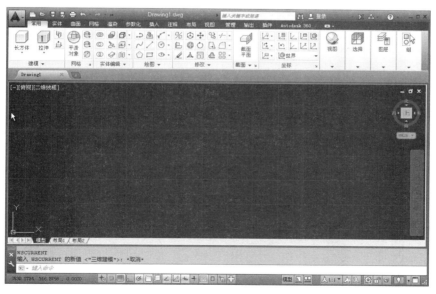

图 1-12 "三维建模"工作空间

5. "AutoCAD 经典"工作空间

对于习惯 AutoCAD 传统工作界面的用户，可以使用"AutoCAD 经典"工作空间创建二维图形，以保持工作界面与旧版本一致，满足老用户的使用习惯，如图 1-13 所示。

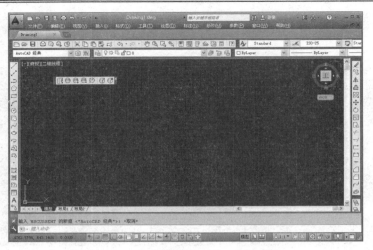

图 1-13 "AutoCAD 经典"工作空间

■ 经验交流

    对熟练操作 AutoCAD 的用户而言,他们习惯使用"AutoCAD 经典"工作空间进行绘图。下面我们将以"AutoCAD 经典"工作空间为例给大家介绍 AutoCAD 2014 工作空间的主要元素。

1.2.2 认识 AutoCAD 2014 经典工作空间

    AutoCAD 2014 经典工作空间主要包含以下几种元素,如图 1-14 所示。

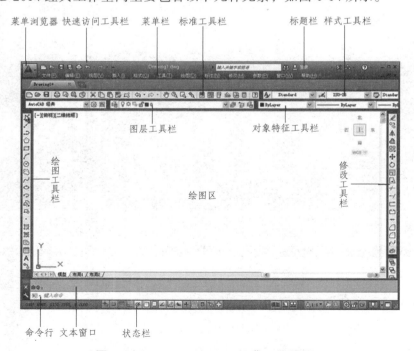

图 1-14 AutoCAD 2014 经典工作界面

1. "菜单浏览器"按钮

AutoCAD 2014 为用户提供了"菜单浏览器"按钮 ，该按钮位于界面左上角。单击该按钮，将弹出如图 1-15 所示的 AutoCAD 菜单，可利用该菜单执行 AutoCAD 2014 的相应命令。

图 1-15 "菜单浏览器"按钮菜单

2. 快速访问工具栏

AutoCAD 2014 的快速访问工具栏提供了最常用快捷按钮，方便用户使用。在默认状态下，快速访问工具栏包含 7 个快捷按钮，如图 1-16 所示。如果需要在快速访问工具栏中添加或删除按钮，可右击快速访问工具栏，在弹出的"自定义用户界面"对话框中进行设置，如图 1-17 所示。

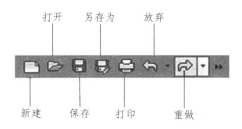

图 1-16 快速访问工具栏

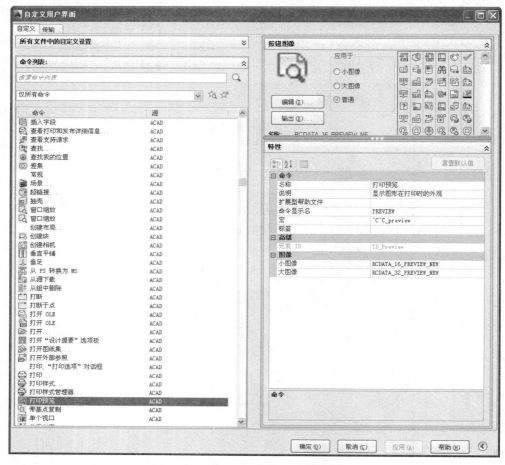

图 1-17　"自定义用户界面"对话框

3. 标题栏

标题栏位于界面的顶端，显示系统正在运行的应用程序和当前操作的文件名称。用户首次启动 AutoCAD 2014 时，标题栏将显示默认图形文件名"Drawingl.dwg"。标题栏信息中心提供多种信息显示，如图 1-18 所示。界面右上角有 3 个按钮▭，单击相应按钮可分别完成工作空间"最小化""最大化""关闭"等操作。

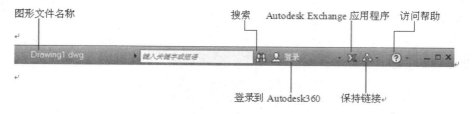

图 1-18　标题栏

4. 菜单栏

菜单栏位于标题栏的下方，包含 AutoCAD 2014 中的全部功能和命令，使用菜单栏的相应命令即可进行图形的绘制，如图 1-19 所示。

| 文件(F) | 编辑(E) | 视图(V) | 插入(I) | 格式(O) | 工具(T) | 绘图(D) | 标注(N) | 修改(M) | 参数(P) | 窗口(W) | 帮助(H) |

图 1-19　菜单栏

AutoCAD 2014 的菜单是下拉菜单，使用下拉菜单时应注意以下几点：

（1）右侧有 "▶" 符号的菜单项，表明该菜单项后面有子菜单，如图 1-20 所示。

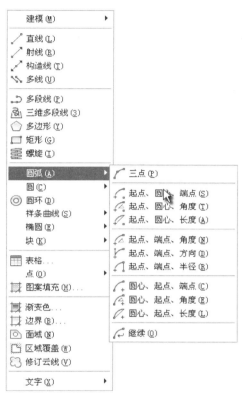

图 1-20　AutoCAD 2014 下拉菜单

（2）右侧有 "…" 符号的菜单项，表明选择该项后系统将弹出相应的对话框。例如，选择 "绘图" → "表格" 命令，将显示出如图 1-21 所示的 "插入表格" 对话框。

（3）右侧没有任何符号的菜单项，选择该项可直接执行或启动相应命令。

（4）菜单项呈灰色，表明该命令在当前状态下不可用。

（5）菜单项后面标有快捷键（菜单项后面括号中的大写字母组合），表明使用相应快捷键也可以执行该菜单命令。

（6）AutoCAD 2014 提供了快捷菜单，单击鼠标右键即可打开快捷菜单。快捷菜单因当前的操作不同或光标所处的位置不同而变化。例如，当光标位于绘图窗口时，单击鼠标右键将弹出如图 1-22 所示的快捷菜单（用户得到的快捷菜单可能与此图显示的菜单有所不同，快捷菜单中位于前面两行的菜单内容与用户前面的操作有关）。

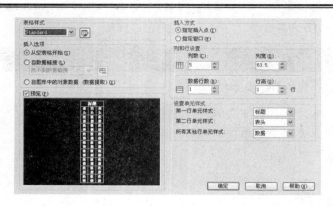

图 1-21　"插入表格"对话框　　　　　　　图 1-22　快捷菜单

5. 工具栏

工具栏是执行 AutoCAD 命令的一种快捷方式，AutoCAD 2014 提供了 50 多个工具栏，工具栏中的每一个图标都形象地表示一个命令，用户只需将鼠标移到某个图标，单击鼠标左键即可执行该命令，如图 1-23、图 1-24 所示。

图 1-23　默认情况下显示的工具栏

图 1-24　"绘图""修改"工具栏

如果现有工具栏中没有用户需要的命令，可在工具栏上任意位置右击鼠标，系统将弹出工具栏的快捷菜单目录，如图 1-25（a）所示（为节省图幅，将此工具栏分为 2 列显示）。用户在需要显示的工具栏命令前单击鼠标左键，即可打开或隐藏某一工具栏命令。在快捷菜单中，前面有"√"符号的菜单项表示对应的工具栏命令已显示。

AutoCAD 2014 的工具栏采用浮动的方式显示，也就是说，可以根据需要将它放置在界面的任意位置。由于计算机的绘图区域有限，所以绘图时应根据需要只打开当前使用或常用的工具栏，并将其拖至绘图界面的适当位置即可。

工具栏的可移动性无疑给用户的设计工作带来了方便，但也通常因为操作失误，而将工具栏拖离原来位置导致无法正常使用。为此，AutoCAD 2014 专门提供了锁定工具栏功能，锁定方法有如下两种：

（1）在任意工具栏上右击鼠标，在弹出的快捷菜单中选择"锁定位置"→"全部"→"锁定"命令，如图 1-25（b）所示。

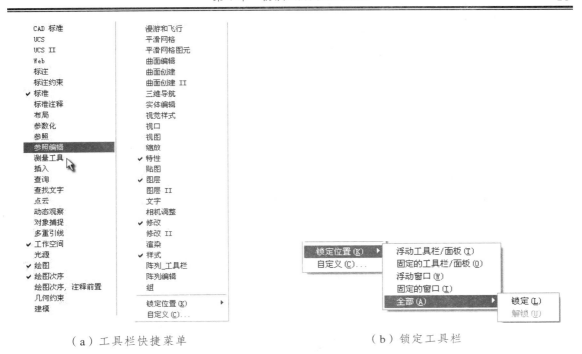

（a）工具栏快捷菜单　　　　　　　　　　（b）锁定工具栏

图 1-25

（2）单击工作界面右下角的 按钮，在弹出的菜单中选择"全部"→"锁定"命令。

6．绘图区

在 AutoCAD 2014 中，绘图区是用户的主要工作区域，图形的设计与修改都在此区域内进行，所有的绘图结果都反映在这个区域中。用户可根据需要关闭绘图区四周和里面的各个工具栏，以增大绘图空间。由于在绘图窗口中往往只能看到图形的局部内容，所以绘图窗口中都包括垂直滚动条和水平滚动条，用来改变观察位置。

在绘图区中，当用户移动鼠标时，绘图区会出现一个随光标移动的十字符号，其交点坐标反映了光标在当前坐标系中的位置。在 AutoCAD 2014 中，将该十字线称为"十字光标"，由定点设备控制，如图 1-26 所示。

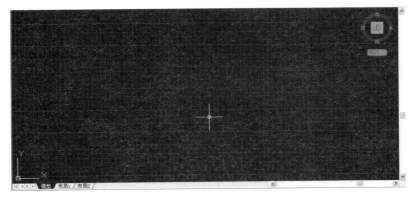

图 1-26　绘图区

在绘图窗口中除了显示当前的绘图结果外，还显示了当前使用的坐标系类型以及坐标原点、X 轴、Y 轴、Z 轴的方向等。默认情况下，坐标系为世界坐标系（WCS）。

绘图窗口的下方有"模型"和"布局"选项卡，单击相应标签可以在"模型空间"和"图纸空间"之间进行切换。

7. 命令行与文本窗口

命令行位于绘图区下方，用于接收用户输入的命令，并显示 AutoCAD 的提示信息。在 AutoCAD 2014 中，"命令行"窗口可以拖放为浮动窗口，如图 1-27 所示。

图 1-27　命令行

"AutoCAD 文本窗口"是记录 AutoCAD 命令的窗口，是放大的"命令行"窗口，它用以记录已执行的命令和输入新命令。在 AutoCAD 2014 中，可以选择"视图"→"显示"→"文本窗口"命令，执行 TEXTSCR 命令或按 F2 键来打开 AutoCAD 文本窗口。这里记录了对文档进行的所有操作，如图 1-28 所示。

```
AutoCAD 文本窗口 - Drawing1.dwg
编辑(E)
指定第一个点:
指定下一点或 [放弃(U)]:
指定下一点或 [放弃(U)]:
指定下一点或 [闭合(C)/放弃(U)]:
指定下一点或 [闭合(C)/放弃(U)]:

命令: 指定对角点或 [栏选(F)/圈围(WP)/圈交(CP)]:
命令: u INTELLIZOOM
命令: 指定对角点或 [栏选(F)/圈围(WP)/圈交(CP)]:
命令: _.erase 找到 3 个

命令:
命令:
命令: line
指定第一个点:
指定下一点或 [放弃(U)]:
指定下一点或 [放弃(U)]:

命令: 指定对角点或 [栏选(F)/圈围(WP)/圈交(CP)]:
命令: _.erase 找到 1 个

命令: TEXTSCR

命令:
```

图 1-28　文本窗口

■■ 经验交流

在绘图过程中，用户一定要注意命令行中出现的信息提示，以便准确、快速地绘制正确的图形。

8. 状态栏

状态栏用于显示和设置当前的绘图状态。状态栏左侧的一组数字反映当前光标的坐标，其余按钮（从左到右）分别表示当前是否启用了捕捉模式、栅格显示、正交模式、极轴追踪、对象捕捉、对象捕捉追踪、动态 UCS、动态输入等功能，以及是否显示线宽、当前的绘图空间等信息，如图 1-29 所示。

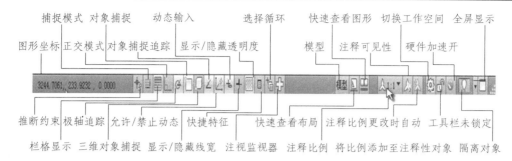

图 1-29   AutoCAD 2014 状态栏

1.3   图形文件管理

对于一个绘图人员或设计人员来说，对大量的图形文件进行有效的管理是非常重要的。下面就逐一介绍"新建文件""打开已有文件""为保存的文件设置密码"等操作。

1.3.1   创建新的图形文件

在快速访问工具栏中单击"新建"按钮 ![btn]，或单击"菜单浏览器"按钮 ![btn]，在弹出菜单中单击"新建"→"图形"命令可以创建新的图形文件，此时将打开"选择样板"对话框，如图 1-30 所示。

图 1-30   "选择样板"对话框

在"选择样板"对话框中，可以在样板列表框中选中某一个样板文件，这时在右侧的"预览"框中将显示该样板的预览图像，单击"打开"按钮，可以将选中的样板文件作为样板来创建新图形。例如，选择样板文件"Tutorial-iArch"创建新图形文件，如图 1-31 所示。样板文件中通常包含与绘图相关的一些通用设置，如图层设置、线型设置、文字样式设置等。使用样板创建新图形不仅提升了绘图的效率，还保证了图形的一致性。

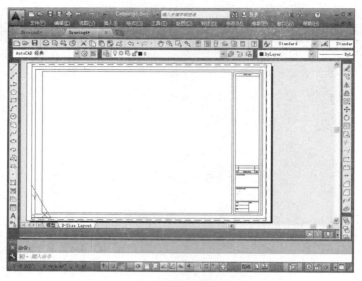

图 1-31　创建新的图形文件

经验交流

在"选择样板"对话框的"文件名"文本框中可以自定义文件名称。

1.3.2　打开图形文件

在快速访问工具栏中单击"打开"按钮，或单击"菜单浏览器"按钮，在弹出菜单中执行"打开"→"图形"命令，在弹出的"选择文件"对话框中选择文件，可以打开已有图形文件，如图 1-32 所示。

图 1-32　"选择文件"对话框

在"选择文件"对话框的文件列表框中，选择需要打开的图形文件，在右侧的"预览"框中将显示出该图形的预览图像。在默认情况下，打开的图形文件的格式均为".dwg"格式。

图形文件可以选择 4 种方式打开；以"打开"和"局部打开"方式打开图形时，可以对图形文件进行编辑；以"以只读方式打开"和"以只读方式局部打开"方式打开图形，则无法对图形文件进行编辑。

1.3.3　保存图形文件

在 AutoCAD 2014 中，可以使用多种方式将所绘图形以文件形式存入磁盘。在快速访问工具栏中单击"保存"按钮 ，或单击"菜单浏览器"按钮 ，在弹出菜单中执行"保存"→"图形"命令，可以保存当前操作的图形文件；单击"菜单浏览器"按钮 ，在弹出菜单中执行"另存为"→"图形"命令，可以将当前图形以新的文件名进行保存。

首次保存创建的图形时，系统将打开"图形另存为"对话框，如图 1-33 所示。文件默认以"AutoCAD 2013 图形（***.dwg）"格式保存，也可以在"文件类型"下拉列表框中选择其他格式进行保存。

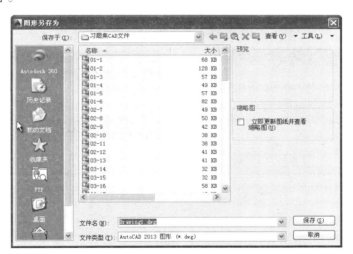

图 1-33　"图形另存为"对话框

1.3.4　加密保护绘图数据

在 AutoCAD 2014 中，保存文件时可以使用密码保护功能，对文件进行加密保存。

在快速访问工具栏中单击"另存为"按钮 ，或单击"菜单浏览器"按钮 ，在弹出菜单中执行"另存为"→"图形"命令，打开"图形另存为"对话框。在该对话框中执行"工具"→"安全选项"命令，打开"安全选项"对话框，如图 1-34 所示。在"密码"选项卡中，可以在"用于打开此图形的密码或短语"文本框中输入密码，然后单击"确定"按钮打开"确认密码"对话框，在"再次输入用于打开此图形的密码"文本框中再次输入密码，如图 1-35所示。

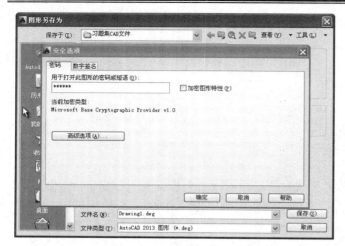

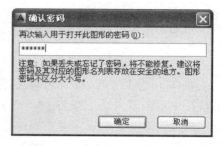

图 1-34 "安全选项"对话框   图 1-35 "确认密码"对话框

为文件设置了密码后，再次打开该文件时系统将打开"密码"对话框，如图 1-36 所示。必须输入正确的密码，否则文件将无法打开。

在进行加密设置时，可以在此选择 40 位、128 位等多种密钥长度。用户可在"密码"选项卡中单击"高级选项"按钮，在弹出的"高级选顶"对话框中进行设置，如图 1-37 所示。

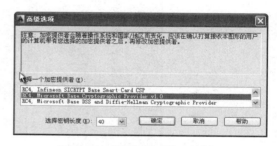

图 1-36 "密码"对话框   图 1-37 "高级选项"对话框

1.3.5 关闭图形文件

单击"菜单浏览器"按钮▲，在弹出菜单中执行"关闭"→"当前图形"命令，或在绘图界面右上角单击"关闭"按钮 ✕，可以关闭当前图形文件。

执行关闭命令后，如果当前图形没有保存，系统将弹出警告对话框，询问是否保存文件，如图 1-38 所示。此时，单击"是（Y）"按钮或直接在键盘上敲击 Enter 键，将保存当前图形文件并将其关闭；单击"否（N）"按钮，将不保存当前图形文件并将其关闭；单击"取消"按钮，将取消关闭当前图形文件操作。

如果当前编辑的图形文件没有命名，那么单击"是（Y）"按钮后，AutoCAD 2014 将打开"图形另存为"对话框，要求用户输入该文件存放的位置和名称。

图 1-38 "AutoCAD"退出提示对话框

1.4　AutoCAD 2014 帮助菜单

AutoCAD 2014 提供了强大的帮助功能，用户可以从中获得各种命令的使用帮助信息，这对于初学者而言，有极大的帮助。

1.4.1　帮助菜单简介

用户可以通过 AutoCAD 2014 提供的各种帮助信息来了解其中各种命令不同的新特性，如图 1-39 所示。

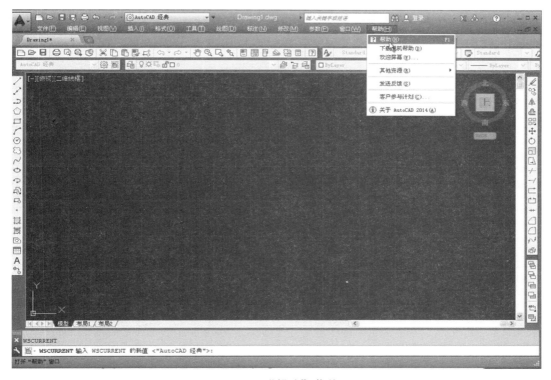

图 1-39　"帮助"菜单

"帮助"菜单中各命令的作用如下：

（1）帮助（H）：AutoCAD 2014 的帮助主题，激活帮助功能。

（2）下载脱机帮助（D）：从 Autodesk 公司网站下载 AutoCAD 2014 的脱机帮助文件，并安装到你的计算机或本地网络中以便脱机使用。

（3）欢迎屏幕（W）：用户可以在此界面中学习 AutoCAD 2014 的新增功能和特性，通过视频快速入门。

（4）其他资源（R）：此界面中包括支持知识库、联机培训资源、联机开发人员中心、开发人员帮助和 AutoCAD 国际用户组五项帮助资源。

（5）发送反馈（S）：通过网络为 Autodesk 公司提供关于软件的反馈信息。

（6）客户参与计划（C）：用户可选择是否参与为 Autodesk 公司提供关于软件开发和新功能及改变现有功能的信息计划。

（7）关于（A）：提供 AutoCAD 2014 的产品名称、产品版本、产品序列号、许可类型、许可 ID 等方面的简要介绍。

1.4.2　实时帮助

命令调用方式：

（1）菜单：执行"帮助"→"帮助（H）"命令。

（2）命令行：输入 HELP 或"？"。

（3）键盘：按 F1 键。

执行"帮助"命令后，弹出帮助窗口，如图 1-40 所示。

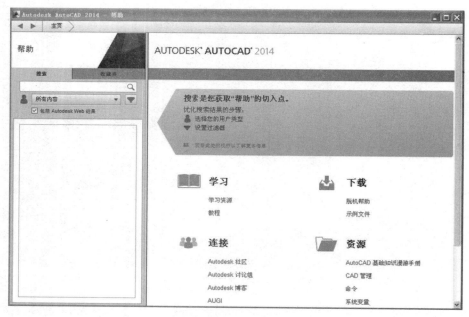

图 1-40　帮助窗口

用户在"帮助"页面中可以通过"搜索"方式查找相关命令的含义及使用方法，也可通过"学习""下载""连接""资源"等快捷方式直接使用 AutoCAD2014 的相关帮助资料。

【练习 1-2】　在"矩形"命令下，使用 AutoCAD 2014 帮助。

案例分析：在 AutoCAD 2014 中文版中，使用帮助文件有多种方法，其中最为简便的方法，是通过对命令输入，再按 F1 键，弹出帮助文件。

"矩形"命令的帮助调用方法如下：

（1）命令行输入 RECTANG。

（2）按 F1 键。

弹出如图 1-41 所示对话框。

图 1-41 RECTANG 帮助

1.4.3 实时助手

AutoCAD 2014 为用户提供一个实时助手的帮助提示功能，每当用户选用命令按钮时，鼠标停留在按钮上时会显示该命令的相关功能信息，这样可以方便用户查看和使用 AutoCAD 2014 软件中的各种选项或命令。图 1-42 展示了鼠标停留在"矩形"工具的实时助手帮助信息。

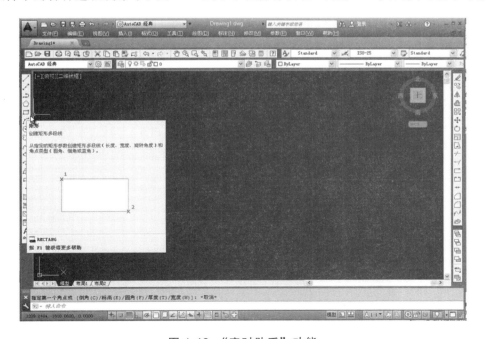

图 1-42 "实时助手"功能

▰ 经验交流

AutoCAD 2014 提供了详尽的帮助系统，特别是"实时助手"对初学用户而言，在不熟悉操作时，提供演示功能，这对于提高命令掌握熟练程度有很大用处。

▰ 本章小结

本章对 AutoCAD 2014 作了初步的介绍，包括 AutoCAD 2014 的安装、启动和退出的方法；初步认识 AutoCAD 2014 工作空间与界面，重点掌握"AutoCAD 经典"操作界面的组成及其功能；掌握图形文件管理；使用 AutoCAD 2014 帮助系统文件。在以后的章节中将深入学习 AutoCAD 2014 的各项应用。

▰ 思考练习

一、简述题

1. AutoCAD 软件有何特点，如何安装 AutoCAD 2014 中文版？

2. AutoCAD 2014 启动与退出有哪些方法？

3. AutoCAD 2014 提供了哪些工作空间模式，如何在这几种空间模式中进行切换，它们之间又有什么区别？

4. 简述"AutoCAD 经典"工作空间的界面各组成部分的功能。

5. 在 AutoCAD 2014 中如何创建一个新的图形文件？

6. 在 AutoCAD 2014 中打开一个图形文件的方式有哪几种，有何区别？

7. 简述保存命令"SAVE""QSAVE"的异同。

8. 在 AutoCAD 2014 中如何对图形文件进行加密保存？

9. 如何使用 AutoCAD 2014 帮助系统？

二、上机操作

1. 熟悉 AutoCAD 2014 启动与退出。

2. 熟悉"AutoCAD 经典"工作空间，打开或关闭某些工具栏，并调整这些工具栏在工作界面中的位置。

3. 新建图形文件"练习 1.dwg"并保存。

4. 新建图形文件"练习 2.dwg"加密保存。

5. 使用 AutoCAD 2014 中"多边形"命令的帮助文件。

第 2 章　AutoCAD 2014 绘图基础

■ 本章导读

本章我们主要学习 AutoCAD 2014 绘图环境，为进入系统学习 AutoCAD 准备必要知识。主要涉及内容：了解 AutoCAD 坐标系的相关知识；掌握图形界限、图形单位和图层的基本绘图设置；掌握命令输入与终止的方式；掌握 AutoCAD 的绘图方法；掌握精确绘图方法。

■ 本章要点

设置绘图环境；
图层设置；
命令的输入与终止；
AutoCAD 绘图方法；
精确绘图。

2.1　设置绘图环境

在绘图之前，应当设置一个最适合自己使用习惯的绘图环境，再进行绘图。设置适合的绘图环境，不仅可以减少后期大量的调整、修改工作，而且又有利于统一格式，便于图形的管理和使用，大大加快绘图过程。

2.1.1　AutoCAD 2014 坐标系与坐标

在使用 AutoCAD 2014 进行绘图时，如果直接使用光标定位来绘制，绘制出来的图形将无法精确地定位对象位置，导致绘出的图形定位不准确，容易出现误差，这时就需要使用坐标系精确定位。AutoCAD 2014 提供了世界坐标系（WCS）和用户坐标系（UCS）两种坐标系，它们都可以通过坐标（x，y）来精确定位点。

1. 世界坐标系（World Coordinate System，WCS）

在 AutoCAD 2014 中，默认使用的坐标系为世界坐标系（WCS），它由 3 个垂直相交的坐标轴 X 轴、Y 轴、Z 轴构成。WCS 坐标轴的交汇处显示"口"形标记，但坐标原点并不在坐标系的交汇点，而位于图形窗口的左下角，所有的位移都是相对于原点计算的，沿 X 轴正向及 Y 轴正向的位移规定为正方向，如图 2-1 所示。

2. 用户坐标系（User Coordinate System，UCS）

在 AutoCAD 2014 中，为了能够更好地辅助绘图，经常需要修改坐标系的原点和方向，这时世界坐标系将变为用户坐标系（UCS）。UCS 是用户根据需要自己建立的坐标轴，其中的 X 轴、Y 轴、Z 轴方向以及原点都可以自由移动和旋转。尽管用户坐标系中 3 个坐标轴之间仍然互相垂直，但是在方向及位置上却都更灵活。另外，UCS 没有"口"形标记，如图 2-2 所示。

图 2-1 "WCS"坐标系   图 2-2 "UCS"坐标系

要设置 UCS，可以选择"工具"中的"命名 UCS""新建 UCS"等命令，也可以执行 UCS 命令。例如，选择"工具"→"新建 UCS"→"原点"命令，在图 2-3（a）所示的界面中单击圆心，这时世界坐标系将变为用户坐标系，圆心将成为新坐标系的原点，如图 2-3（b）所示。

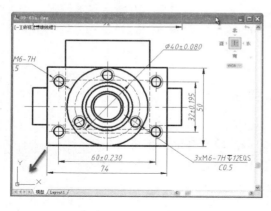

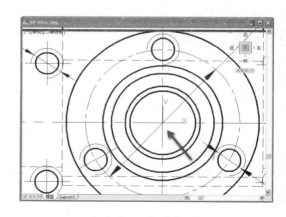

（a）"WCS"坐标系   （b）"UCS"坐标系

图 2-3

3. 坐标的表示方法

在 AutoCAD 2014 绘图时，经常需要指定点的位置。点的坐标可以使用绝对直角坐标、绝对极坐标、相对直角坐标和相对极坐标 4 种方法表示，它们的特点如下：

（1）绝对直角坐标：绝对直角坐标是以坐标原点（0，0）或（0，0，0）作为参考点，对其他点进行定位。其表达式为"（x，y，z）"，可以使用分数、小数或科学记数等形式表示点的 X、Y、Z 坐标值。例如，点（6.3，5.8）和点（3.5，5.6，8.8）。

（2）绝对极坐标：绝对极坐标是以坐标原点（0，0）或（0，0，0）作为参考点，通过某点相对于原点的距离和角度来定义该点的坐标，其表达式为"（L＜a）"。其中，L 表示该点和原点之间的距离，a 表示该点连接原点的边线与 X 轴的夹角（规定 X 轴正向为 0°，Y 轴正向为 90°）。例如，点（5.26＜45）和点（35＜65）。

（3）相对直角坐标：相对直角坐标是指用相对于某一点的 X 轴和 Y 轴位移来定义坐标。它的表示方法是在绝对坐标表达式前加"@"号，其表达式为"（@x，y，z）"。例如，（@16，8，0）和（@112，145）。

（4）相对极坐标：相对极坐标是指用相对于某一点的距离和角度来定义点的坐标。它的表示方法是在绝对坐标表达式前加"@"号，其表达式为（@L＜a），其中，L 表示该点与参考点的距离，a 表示该点连接参考点的边线与 X 轴的夹角。如（@11＜45）。

4．控制坐标的显示

在绘图窗口中移动光标的十字指针时，状态栏上将动态地显示指针的当前坐标。在 AutoCAD 2014 中，坐标显示取决于所选择的模式和程序中运行的命令，共有 3 种模式：

（1）模式 0——"关"：状态栏将显示上一个拾取点的绝对坐标。此时，指针坐标显示将不能动态更新，只有在拾取一个新点时，显示才会更新。但是，从键盘输入一个新点坐标时，不会改变该显示方式。

（2）模式 1——"绝对"：状态栏将显示光标的绝对坐标，该值是动态更新的，默认情况下，显示方式是打开的。

（3）模式 2——"相对"：状态栏将显示一个相对极坐标。当选择该方式时，如果当前处在拾取点状态，系统将显示光标所在位置相对于上一个点的距离和角度。当离开拾取点状态时，系统将恢复到"模式 1"。

在实际绘图过程中，可以根据需要随时按下"F6"键、"Ctrl+I"组合键或单击状态栏的坐标显示区域，在这 3 种方式之间进行切换，如图 2-4 所示。

（a）模式 0——"关"　　　　（b）模式 1——"绝对"　　　　（c）模式 2——"相对极坐标"

图 2-4　坐标的 3 种显示方式

注意：当选择"模式 0"时，坐标显示呈灰色，表示坐标显示是关闭的，但是上一个拾取点的坐标仍然是可读的。在一个空的命令提示符或一个不接收距离和角度输入的提示符下，只能在"模式 0"和"模式 1"之间切换。在一个接收距离和角度输入的提示符下，可以在所有模式间循环切换。

5．创建坐标系

使用 AutoCAD 2014 绘制图形，有时需要根据模型空间的不同，改变坐标的原点和方向，这样易于图形的编辑、修改和观察等操作。这就要求用户创建"用户坐标系（UCS）"。

在 AutoCAD 2014 中，在视图管理器中单击"WCS"→"UCS"（如图 2-5 所示），或在弹出的菜单中选择"工具"→"新建 UCS"命令（如图 2-6 所示），利用它的子命令可以方便地创建 UCS。各项命令意义如下：

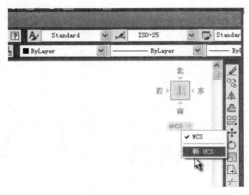

图 2-5 　新建 "UCS"

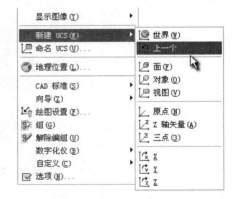

图 2-6 　 "工具" → "UCS"

（1）"世界"：从当前的用户坐标系（UCS）恢复到世界坐标系（WCS）。WCS 是所有用户坐标系的基准，不能被重新定义。

（2）"上一个"：从当前的坐标系恢复到上一个坐标系。

（3）"面"：将 "UCS" 与实体对象的选定面对齐。要选择一个面，可单击该面部分任意位置内或面的边界，被选中的面将亮显，UCS 的 X 轴将与找到的第一个面上的最近坐标边对齐。

（4）"对象"：根据选取的对象快速建立 "UCS"，使对象位于新的 XY 平面，X 轴和 Y 轴的方向取决于选择的对象类型。该选项不能应用于三维实体、三维多段线、三维网格、视口、多线、面域、样条曲线、椭圆、射线、参照线、引线和多行文字等对象。对于非三维的对象，新 UCS 的 XY 平面将与绘制该对象时生效的 XY 平面平行，但 X 轴和 Y 轴可作不同的旋转。

（5）"视图"：以垂直于观察方向（平行于屏幕）的平面为 XY 平面，建立新的坐标系，"UCS" 原点保持不变。常用于注释当前视图时使文字以平面方式显示。

（6）"原点"：通过移动当前 "UCS" 的原点，保持其 X 轴、Y 轴和 Z 轴的方向不变，从而定义新的 "UCS"。可以在任何高度建立新的坐标系，如果没有给原点指定 Z 轴坐标值，将使用当时标高。

（7）"Z 轴矢量"：用特定的 Z 轴正半轴定义 "UCS"。需要选择两点，第一点作为新的坐标系原点，第二点决定 Z 轴的正向，XY 平面将垂直于新的 Z 轴。

（8）"三点"：通过在三维空间的任意位置指定 3 点，确定新 "UCS" 原点及其 X 轴和 Y 轴的正方向，Z 轴根据右手定则确定。其中第 1 点定义坐标系原点，第 2 点定义 X 轴的正方向，第 3 点定义 Y 轴的正方向。

（9）"X" / "Y" / "Z"：旋转当前 UCS 轴来建立新的 "UCS"，在命令行提示信息中输入正或负的角度用以旋转 UCS，根据右手定则来确定绕该轴旋转的正方向。

2.1.2 　设置图形单位

在 AutoCAD 2014 中，图形都是以 1：1 的真实比例进行绘制的，因此，无论是确定图形之间的缩放和标注比例，还是最终出图打印，都需要对图形单位进行设置。AutoCAD　2014

提供了各种专业的图形单位，绘图单位的设置主要包括"长度"和"角度"两部分。

在 AutoCAD 2014 中，执行"格式"→"单位"（UNITS）命令，在打开的"图形单位"对话框中设置绘图时使用的长度单位、角度单位，以及单位的显示格式、精度等参数，如图 2-7 所示。

图 2-7　"图形单位"对话框

注意：

（1）长度类型提供了 5 种类型，分别是"工程""建筑""科学""分数"和"小数"。"工程"和"建筑"类型是以"英尺"和"英寸"为单位显示，每一图形单位代表"1 英寸"。其他类型，如"科学"和"分数"则没有这样的设定，每个图形单位都可以代表任何真实的单位，如图 2-8 所示。

（2）根据需要选择单位的精度，如图 2-9 所示。

图 2-8　长度"类型"

图 2-9　长度"单位"

（3）当在"长度"或"角度"选项区域中设置了长度或角度的类型与精度后，在"输出样例"选项区域中将显示它们对应的样例。

（4）在"图形单位"对话框中，单击"方向"按钮，可以利用打开的"方向控制"对话框设置起始角度（0° 角）的方向。默认情况下，起始角度的方向是指向右（即正东方或 3 点钟）的方向，也可以选中"其他"单选按钮，并单击"拾取角度"按钮切换到图形窗口，通过拾取两个点来确定基准角度的 0° 方向。如图 2-10 所示，逆时针方向为角度增加的正方向。

【练习 2-1】　设置图形单位，要求长度单位精度为小数点

图 2-10　"方向控制"对话框

后两位，角度单位精度为小数点后一位（十进制），并以图 2-11 所示 AB 方向为基准角度。

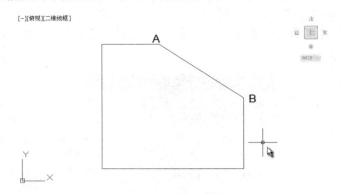

图 2-11　设置图形单位

　　案例分析：要设置图形单位，可以在"图形单位"对话框实现。

　　（1）执行"格式"→"单位"命令，打开"图形单位"对话框。

　　（2）在"长度"选项区域的"类型"下拉列表框中选择"小数"，在"精度"下拉列表框中选择"0.00"。

　　（3）在"角度"选项区域的"类型"下拉列表框中选择"十进制度数"，在"精度"下拉列表框中选择"0.0"。

　　（4）单击"方向"按钮，打开"方向控制"对话框，并在"基准角度"选项区域中选择"其他"。

　　（5）单击"拾取角度"按钮，切换到绘图窗口，然后单击交点"A"和"B"，这时"方向控制"对话框的"角度"文本框中将显示角度值"326.5°"。

　　（6）单击"确定"按钮，依次关闭"方向控制"对话框和"图形单位"对话框。

经验交流

　　默认情况下，AutoCAD 2014 使用十进制单位进行数据显示和输入，也可以根据实际需要对绘图单位的类型和精度进行设置。

2.1.3　设置图形界限

　　图形界限是指绘图区域的边界，它是 AutoCAD 绘图空间中一个假想的矩形区域，可根据绘图需要设定其大小。

　　在 AutoCAD 2014 中，可以选择"格式"→"图形界限"（LIMITS）命令来设置图形界限。在世界坐标系（WCS）下，图形界限由一对二维点确定，即左下角点和右上角点。在发出 LIMITS 命令后，命令提示行将显示如下信息：

　　▦▾LIMITS 指定左下角点或[开(ON)关(OFF)]<0.0000，0.0000>：

　　通过选择"开（ON）"或"关（OFF）"选项可以确定能否在图形界限之外指定一点。如果选择"开（ON）"选项，那么将打开图形界限检查，将不能在图形界限之外结束一个对象，也不能使用"移动"或"复制"命令将图形移到图形界限之外，但可以指定两个点（中心和圆周上的点）来画圆，圆的一部分可能在界限之外；如果选择"关（OFF）"选项，AutoCAD 禁止图形界限检查，可以在图限之外画对象或指定点。

【练习 2-2】　设置 A₄ 图纸的界限。

案例分析： A₄ 图纸幅面为 420×297，要设置图形界限，可以使用"图形界限"命令来实现。

（1）执行"格式"→"图形界限"命令；

（2）在命令行的"指定左下角点[开(ON)/关(OFF)]<0.0000，0.0000>："提示下，输入绘图图限的左下角点（0，0）；

（3）在命令行的"指定右上角点<0.0000，0.0000>："提示下，输入绘图图限的右上角点（420，297）；

（4）在状态栏中单击"栅格"按钮，使用栅格显示图限区域，如图 2-12 所示。

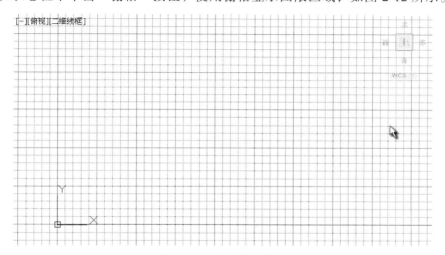

图 2-12　设置图形界限

经验交流

国家标准常用的图纸规格有 A1~A5，一般称之为 0~5 号图纸，设置图形界限应与选用图纸的大小一致。

2.1.4　设置参数选项

在 AutoCAD 2014 绘图时，单击"菜单浏览器"按钮 ，在弹出的菜单中单击"选项"按钮，或执行"工具"→"选项"（OPTIONS）命令打开"选项"对话框，如图 2-13 所示。

"选项"对话框包括"文件""显示""打开和保存""打印和发布"等 11 个选项卡，具体功能如下：

（1）"文件"：指定 AutoCAD 搜索支持文件、驱动程序、菜单文件和其他文件的路径。还可以指定一些用户定义的设置，如指定用于进行拼写检查的目录。

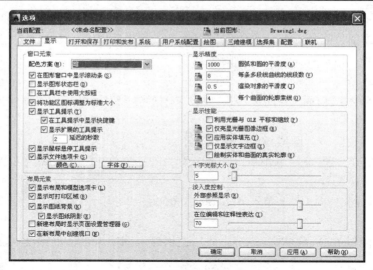

图 2-13 "选项"对话框

（2）"显示"：定义 AutoCAD 的显示特征（如设置窗口元素、布局元素、设置十字光标的十字线长短等），设置显示精度、显示性能等。

（3）"打开和保存"：控制 AutoCAD 中打开与保存文件相关的选项，如设置保存文件时使用的有效格式。

（4）"打印和发布"：控制与打印和发布相关的选项，如设置默认打印设备。

（5）"系统"：控制 AutoCAD 的一些系统设置，如控制与三维图形显示系统的系统特性和配置相关的设置、控制与定点设备相关的选项等。

（6）"用户系统配置"：设置是否使用快捷菜单和对象的排序方式。

（7）"绘图"：设置自动捕捉、自动追踪、自动捕捉标记框颜色和大小以及靶框大小。

（8）"三维建模"：设置三维绘图模式下的三维十字光标、UCS 图标、动态转入、三维对象、二维导航等选项。

（9）"选择"：设置选择集模式、拾取框大小、夹点大小等。

（10）"配置"：实现新建系统配置文件、重命名系统配置文件、删除系统配置文件等的操作。

（11）"配置"：设置 Autodesk 360 相关配置。

【练习 2-3】 初次使用 AutoCAD 2014 时，默认绘图区窗口的背景颜色为黑色，请将其颜色更改为白色。

案例分析： 设置绘图区窗口的背景颜色为白色，可以使用"选项"对话框的"显示"选项卡来设置。

（1）单击"菜单浏览器"按钮，在弹出的菜单中单击"选项"按钮，或执行"工具"→"选项"命令，打开"选项"对话框；

（2）选择"显示"选项卡，在"窗口元素"选项区域中单击"颜色"按钮，打开"图形窗口颜色"对话框；

（3）在"背景"选项区域选择"二维模型空间"选项，在"界面元素"列表框中选"统一背景"选项；

（4）在"颜色"下拉列表框中选择"白色"选项，单击"应用并关闭"按钮完成设置，这时模型空间背景颜色将设置为白色，如图 2-14 所示。

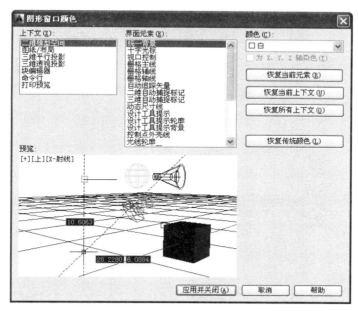

图 2-14 设置背景颜色

2.2 设置图层

图层的概念就如同投影片，将不同属性的对象分别放置在不同的投影片（图层）上，便于我们组织不同类型的信息，如图 2-15 所示。在 AutoCAD 中，图形的每个对象都位于一个图层上，所有图形对象都具有图层、颜色、线型和线宽这 4 个基本属性。在绘制图形时，使用不同的图层、颜色、线型和线宽绘制不同的对象元素，可以方便地控制对象的显示和编辑，提高绘制复杂图形的效率和准确性。

图 2-15 图层示意图

2.2.1 创建图层

在 AutoCAD 2014 中，开始绘制新图形时，系统将自动创建一个名为"0"的特殊图层。默认情况下，图层"0"被指定使用 7 号颜色（白色或黑色，由背景颜色决定）、"Continuous"线型、"默认"线宽以及"NORMAL"打印样式，不能被删除或重命名。如果要使用更多的图形来组织图形，就需要创建新的图层。

选择"格式"→"图层"命令（LAYER），或在"图层"面板中单击"图层特性"按钮，打开"图层特性管理器"选项板，如图 2-16 所示。单击"新建图层"按钮，可以创建新的图层。默认情况下，新建图层名称为"图层 1"，该图层与当前图层的状态、颜色、线性、线宽等设置相同，用户可以根据绘图需要更改图层名。单击"冻结的新图层视口"按钮，也可以创建一个新的图层，只是该图层在所有的视口中都将被冻结。

图 2-16　"图层特性管理器"选项板

经验交流

对新建图层命名时，在图层的名称中不能包含通配符（"*"和"?"）和空格，也不能与其他图层重名。

2.2.2　设置图层

在创建新图层之后，可以在"图层特性管理器" 选项板中，设置图层的各个属性，以满足用户不同绘图要求。

1. 设置图层颜色

在工程制图中，整个图形包含多种不同功能的图形对象，如实体、剖面线、尺寸标注等。为了便于直观地区分它们，有必要针对不同的图形对象使用不同的颜色。例如，实体层使用白色，剖面线层使用青色。

要改变图层的颜色时，可在"图层特性管理器"选项板中，单击该图层的"颜色"列对应的图标，打开"选择颜色"对话框，如图 2-17 所示。在"选择颜色"对话框中包括"索引颜色""真彩色"和"配色系统"3 个选项卡。选择不同的选项卡，即可对颜色进行相应的设置。

（1）"索引颜色"：使用 AutoCAD 的标准颜色（ ACI 颜色 ）。在 ACI 颜色表中，每一种颜色用一个 ACI 编号（ 1 ~ 255 的整数 ）标识。"索引颜色"选项

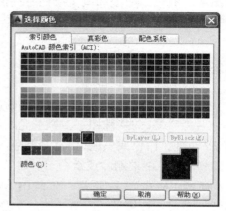

图 2-17　"选择颜色"对话框

卡是一张包含 256 种颜色的颜色表。

（2）"真彩色"：使用 24 位颜色定义显示 16M 色。指定真彩色时，可以使用 RGB 或 HSL 颜色模式。如果使用 RGB 颜色模式，则可以指定颜色的红、绿、蓝组合；如果使用 HSL 颜色模式，则可以指定颜色的色调、饱和度和亮度等要素，如图 2-18 所示。在这两种颜色模式下，可以得到同一种所需的颜色，但是组合颜色的方式不同。

 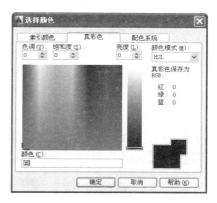

图 2-18　RGB 或 HSL 颜色模式

（3）"配色系统"：使用标准 Pantaone 配色系统设置图层的颜色，如图 2-19 所示。

2. 设置图层线型

线型是指作为图形基本元素的线条的组成和显示方式，如实线、点画线等。在绘图工作中，常常以线型划分图层。为某一个图层设置适合的线型后，在绘图时只需将该图层设置为当前工作层，即可绘制出符合线型要求的图形对象，可极大地提高绘图效率。

（1）设置图层线型。

在绘制图形时，需要使用线型来区分图形元素，这就必须先对线型进行设置。默认情况下，图层的线型为"Continuous"。如果需要改变线型，可在图层列表中单

图 2-19　"配色系统"对话框

击"线型"列的"Continuous"，打开"选择线型"对话框，在"已加载的线型"列表框中选择一种线型，即可将其应用到图层中，如图 2-20（a）所示。

 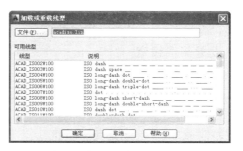

（a）"选择线型"对话框　　　　　　　　　（b）"加载或重载线型"对话框

图 2-20

（2）加载线型。

默认情况下，在"选择线型"对话框的"已加载的线型"列表框中只有"Continuous"一种线型。如果需要使用其他线型，必须将其添加到"加载或重载线型"列表框中。单击"选择线型"对话框底部的"加载"按钮打开"加载或重载线型"对话框，从线型库中选择需要加载的线型，然后单击"确定"按钮即可，如图 2-20（b）所示。

经验交流

AutoCAD 2014 提供了"acad.lin"和"acadiso.lin"两种线型库文件类型。其中，在英制测量系统下使用"acad.lin"；在公制测量系统下使用"acadiso.lin"。

（3）设置线型比例。

选择"格式"→"线型"命令，打开"线型管理器"对话框，可设置图形中的线型比例，进而改变非连续线型的外观，如图 2-21 所示。

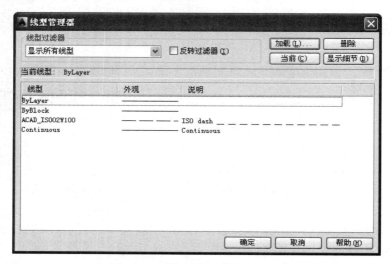

图 2-21 "线型管理器"对话框

"线型管理器"对话框显示当前使用的线型和可选择的其他线型。在线型列表中选择了某一线型，并单击"显示细节"按钮后，可以在"详细信息"选项区域中设置线型的"全局比例因子"和"当前对象缩放比例"。其中，"全局比例因子"用于设置图形中所有线型的比例，"当前对象缩放比例"用于设置当前选中线型的比例。

3. 设置图层线宽

线宽设置就是改变线条的宽度。使用不同宽度的线条表现图形对象的类型，可以提高图形的表达能力和可读性。例如，在绘制外螺纹时，大径使用粗实线，小径使用细实线。

要设置图层线宽，可在"图层特性管理器"选项板中单击"线宽"列对应的图标，打开"线宽"对话框，有 20 多种线宽可供选择，如图 2-22 所示。

选择"格式"→"线宽"命令，打开"线宽设置"对话框，通过调整线宽比例，使图形中的线宽显示得更宽或更窄，如图 2-23 所示。

图 2-22　"线宽"对话框

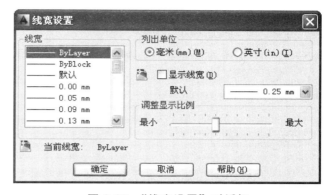

图 2-23　"线宽设置"对话框

在"线宽设置"对话框的"线宽"列表框中选择所需线条的宽度后，还可以设置其单位和显示比例等参数，各选项的功能如下：

（1）"列出单位"：设置线宽的单位，可以是"毫米"或"英寸"。

（2）"显示线宽"：设置是否按照实际线宽来显示图形。

（3）"默认"：设置默认线宽值（关闭显示线宽后 AutoCAD 所显示的线宽）。

（4）"调整显示比例"：通过调节显示比例滑块，设置线宽的显示比例大小。

【练习 2-3】　创建图层"中心线层"，要求该新建颜色为"红色"，线型为"CENTER"，线宽为 0.15 毫米，如图 2-24 所示。

图 2-24　设置"中心线层"

案例分析： 要创建图层"中心线层"，可以使用"图层特性管理器"选项板进行设置。

（1）执行"格式"→"图层"命令，打开"图层特性管理器"选项板。

（2）单击选项板上方的"新建图层"按钮 ，创建一个新的图层，并在"名称"列对应的文本框中输入"中心线层"。

（3）在"图层特性管理器"选项板中单击"颜色"列的图标，打开"选择颜色"对话框，在标准颜色区中单击红色，这时"颜色"文本框中将显示颜色的名称"红色"，单击"确定"按钮。

（4）在"图层特性管理器"选项板中单击"线型"列的"Continuous"，打开"选择线型"对话框。单击"加载"按钮，打开"加载或重载线型"对话框，在"可用线型"列表框中选择线型 CENTER，然后单击"确定"按钮。

（5）在"图层特性管理器"选项板中单击"线宽"列的"线宽"，打开"选择线型"对话框，在"线宽"列表框中选择 0.15 mm，然后单击"确定"按钮。

（6）设置完毕后，单击"确定"按钮。

2.2.3　图层管理

在 AutoCAD 中创建完图层后，需要对其进行管理，包括图层特性的设置、图层的切换、图层状态的保存与恢复等。

1.　设置图层特性

使用图层绘制图形时，新对象的各种特性将默认为"随层"，由当初图层的默认设置决定。也可以单独设置对象的特性，新设置的特性将覆盖原来"随层"的特性。在"图层特性管理器"对话框中，每个图层都包含"状态""名称""打开/关闭""冻结/解冻""锁定/解锁""线型""颜色""线宽"和"打印样式"等特性，如图 2-25 所示。在 AutoCAD 2014 中，图层的各列属性可以显示或隐藏。如需改变图层属性的显示方式，只需右击图层列表的标题栏，在弹出的快捷菜单中选择或取消选择命令即可。

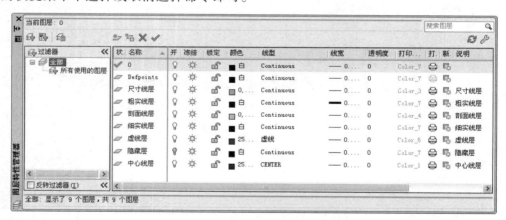

图 2-25　图层特性

AutoCAD 2014 中图层各列属性的功能如下：

（1）"状态"：显示图层和过滤器的状态。其中，当前图层标识为 。

（2）"名称"：图层的名字，是图层的唯一标识。默认情况下，图层的名称以图层 0、图层 1、图层 2……的编号依次递增，可以根据需要为图层定义能够表达用途的名称。

（3）"开关状态"：单击"开/关图层"按钮 ，可以控制图层的可见性。图层打开时，按钮的颜色为黄色，该图层上的图形可以显示在屏幕上或绘制在绘图仪上。单击该按钮，使其呈灰暗色时，该图层上的图形将不显示在屏幕上，而且不能被打印输出，但仍然作为图形的一部分保留在文件中。

（4）"冻结"：单击"在所有视口中冻结/解冻"按钮 ☼ ，可以冻结图层或将解冻图层。当 ☼ 按钮呈雪花灰暗色时，该图层处于冻结状态；当其呈太阳黄色时，该图层处于解冻状态。冻结图层上的对象不能显示，不能打印，也不能编辑。修改图层的图形对象，在冻结该图层后，该图层上的对象不影响其他图层上对象的显示和打印。图层被解冻后，图层上的图形对象将能够被显示、编辑和打印输出。

（5）"锁定"：单击"锁定/解锁图层"按钮 🔓，可以锁定图层或解锁图层。锁定图层后，图层上的图形依然可以显示在屏幕上或打印输出，也可以在该图层上绘制新的图形对象。但是，为了防止对图形的意外修改，用户不能对锁定图层上的图形进行编辑、修改操作。用户可以对当前图层进行锁定，也可对锁定图层上的图形进行查询和对象捕捉。

（6）"颜色"：单击"颜色"列对应的图标，可以使用打开的"选择颜色"对话框来选择图层颜色。

（7）"线型"：单击"线型"列显示的线型名称，可以使用打开的"选择线型"对话框来选择所需要的线型。

（8）"线宽"：单击"线宽"列显示的线宽值，可以使用打开的"线宽"对话框来选择所需要的线宽。

（9）"透明度"："透明度"用于选择和输入当前图形中选定图层的透明度级别。

（10）"打印样式"："打印样式"控制对象的打印特性，包括颜色、抖动、灰度、笔号、虚拟笔、淡显、线型、线宽、线条端点样式、线条连接样式和填充样式等。打印样式给用户提供了很大的灵活性，因为用户可以设置打印样式来替代其他对象特性。当然，也可以根据实际需要关闭这些替代设置。如果使用的是彩色绘图仪，则不能改变这些打印样式。

（11）"打印"：单击"打印/不打印"按钮 🖨，可以设定打印时该图层是否打印，以保证图形显示可见时控制图形的打印特征。打印功能只对可见图层起作用，对于已经被冻结或被关闭的图层不起作用。

（12）"冻结新视口"：在不解冻图形中设置为"关"或"冻结"的图层的前提下，控制位于当前视口的图层的冻结和解冻。该功能对于模型空间视口不可用。

（13）"说明"：双击"说明"列，可以为图层或组过滤器添加必要的说明信息。

▰▰ 经验交流

　　合理利用图层，可以事半功倍。我们在绘制图形之前，先设置一些基本图层，每个图层锁定自己的专门用途，这样我们只需绘制一份图形文件，就可以组合出许多的图纸，需要修改时也可以针对各个图层单独进行。

2. 切换图层

在"图层特性管理器"对话框的图层列表中，选择某一图层后，单击"当前图层"按钮 ✓，或在"AutoCAD 经典"界面中"图层"工具栏的"图层控制"下拉列表框中选择某一图层，都可将该层设置为当前层，如图 2-26 所示。

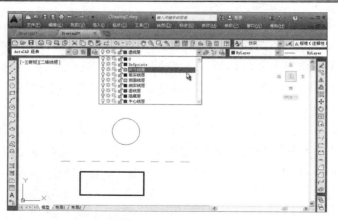

图 2-26　图层切换

■■■ 经验交流

在实际绘图中，绘制完某一图形元素后，发现该元素并没有绘制在预先设定的图层上，此时可选中该图形元素，并在"图层"工具栏的"图层控制"下拉列表框中选择目标图层名，即可改变对象所在图层。

3.　保存与恢复图层状态

图层设置包括图层状态和图层特性的设置。图层状态设置包括图层的打开、冻结、锁定、打印和在新视口中自动冻结等设置。图层特性设置包括颜色、线型、线宽和打印样式等设置。用户可以根据需要选择要保存的图层状态和图层特性。例如，可以选择只保存图形中图层的"冻结/解冻"设置，忽略所有其他设置。恢复图层状态时，除了恢复每个图层的"冻结或解冻"设置以外，其他设置仍将保持当前设置。

（1）保存图层状态。如果要保存图层状态，可在"图层特性管理器"对话框的图层列表中右击要保层的图层，在弹出的快捷菜单中选择"保存图层状态"命令，打开"要保存的新图层状态"对话框，如图 2-27 所示。在"新图层状态名"文本框中输入图层状态的名称，在"说明"文本框中输入相应的图层说明文字，然后单击"确定"按钮即可。

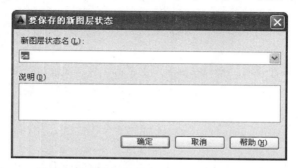

图 2-27　"要保存的新图层状态"对话框

（2）恢复图层状态。

如果不小心改变了图层的显示等状态，用户可以通过以下操作恢复到以前保存的图层设置。在"图层特性管理器"对话框的图层列表中右击要恢复的图层，在弹出的快捷菜单中选择"恢复图层状态"命令，打开"图层状态管理器"对话框，选择需要的恢复的图层状态，单击"恢复"按钮即可，如图 2-28 所示。

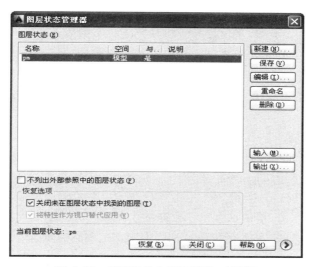

图 2-28 "图层状态管理器"对话框

4. 使用图层工具

在 AutoCAD 2014 中使用"图层工具"，可以更加方便地管理图层。单击"格式"→"图层工具"，用户可以通过图层工具的各项子命令来管理图层，如图 2-29 所示。

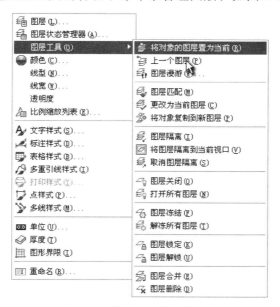

图 2-29 "图层工具"子命令

"图层工具"的各项子命令意义如下：

（1）"隔离"按钮 ：单击该按钮，将选定对象的图层隔离；

（2）"取消隔离"按钮 ![icon]：单击该按钮，可以恢复由"隔离"命令隔离的图层；

（3）"关"按钮 ![icon]：单击该按钮，将选定对象的图层关闭；

（4）"冻结"按钮 ![icon]：单击该按钮，将选定对象的图层冻结；

（5）"匹配"按钮 ![icon]：单击该按钮，将选定对象的图层更改为选定目标对象的图层；

（6）"上一个"按钮 ![icon]：单击该按钮，将恢复上一个图层设置；

（7）"锁定"按钮 ![icon]：单击该按钮，锁定选定对象的图层；

（8）"解锁"按钮 ![icon]：单击该按钮，解锁选定对象的图层；

（9）"打开所有图层"按钮 ![icon]：单击该按钮，打开图形中的所有图层；

（10）"解冻所有图层"按钮 ![icon]：单击该按钮，解冻图形中的所有图层；

（11）"更改为当前图层"按钮 ![icon]：单击该按钮，将选定对象的图层更改为当前图层；

（12）"将对象复制到新的图层"按钮 ![icon]：单击该按钮，将图形复制到不同的图层；

（13）"图层漫游"按钮 ![icon]：单击该按钮，隔离每个图层；

（14）"隔离到当前视口"按钮 ![icon]：单击该按钮，将对象的图层隔离到当前视口；

（15）"合并"按钮 ![icon]：单击该按钮，合并两个图层，并从图形中删除第一个图层；

（16）"删除"按钮 ![icon]：单击该按钮，从图形中永久删除图层。

2.3　命令输入与终止

在 AutoCAD 2014 中进行交互式绘图时，必须输入必要的命令和参数。AutoCAD 2014 提供了多种命令输入方式，它们通过菜单命令、工具按钮、命令和系统变量来实现，且这些菜单命令、工具按钮、命令和系统变量都是相互对应的。可以选择某一菜单命令，或单击某个工具按钮，或在命令行中输入命令和系统变量来执行相应命令，完成相应绘图操作。

2.3.1　鼠标操作执行命令

在 AutoCAD 绘图窗口中，光标通常显示为"十"字线形式。当光标移至菜单、工具栏按钮或对话框内时，它会变成一个箭头。无论光标是"十"字线形式还是箭头形式，单击鼠标键都会执行相应的命令。在 AutoCAD 中，鼠标键是按照下述规则定义的。

（1）拾取键：通常指鼠标左键，用于指定屏幕上的点，也可以用来选择 Windows 对象、AutoCAD 对象、工具栏按钮和菜单命令等。

（2）回车键：单击鼠标右键，相当于键盘的 Enter 键，用于结束当前使用的命令，此时系统将根据当前绘图状态弹出不同的快捷菜单。

（3）弹出菜单：当使用 Shift 键和鼠标右键的组合时，系统将弹出一个快捷菜单，用于设置捕捉点的方法。

（4）拖动：在不同的命令状态下其功能会有不同，如对视图操作时，按住鼠标左键并移动，可以实现对视图的平移、缩放等控制，同时对实现从工具选项板向绘图区添加块。

（5）视图实时缩放：当使用有滚轮的鼠标，上下滚动滚轮可以直接实现对视图的实时缩放，不需要利用视图控制命令来实现。

2.3.2　使用键盘输入命令

在 AutoCAD 2014 中进行绘图、编辑等操作时，都需要通过键盘输入完成。通过键盘可以输入命令和系统变量，另外键盘还是输入文本对象、数值参数、点的坐标以及进行参数选择的唯一方法。

2.3.3　使用"命令行"

在 AutoCAD 2014 中，默认情况下"命令行"是一个可固定的窗口，可以在当前命令行提示下输入命令、对象参数等内容，如图 2-30 所示。对于大多数命令，"命令行"可以显示执行完的两条命令（命令历史），而对于部分特殊命令，例如 TIME、LIST 命令，要在放大的"命令行"或"AutoCAD"中才能显示。

在"命令行"窗口中单击鼠标右键，AutoCAD 将显示一个快捷菜单，如图 2-31 所示。通过该快捷菜单可以选择最近使用的 6 个命令、复制选定的文字或全部历史、粘贴文字，以及打开"选项"对话框。

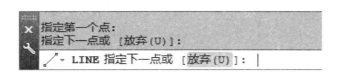

图 2-30　命令行　　　　　　　　　　　　图 2-31　命令行快捷菜单

在命令行中，还可以使用 BackSpace 键和 Delete 键来删除命令行中的文字，也可以选中命令历史，执行"粘贴到命令行"命令，将其粘贴到命令行中。

2.3.4　使用"AutoCAD"文本窗口

"AutoCAD 文本窗口"是一个滑动窗口，可以在其中输入命令或查看命令提示信息，还可以查看执行的命令历史。"AutoCAD 文本窗口"中的内容是只读的，不能对其进行修改。

默认情况下，"AutoCAD 文本窗口"处于关闭状态，可在弹出的菜单中选择"视图"→"显示"→"文本窗口"命令打开它，也可以按下 F2 键来显示或隐藏它。在"AutoCAD 文本窗口"中，使用"编辑"菜单的命令，可以选择最近使用过的命令，也可以复制选定的文字操作，如图 2-32 所示。在文本窗口中，可以查看当前图形的全部历史。如果要浏览命令文字，可以使用窗口滚动条或命令窗口浏览键。

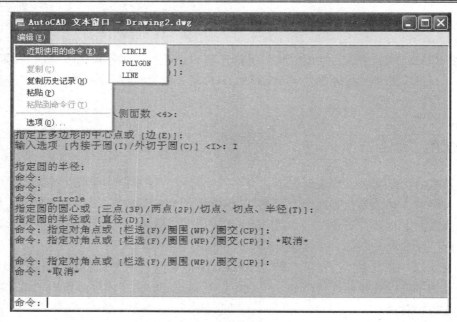

图 2-32　AutoCAD 文本窗口

2.3.5　使用系统变量

在 AutoCAD 中，系统变量用于控制某些命令、功能和设计环境的工作方式，它可以打开和关闭捕捉、栅格、正交等绘图模式，设置默认的填充图案，或存储当前图形和 AutoCAD 配置的有关信息。

系统变量通常是 6～10 个字符长的缩写名称，许多系统变量有简单的开关设置。例如"GRIDMODE"系统变量用来显示或关闭栅格，当在命令行中输入"GRIDMODE 的新值<1>:"，根据提示输入 0 时，可以关闭栅格显示；输入 1 时，可以打开栅格显示。有些系统变量则用来存储数值或文字，例如，DATE 系统变量则是用来存储当前日期。

用户可以在对话框中修改系统变量，也可以直接在命令行中修改系统变量。例如，如果要使用 ISOLINES 系统变量修改曲面的线框密度，可在命令行提示下输入该系统变量名称并按 Enter 键，然后输入新的系统变量值并按 Enter 键即可。

2.3.6　终止命令的方法

在 AutoCAD 2014 中，终止命令表示结束某一项操作。常用的方法有以下 5 种：

（1）按 Enter 键终止命令；

（2）按 Esc 键终止命令；

（3）单击鼠标右键，在弹出的快捷菜单中选择"确认"或"取消"菜单项；

（4）在执行过程中切换命令时，则当前命令自动终止；

（5）有的命令正常完成后自动终止，如 MOVE（移动）命令。

2.3.7　命令的重复、撤销与重做

在 AutoCAD 中绘图时，有时会重复执行一些操作，有时也会出现错误操作，如果要重新绘制图形或修改图形，会浪费大量的时间和精力，而使用命令的"重复""放弃"和"重做"功能，就能够很好解决这些问题。

1．重复命令

在 AutoCAD 中，可以使用多种方法来重复执行命令：

（1）在执行一个命令之后，按空格键就可以重复上一次执行的命令；

（2）在执行一个命令之后，按 Enter 键就可以重复上一次执行的命令；

（3）在绘图区域右击鼠标，然后从弹出的快捷菜单中选择"重复"菜单项，即可重复上一次执行的命令。

2．放弃命令

可以通过多种方法放弃最近的一个或多个操作。

（1）在"快速访问工具栏"中单击"放弃"按钮 ↩ 。

（2）在命令行中输入"Undo"，然后按 Enter 键，输入要放弃的操作数目，再按 Enter 键即可。

（3）使用 Ctrl+Z 组合键。使用按钮和组合键放弃命令时，发出一次命令放弃一次操作。若要放弃多步操作，可重复多次发出放弃命令。

（4）"U"命令。在命令行输入任意次"u"，每次后退一步，直到图形回到与当前编辑任务开始前状态为止。

3．重做命令

撤销一个或多个操作后，发现多撤销了一次或多次，可进行如下操作重做命令：

（1）在"快速访问工具栏"中单击"重做"按钮 ➙ ；

（2）在命令行输入"Redo"或"Mredo"；

（3）按 Ctrl+Y 组合键。

■ 经验交流

重做命令只有在进行了放弃操作以后才可以使用，并且只能执行到用户最后一步放弃操作。使用按钮和组合键重做命令时，每发出一次命令对应重做一个已放弃的操作，如果要重做多步操作，可多次发出重做命令。输入"Mredo"可以一次性重做多步操作。

2.4　AutoCAD 绘图方法

在 AutoCAD 2014 中，系统提供了多种方法来实现相同功能，它主要通过使用菜单栏、工具栏、绘图命令、选项和"菜单浏览器"按钮板等绘制基本图形对象。

2.4.1　使用菜单栏

在 AutoCAD 2014 中，"绘图"菜单是绘制图形最基本也是最常用的方法，其中包含了绝大部分常用绘图命令，如图 2-33 所示。使用该菜单中的命令或子命令，可以绘制出相应的二维图形。"绘图"菜单中的命令与工具栏中的按钮对应，单击按钮可以执行相应的绘图命令。

图 2-33　"绘图"菜单

2.4.2　使用工具栏

AutoCAD 工具栏中的每个按钮与"绘图"菜单中的命令对应，单击按钮即可执行相应的绘图操作，如图 2-34 所示。。

图 2-34　"绘图"工具栏

2.4.3　使用绘图命令

使用绘图命令也可以绘制图形。在命令提示行中输入绘图命令，根据命令行的提示信息进行相关的绘图操作，如图 2-35 所示。这种绘图方法快捷、准确性高，但是要求熟记绘图命令。在早期的 AutoCAD 版本中，绘图操作基本都是通过"绘图"菜单和绘图命令完成的。

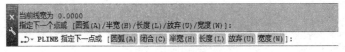

图 2-35　使用绘图命令

2.4.4 使用"功能区"选项板

在"草图与注释"工作空间中，AutoCAD 2014 提供了"功能区"选项板，它集成了"默认""插入""注释""布局""参数化""视图""管理""输出""插件""Autodesk360"等选项卡，单击选项卡中的面板按钮，可以执行相应的绘图或编辑操作，如图 2-36 所示。

图 2-36 "功能区"选项板

2.4.5 使用"菜单浏览器"按钮

单击"菜单浏览器"按钮，在弹出的菜单中选择相应的命令，也可以完成部分绘图命令，如图 2-37 所示。

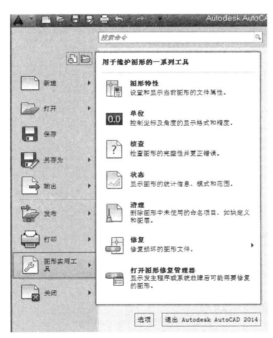

图 2-37 "菜单浏览器"按钮

■■ 经验交流

在实际绘图时，AutoCAD 2014 采用命令行工作机制，以命令的方式实现系统与用户的信息交互，完成图形绘制。根据绘图操作需要，分别调用这 5 种不同方式的绘图命令。

2.5 精确绘图

在 AutoCAD 2014 中，系统提供了多种辅助绘图功能，允许用户在不输入坐标，不必进行烦琐计算的情况下快速、精确地绘制图形，帮助用户提高绘图效率和精确性。这些辅助绘图功能主要有"栅格与捕捉""对象捕捉""自动追踪""动态输入"等。

2.5.1 栅格、捕捉和正交

"栅格"是一些有着特定的距离的线所组成的网格，类似于坐标纸，可以直观显示对象之间的距离同时对齐对象。虽然栅格在屏幕上是可见的，但它并不是图形对象，因此并不会被打印成图形中的一部分，也不会影响绘图位置，如图 2-38 所示。"捕捉"用于设定鼠标光标移动的间距。使用"捕捉"和"栅格"功能，可以提高绘图效率。

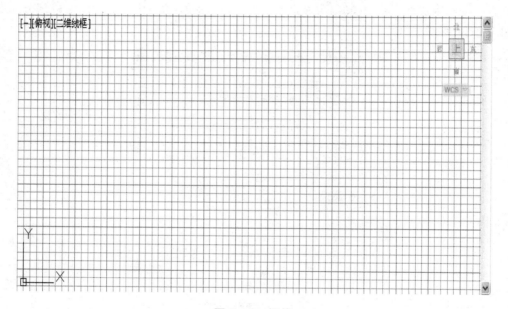

图 2-38 栅格

1. 打开或关闭捕捉和栅格功能

打开或关闭捕捉和栅格功能有以下方法：

（1）在 AutoCAD 2014 程序窗口的状态栏中，点击"捕捉"按钮▦和"栅格"按钮▦；

（2）按 F7 键打开或关闭栅格，按 F9 键打开或关闭捕捉；

（3）在命令行中输入"GRID"和"SNAP"。

（4）在菜单中选择"工具"→"绘图设置"命令，在打开"草图设置"对话框中进行设置，如图 2-39 所示。

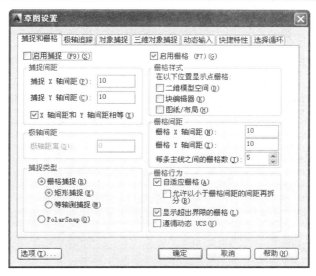

图 2-39　"草图设置"对话框

![经验交流]

　　在 AutoCAD 2014 程序窗口的状态栏中，右击"捕捉"按钮和"栅格"按钮，在弹出的快捷菜单中选择"设置"命令，也可以打开"草图设置"对话框。

2. 设置捕捉和栅格参数

　　在"草图设置"对话框中的"捕捉和栅格"选项卡（见图 2-39），可以设置相关参数。各选项的功能如下：

　　（1）"启用捕捉"复选框：打开或关闭捕捉方式。选中该复选框，可以启用捕捉。

　　（2）"捕捉间距"选项区域：用于设置 X 轴和 Y 轴捕捉间距。

　　（3）"启用栅格"复选框：打开或关闭栅格的显示。选中该复选框，可以启用栅格。

　　（4）"栅格样式"复选框：用于设置二维模式空间，块编辑器、图纸/布局位置中显示点栅格。

　　（5）"栅格间距"选项区域：用于设置 X 轴和 Y 轴栅格间距，以及每条主线之间的栅格数量。

　　（6）"捕捉类型"选项区域：可以设置捕捉类型和样式，包括"栅格捕捉"和"极轴捕捉"。

　　①"栅格捕捉"单选按钮：选中该单选按钮，可以设置捕捉样式为"栅格捕捉"。当选中"矩形捕捉"单选按钮时，可将捕捉样式设置为标准矩形捕捉模式，此时光标可以捕捉一个矩形栅格；当选中"等轴测捕捉"单选按钮时，可将捕捉样式设置为等轴测捕捉模式，光标将捕捉到一个等轴测栅格；在"捕捉间距"和"栅格间距"选项区域中可以设置相关参数。

　　②"极轴捕捉"单选按钮：选中该单选按钮，可以设置捕捉样式为"极轴捕捉"。此时，在启用了极轴追踪或对象捕捉追踪的情况下指定点，光标将沿极轴角或对象捕捉追踪角度进行捕捉，这些角度是相对最后指定的点或最后获取的对象捕捉点计算的，并且在"极轴间距"选项区域中的"极轴距离"文本框中可设置极轴捕捉间距。

（7）"栅格行为"选项区：用于设置"视觉样式"下栅格线的显示样式。

①"自适应栅格"复选框：用于限制缩放时栅格的密度。

②"允许以小于栅格间距的间距再拆分"复选框：用于设置是否能以小于栅格间距来拆分栅格。

③"显示超出界限的栅格"复选框：用于设置是否显示图限之外的栅格。

④"跟随动态 UCS"复选框：用于设置跟随动态 UCS 的 XY 平面而改变栅格平面。

▄▄ 经验交流

在 AutoCAD 2014 中，除了通过"草图设置"对话框设置栅格和捕捉参数，还可以使用 GRID 和 SNAP 命令来进行设置。我们经常使用"草图设置"对话框进行设置，因为这种方式相对比较直观。

3. 使用"正交"功能

"正交"是在绘制图形时，指定第一个点后，连接光标和起点的直线总是平行于 X 轴或 Y 轴。

打开或关闭"正交"有以下两种方法：

（1）在 AutoCAD 程序窗口的状态栏中，点击"正交"按钮■。

（2）按 F8 键打开或关闭"正交"功能。

（3）在命令行中输入 ORTHO。

在正交模式下，可以方便地绘制出平行于当前 X 轴或 Y 袖的线段，在绘制构造线时经常会用到这个功能。此外，当捕捉模式为"等轴测捕捉"时，它还可以迫使直线平行于 3 个等轴测中的一个。

▄▄ 经验交流

"正交"模式将光标限制在水平或垂直（正交）轴上。因为不能同时打开"正交"模式和极轴追踪，所以当"正交"模式打开时，AutoCAD 会关闭极轴追踪。如果再次打开极轴追踪，AutoCAD 将关闭"正交"模式。

2.5.2 使用对象捕捉功能

在绘图过程中，我们经常要指定一些对象上的特殊点，如线段的端点和中点、圆的圆心和切点、两个对象的交点等。如果只凭光标在图形上拾取，要准确地找到这些点是十分困难的。因此，AutoCAD 2014 提供了对象捕捉功能，可以迅速、准确地捕捉到某些特殊点，从而精确地绘制图形。

1. 设置对象捕捉功能

打开或关闭"对象捕捉"模式有以下方法：

（1）在"草图设置"对话框的"对象捕捉"选项卡中，勾选"启用对象捕捉"即可，如图 2-40 所示。

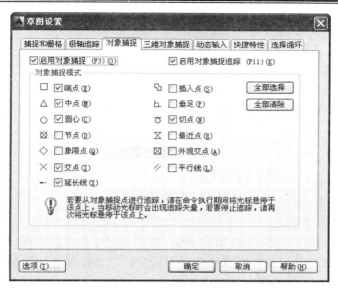

图 2-40　"对象捕捉"选项卡

（2）在 AutoCAD 程序窗口的状态栏中，点击"对象捕捉"按钮 ；
（3）按 F3 键打开或关闭对象捕捉模式；
（4）按 Ctrl+F 键打开或关闭对象捕捉模式。

2．使用对象捕捉功能方式

（1）使用"对象捕捉"工具栏。

在绘图过程中，有时需要捕捉特定对象的特定点。此时，在"对象捕捉"工具栏拾取相应的特征点按钮，再把光标移到要捕捉对象上的特征点附近，即可捕捉到相应的对象特征点，如图 2-41 所示。

图 2-41　"对象捕捉"工具栏

（2）使用自动捕捉功能。

在绘制图形的过程中，使用对象捕捉的频率非常高，如果在每次对象捕捉时都要先选择捕捉模式，会使工作效率大大降低。为此，AutoCAD 2014 提供了"自动对象捕捉"模式。

"自动捕捉"是指当把光标放在一个对象上时，系统将自动捕捉到对象上所有符合条件的几何特征点，并显示相应的标记。如果让光标停留在捕捉点上，系统还会显示捕捉的提示。这样，在选点之前，就可以预览和确认捕捉点。

 经验交流

不管指定圆上哪一点作为切点，系统都会根据圆的半径和指定的大致位置确定切点位置，并能根据指定点与内外切点的大致距离，依据"距离趋近原则"判断绘制外切线还是内切线，如图 2-42 所示。

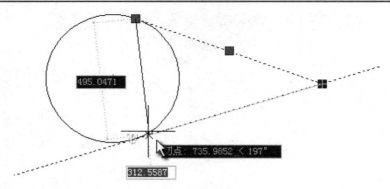

图 2-42　自动捕捉功能

（3）对象捕捉快捷菜单。

在需要指定点位置时，按住 Ctrl 键或 Shift 键的同时单击鼠标右键，在弹出的快捷菜单（见图 2-43）中可以选择某一种特征点执行对象捕捉，把光标移动到捕捉对象上的特征点附近，即可捕捉到这些特征点。

在对象捕捉快捷菜单中，"点过滤器"命令的各子命令用于捕捉满足指定条件的点。除此之外的其余各项都与"对象捕捉"工具栏中的各种捕捉模式相对应。

图 2-43　对象捕捉快捷菜单

3. 运行与覆盖捕捉模式

在 AutoCAD 2014 中，对象捕捉模式可以分为"运行捕捉模式"和"覆盖捕捉模式"。

（1）"运行捕捉模式"。如果设置的对象捕捉模式始终处于运行状态直到关闭为止，这种对象捕捉模式称为运行捕捉模式。

（2）"覆盖捕捉模式"：如果在点的命令行提示下输入关键字（如"MID""CED""QUA"等）、单击工具栏中的按钮或在对象捕捉快捷菜单中选择相应命令，临时打开捕捉模式，这种对象捕捉模式称为覆盖捕捉模式，仅对本次捕捉点有效，在命令行中显示一个"于"标记。

2.5.3　使用自动追踪

在 AutoCAD 2014 中，自动追踪可按指定角度绘制对象，也可绘制与其他对象有特定关系的对象。当自动追踪打开时，临时的对齐路径有助于以精确的位置和角度创建对象。自动追踪分为极轴追踪和对象捕捉追踪两种。

1. 极轴追踪与对象捕捉追踪

极轴追踪是按事先给定的角度增量来追踪特征点，而对象捕捉追踪则是按与对象的某种特定关系来追踪，这种特定关系确定了一个未知角度。也就是说，如果事先知道要追踪的方向（角度），则使用极轴追踪；如果事先不知道具体的追踪方向（角度），但知道与其他对象的某种关系（如相交、相切等），则使用对象捕捉追踪。极轴追踪和对象捕捉追踪有时也可以同时使用。

在系统要求指定一个点时，极轴追踪功能按预先设置的角度增量显示一条无限延伸的辅助线，这时就可以沿辅助线追踪得到光标点。在"草图设置"对话框的"极轴追踪"选项卡中，可对极轴追踪和对象捕捉追踪进行设置，如图 2-44 所示。

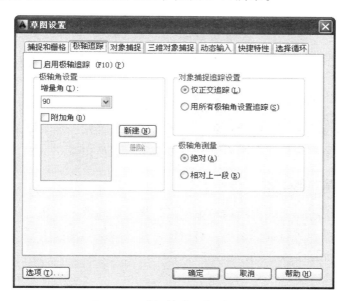

图 2-44　"极轴追踪"选项卡

"极轴追踪"选项卡的各选项设置如下：

（1）"启用极轴追踪"复选框：用于打开或关闭极轴追踪。此外，也可以通过按 F10 键或使用"AUTOSNAP"命令来打开或关闭极轴追踪。

（2）"极轴角设置"选项区域：设置极轴角度。在"增量角"下拉列表框中可以选择 90、45、30、22. 5、18、15、10 和 5（单位：度）的极轴角增量。如果该下拉列表框中的角度不能满足需要，可选中"附加角"复选框，通过"新建"或者"删除"按钮来增加、删除附加角度值。

（3）"对象捕捉追踪设置"选项区域：设置对象捕捉追踪。如果选中"仅正交追踪"单选按钮，当采用追踪功能时，系统仅在水平和垂直方向上显示追踪数据；如果选中"用所有极轴角设置追踪"单选按钮，当采用追踪功能时，系统不仅可以在水平和垂直方向上显示追踪数据，还可以在设置的极轴追踪角度与附加角度所确定的一系列方向上显示追踪数据（光标将从获取的对象捕捉点起沿极轴对齐角度进行追踪）。

经验交流

打开正交模式，光标将被限制沿水平或垂直方向移动。因此，正交模式和极轴追踪模式不能同时打开，若一个打开，另一个将自动关闭。

（4）"极轴角测量"选项区域：设置极轴追踪对齐角度的测量基准。其中，选中"绝对"单选按钮，可以基于当前用户坐标系（UCS）确定极轴追踪角度（在相对水平方向逆时针测量）；选中"相对上一段"单选按钮，可以基于最后绘制的线段确定极轴追踪角度。

2. 使用"临时追踪点"和"捕捉自"工具

在"对象捕捉"工具栏中，还有两个非常有用的对象捕捉工具，即"临时追踪点"和"捕捉自"工具。

（1）"临时追踪点"工具 ：可在一次操作中创建多条追踪线，并根据这些追踪线确定所要定位的点。

（2）"捕捉自"工具 ：在使用相对坐标指定下一个应用点时，"捕捉自"工具可以提示用户输入基点，并将该点作为临时参照点，这与通过输入前缀"@"使用最后一个点作为参照点类似。它不是对象捕捉模式，但经常与对象捕捉一起使用。

3. 使用自动追踪功能绘图

使用自动追踪功能可以快速而精确地定位点，提高绘图效率。在 AutoCAD 2014 中，要设置自动追踪功能选项，可打开"选项"对话框，在"绘图"选项卡的"自动追踪设置"选项区域中进行设置，如图 2-45 所示。

各选项功能如下：

（1）"显示极轴追踪矢量"复选框：设置是否显示极轴追踪的矢量数据。

（2）"显示全屏追踪矢量"复选框：设置是否显示全屏追踪的矢量数据。

（3）"显示自动追踪工具栏提示"复选框：设置在追踪特征点时，是否显示工具栏上相应按钮的提示文字。

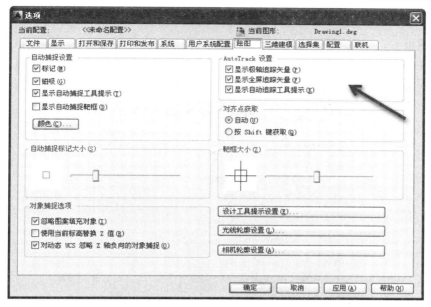

图 2-45　"自动追踪设置"选项区

2.5.4　使用动态输入

在 AutoCAD 2014 中，使用动态输入功能可以在指针位置处显示标注输入和命令提示等信息，信息将随光标的移动而动态更新。

1. 启用"指针输入"

在"草图设置"对话框的"动态输入"选项卡中，选中"启用指针输入"复选框，可以启用指针输入功能，如图 2-46 所示。在"指针输入"选项区域中单击"设置"按钮，可以在打开的"指针输入设置"对话框中设置指针的格式和可见性，如图 2-47 所示。

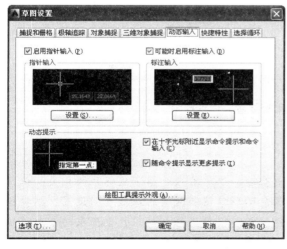

图 2-46　"动态输入"选项卡

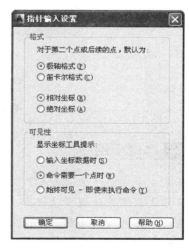

图 2-47　"指针输入设置"对话框

2. 启用标注输入

在"草图设置"对话框的"动态输入"选项卡中，选中"可能启用时标注输入"复选框，可以启用标注输入功能。在"标注输入"选项区域中单击"设置"按钮，使用打开的"标注输入设置"对话框，可以设置标注可见性，如图 2-48 所示。

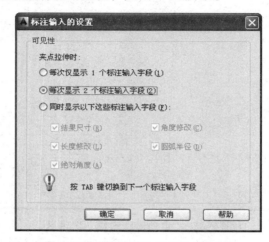

图 2-48 "标注输入设置"对话框

3. 显示动态提示

在"草图设置"对话框的"动态输入"选项卡中，选中"动态提示"选项区域中的"在十字光标附近显示命令提示和命令输入"复选框，可以在光标附近显示命令提示，如图 2-49 所示。

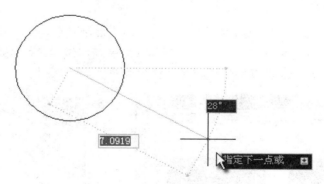

图 2-49 "动态显示"命令提示

▬ 本章小结

本章主要介绍了 AutoCAD 2014 的绘图基础知识。重点介绍了坐标系的相关知识、命令的调用方式以及系统变量的概念。图形界限、图形单位和图层的基本绘图设置、捕捉栅格等辅助绘图工具的常用绘图方法。学习时应熟练掌握世界坐标系与用户坐标系的不同，重点学习绘图环境的设置方法。本章内容是后面章节学习的基础，对熟练使用 AutoCAD 2014 进行绘图具有举足轻重的作用。

■■ 思考练习

一、简述题

1. 在 AutoCAD 2014 中，世界坐标系与用户坐标系各有什么特点？如何创建用户坐标系？

2. AutoCAD 2014 的图层具有哪些特性？如何设置这些特性？

3. 在 AutoCAD 2014 中，对象捕捉模式包括哪两种，各有什么特点？

4. 极轴追踪与对象捕捉有什么异同？

5. 如何使用动态输入功能？

二、上机操作

1. 试设置一个图形单位，要求长度单位为小数点后一位小数，角度单位为小数点后两位小数（十进制）。

2. 以图纸左下角点（0，0），右上角点（310，290）为范围，设置图纸的界限。

3. 改变绘图窗口的背景颜色为白色。

4. 参照表 2-1 所示的要求创建各图层。

表 2-1　图层设置要求

图层名称	线　型	线　宽	颜　色
粗实线层	Continuous	0.40	黑　色
细实线层	Continuous	0.20	黑　色
中心线层	Center	0.20	红　色
尺寸线层	Continuous	0.20	紫　色
剖面线层	Continuous	0.20	黄　色
虚线线层	ACAD_ISO02W100	0.20	粉　色
辅助线层	ACAD_ISO04W100	0.20	洋红色

5. 利用"栅格捕捉""栅格显示"功能绘制图 2-50 中的各图形。

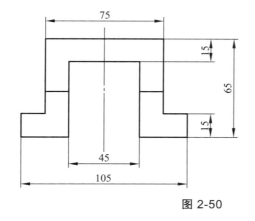
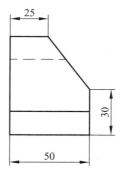

图 2-50

第 3 章　AutoCAD 常用绘图命令

本章导读

本章我们将学习二维平面图形的绘制方法，包括点的绘制、直线类对象绘制、圆对象的绘制以及多边形对象的绘制等。对于每位初学者来说，这些都是需要着重掌握的。只有熟练地运用二维平面图形的绘图方法与技巧，才能绘制出更为复杂的图形，这是 AutoCAD 2014 的绘图基础。

本章要点

掌握点的绘制方法；
掌握线的绘制；
掌握矩形和正多边形绘制；
掌握圆、圆弧、椭圆和椭圆的绘制；
掌握多线、多线段、样条曲线与云线的绘制。

3.1　点的绘制

在 AutoCAD 2014 中，绘制直线时要绘制端点，绘制圆时要确定圆心，绘制矩形时要确定角点，点是绘图时最小也是最常用的元素。在 AutoCAD 2014 中，用户可以根据自己的需要将点的样式进行更改。

3.1.1　点样式的设置

在使用点命令绘制点的图形时，一般要对当前点的样式和点的大小进行设置。

在菜单中选择"格式"→"点样式"命令（DDPTYPE），系统将弹出"点样式"对话框，如图 3-1 所示。

"点样式"对话框中各区域功能如下：

（1）"点样式"列表：列出了 AutoCAD 提供的 20 种点的样式，且每个点对应一个系统变量（PDMODE，控制点样式的系统变量）。

图 3-1　"点样式"对话框

（2）"点大小"文本框：设置点的显示大小，包括"相对于屏幕设置大小"和"按绝对单位设置大小"两种方式。

（3）"相对于屏幕设置大小（R）"单选按钮：按屏幕尺寸的百分比设置点的显示大小，当进行缩放时，点的显示大小并不改变。

（4）"按绝对单位设置大小（A）"单选按钮：按照"点大小"文本框中值的实际单位来设置点的显示大小，当进行缩放时，点的显示大小随之改变。

3.1.2　绘制单点和多点

在 AutoCAD 2014 的菜单中选择"绘图"→"点"→"单点"命令（POINT），可以在绘图窗口中一次指定一个点；选择"绘图"→"点"→"多点"命令（POINT），或在"绘图"工具栏中单击"多点"按钮 ·，可以在窗口中一次指定多个点，直到按 Esc 键结束，如图 3-2 所示。

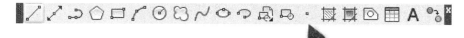

图 3-2　"绘图"工具栏点按钮

经验交流

通常情况下，创建点的对象是为了标记一个特殊的点位置，因此在创建点的过程中，可结合 AutoCAD 2014 的对象捕捉功能指定一些特殊的点对象。

3.1.3　定数等分对象

在 AutoCAD 2014 的菜单中选择"绘图"→"点"→"定点等分"命令（DIVIDE），可以在指定的对象上绘制等分点或在等分点处插入块。使用该命令时应注意两点：

（1）因为输入的是等分数，而不是放置点的个数，所以如果要将所选对象分成 N 份，则实际上只生成 N−1 个点；

（2）每次只能对一个对象进行操作，而不能对一组对象进行操作。

【练习 3-1】　图 3-3 中，将梯形底边等分为 20 条线段。

案例分析：要等分梯形底边，可以用点的"定数等分"命令来操作。为了便于观察等分效果，在进行等分操作之前，需先设置点的样式。

（1）选择"格式"→"点样式"命令，打开"点样式"对话框，在"点样式"列表中，选择第 1 行第 5 列的点样式，然后单击"确定"按钮；

（2）选择"绘图"→"点"→"定点等分"，执行"DIVIDE"命令；

（3）当命令行中出现"选择要定数等分的对象："提示时，拾取梯形的底边作为要等分的对象。

（4）当命令行中出现"输入线段数目或[块(B)]:"提示时，输入等分线段数目 20，然后按 Enter 键执行，等分结果如图 3-4 所示。

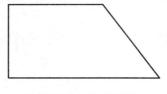
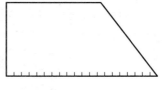

图 3-3　原始图形　　　　　　　　　　　图 3-4　定数等分

3.1.4　定距等分对象

在 AutoCAD 2014 的菜单中选择"绘图"→"点"→"定距等分"命令（MEASURE），可以在指定的对象上按指定的长度绘制点或插入块。使用该命令时应注意两点：

（1）从离对象选取点较近的端点开始放置点的起始位置；

（2）如果对象总长不能被所选长度整除，则最后放置点到对象端点的距离将不等于所选长度。

【练习 3-2】　图 3-3 中，将梯形底边按长度 5 进行等分。

案例分析：要将梯形底边按长度 5 进行等分，可以用点的定距等分命令来操作。为了便于观察等分效果，在进行等分操作之前，需先设置点的样式。

（1）选择"格式"→"点样式"命令，打开"点样式"对话框，在"点样式"列表中选择第 1 行第 5 列的点样式，然后单击"确定"按钮；

（2）选择"绘图"→"点"→"定距等分"，执行"MEASURE"命令；

（3）在命令行中"选择要定数等分的对象："提示下，拾取梯形的底边作为要等分的对象；

（4）在命令行中"指定线段长度或[块(B)]:"提示下，输入等分线段长度 5，然后按 Enter 键执行，等分结果如图 3-5 所示。

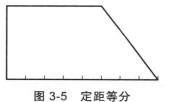

图 3-5　定距等分

经验交流

在给对象创建定距等分时，系统会根据所选择对象的位置不同而创建不同的等分点。

3.2　线的绘制

在工程制图中，直线是组成图形的基本对象。绘制直线是 AutoCAD 2014 中使用频率比较高的命令之一。绘制直线的命令包括绘制直线、射线和构造线等。

3.2.1　直线的绘制

在 AutoCAD 2014 中，直线表示两点之间的线段，只要指定了起点和终点即可绘制一条直线。当在绘制一条直线后，可以继续以该线段的起点指定另一终点，绘制另外一条直线。

在菜单中选择"绘图"→"直线"命令（LINE），或在"绘图"工具栏中单击"直线"按钮，即可以绘制直线。

【练习 3-3】　使用"直线"命令把 A，B，C，D 点按照顺序连接起来，绘制效果如图3-6 所示。

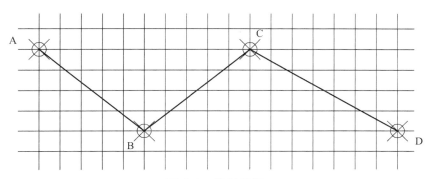

图 3-6　绘制直线

案例分析：使用直线命令把 A，B，C，D 点按照顺序连接起来。为了便于操作，可以打开对象捕捉，拾取相应的点，然后在图层工具栏选择相应图层，最后使用"直线"命令就可以绘制直线。

（1）在"草图设置"对话框"对象捕捉"选项卡的"对象捕捉模式"中，单击"节点"复选框，然后单击"确定"按钮；

（2）按 F3 键打开对象捕捉模式；

（3）选择"绘图"→"直线"命令（LINE），或在"绘图"工具栏中单击"直线"按钮，开始绘制直线。

（4）在命令行中"指定第一个点："提示下，利用对象捕捉拾取 A 点。

（5）在"指定下一点或[放弃(U)]："提示下，利用对象捕捉拾取 B 点。

（6）在"指定下一点或[放弃(U)]："提示下，利用对象捕捉拾取 C 点。

（7）在"指定下一点或[闭合(C)/放弃(U)]："提示下，利用对象捕捉拾取 D 点。

（8）按 Esc 键退出"直线命令"，完成绘图。

3.2.2　射线的绘制

射线为一端固定，另一端无限延伸的线型。

在菜单中选择"绘图"→"射线"命令（RAY），指定射线的起点和通过点，即可绘制一条射线。在 AutoCAD 2014 中，射线主要用于绘制辅助线。

指定射线的起点后，可在"指定通过点："提示下指定多个通过点，绘制以起点为端点的多条射线，直到按 Esc 键或 Enter 键退出为止。

3.2.3 构造线的绘制

构造线与射线不同，它是两端无限延伸的线型，没有起点和终点，只需要使用鼠标在指定位置或其他任何位置单击即可。构造线主要用于绘制辅助线。

在菜单中选择"绘图"→"构造线"命令（XLINE），或在"绘图"工具栏中单击"构造线"按钮 ，即可以绘制构造线。

在命令行中输入"XLINE"命令，命令行提示栏信息如下：

指定点或[水平(H)/垂直(V)/角度(A)/二等分(B)/偏移(O)]：

其各项的含义如下：

（1）"指定点"：使用鼠标在视图的任意位置单击，然后指定另一点来确定所绘制的构造线。

（2）"水平（H）"：创建一条经过指定点并且与当前坐标 X 轴平行的构造线。

（3）"垂直（V）"：创建一条经过指定点并且与当前坐标 Y 轴平行的构造线。

（4）"角度（A）"：创建与 X 轴成指定角度的构造线；也可以先指定一条参考线，再指定直线与构造线的角度；还可以指定构造线的角度，再设置必经的点。

（5）"二等分（B）"：创建二等分指定角的构造线，需指定等分角的顶点、起点和端点。

（6）偏移（O）：创建平行于指定基线的构造线，需先指定偏移距离，选择基线后需指明构造线位于基线的哪一侧。

【练习 3-4】 使用"射线"和"构造线"命令，绘制如图 3-7 所示图形中的辅助线。

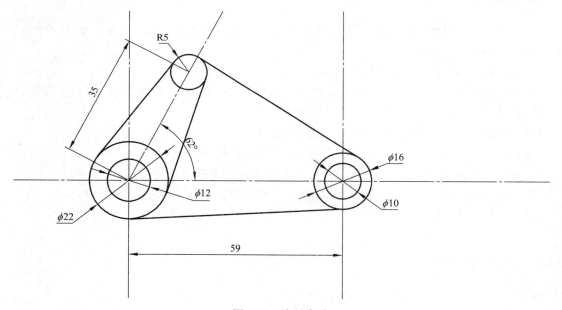

图 3-7 绘制直线

案例分析： 要等分梯形底边，可以用点的"定数等分"命令来操作。为了便于观察等分效果，在进行等分操作之前，要设置点的样式。在绘制图形之前，需先设置图层样式，其中辅助线层使用洋红色，线型为"ACAD_ISO04W100""线宽 0.20"。在绘制辅助线时，可以使用"构造线"命令绘制水平和垂直的辅助线，使用"射线"命令并借助极轴追踪功能来绘制斜线。

（1）执行"格式"→"图层"命令，打开"图层特性管理器"选项板，按照表 3-1 所示的要求设置图层。

（2）将"辅助线层"设置为当前层。在"绘图"工具栏中单击"构造线"按钮，发出"XLINE"命令。

表 3-1　图层设置要求

图层名称	线　型	线　宽	颜　色
粗实线层	Continuous	0.40	黑　色
细实线层	Continuous	0.20	黑　色
中心线层	Center	0.20	红　色
尺寸线层	Continuous	0.20	紫　色
剖面线层	Continuous	0.20	黄　色
虚线线层	ACAD_ISO02W100	0.20	粉　色
辅助线层	ACAD_ISO04W100	0.20	洋红色

（3）在"指定点或[水平(H)/垂直(V)/角度(A)/二等分(B)/偏移(O)]:"提示下输入 H，绘制一条经过点（100，100）的水平构造线。按 Enter 键，结束"构造线"绘图命令。

（4）按 Enter 键，再次发出"XLINE"命令。

（5）在"指定点或[水平(H)/垂直(V)/角度(A)/二等分(B)/偏移(O)]:"提示下输入 V，绘制一条经过点（100，100）的垂直构造线。按 Enter 键，结束"构造线"绘图命令。

（6）在"指定点或[水平(H)/垂直(V)/角度(A)/二等分(B)/偏移(O)]:"提示下输入 O。

（7）在"指定偏移距离或[通过(T)] <0>:"提示下输入 59。

（8）在"选择直线对象:"提示下选择经过点（100，100）的垂直构造线。

（9）在"指定向哪侧偏移:"提示下选择经过点（100，100）的垂直构造线的右侧；绘制一条经过点（159，100）的垂直构造线。按 Enter 键，结束"构造线"绘图命令，如图 3-8 所示。

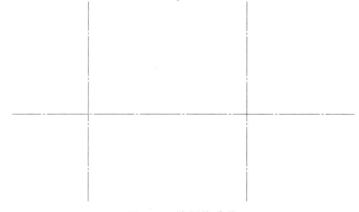

图 3-8　绘制构造线

（10）在"草图设置"对话框的"极轴追踪"选项卡中，选中"启用极轴追踪"复选框，然后在"增量角"下拉列表框中选择"62"，单击"确定"按钮，如图3-9所示。

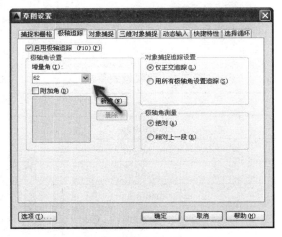

图 3-9 "极轴追踪"设置

（11）在菜单中选择"绘图"→"射线"命令，或在命令行中输入"RAY"。

（12）在"指定起点："提示下移动光标至左侧交点处，当光标提示信息显示"交点"时，单击鼠标，捕获交点，将其设置为射线的起点，如图3-10（a）所示。

图 3-10（a）绘制左侧的射线

（13）移动光标，当角度显示为"62°"时单击鼠标，绘制出垂直于构造线右侧的射线，按 Enter 键，结束绘图命令，如图3-10（b）所示。

图 3-10（b） 绘制射线

（14）关闭绘图窗口，并保存绘制的图形。

3.3　矩形和正多边形绘制

在 AutoCAD 2014 中，矩形及多边形的各边并非单一对象，它们一起构成了一个独立的对象。使用"RECTANGE"命令可以绘制矩形，使用"POLYGON"命令可以绘制正多边形。

3.3.1　矩形的绘制

矩形是有一个角为直角的平行四边形，它的对角线相等且互相平分。在工程制图中，如果通过直线命令绘制一个矩形，需要绘制多条直线段才能完成。AutoCAD 2014 为用户提供了"RECTANGE"命令，可以方便、快捷地绘制矩形，并在创建矩形的同时指定其面积和旋转角度。

在菜单中选择"绘图"→"矩形"命令（RECTANGE），或在"绘图"工具栏中单击"矩形"按钮 □，即可根据需要绘制各种矩形，如图 3-11 所示。

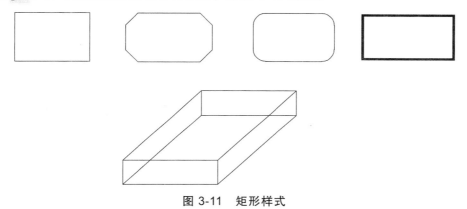

图 3-11　矩形样式

绘制矩形时，命令行将显示如下信息：

指定第一个角点或[倒角(C)/标高(E)/圆角(F)/厚度(T)/宽度(W)]:

默认情况下，通过指定两个点作为矩形的对角点来绘制矩形。当指定了矩形的第 1 个角点后，命令行将显示"指定另一个角点或[面积(A)/尺寸(D)旋转(R):"信息，这时可直接指定另一个角点来绘制矩形。也可以选择"面积（A）"选项，通过指定矩形的面积和长度（或宽度）来绘制矩形；也可以选择"尺寸（D）"选项，通过指定矩形的长度、宽度和矩形另一角点的方向来绘制矩形；也可以选择"旋转（R）"选项，通过指定旋转的角度和拾取两个参考点来绘制矩形。

该命令提示中其他选项的功能如下：

（1）"倒角（C）"选项：绘制一个带倒角的矩形，此时需要指定矩形的两个倒角距离。

（2）"标高（E）"选项：设置矩形所在平面的高度，默认情况下矩形在"XOY"平面内。该选项一般用于绘制三维图形。

（3）"圆角（F）"选项：绘制一个带圆角的矩形，此时需要指定矩形的圆角半径。

（4）"厚度（T）"选项：按已设定的厚度绘制矩形，该选项一般用于三维绘图。

（5）"宽度（W）"选项：按已设定的线宽绘制矩形，此列需要指定矩形的线宽。

【练习 3-5】   绘制如图 3-12 所示的图形。

案例分析： 图 3-12 所示图形由 2 个矩形组成。

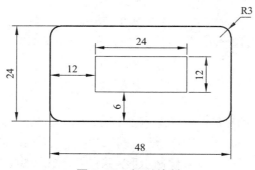

图 3-12   矩形绘制

（1）在"绘图"工具栏中单击"矩形"按钮▱，发出"RECTANGE"命令。

（2）在"指定第一个角点或[倒角(C)/标高(E)/圆角(F)/厚度(T)/宽度(W)]:"提示下，输入"F"，创建带有圆角的矩形。

（3）在"指定矩形的圆角半径 <0>:"提示下输入"3"，指定矩形的圆角半径为"3"。

（4）在"指定第一个角点或[倒角(C)/标高(E)/圆角(F)/厚度(T)/宽度(W)]:"提示下，输入"W"，创建矩形的线型宽度。

（5）在"指定矩形的线宽<0>:"提示下输入"1"，指定矩形的线型宽度为"1"。

（6）在"指定第一个角点或[倒角(C)/标高(E)/圆角(F)/厚度(T)/宽度(W)]:"提示下，输入（100，100）。

（7）在"指定另一个角点或[面积(A)/尺寸(D)/旋转(R)]:"提示下，输入（148，124）。指定矩形的另一个对角点，完成外圆大矩形的绘制。

（8）重复步骤（1）～（5），设置矩形的圆角半径为"0"，矩形的线宽为"0"。

（9）在"指定第一个角点或[倒角(C)/标高(E)/圆角(F)/厚度(T)/宽度(W)]:"提示下，输入（112，106）。

（10）在"指定另一个角点或[面积(A)/尺寸(D)/旋转(R)]:"提示下输入"D"；

（11）在"指定矩形的长度<0>:"提示下输入"48"；

（12）在"指定矩形的宽度<0>:"提示下输入"24"；

（13）在"指定另一个角点或[面积(A)/尺寸(D)/旋转(R)]:"提示下，在角点的上方单击，完成 24×12 矩形绘制。

▰▱ 经验交流

使用坐标绘制矩形，前提是要先确定矩形的具体尺寸，才能设置矩形对角点的坐标。

3.3.2 多边形的绘制

正多边形是由 3 条（含）边以上且每条边都相等的线段组成的封闭界限图形，如图 3-13 所示。正多边形是一个整体，不能单独对每个边进行编辑。

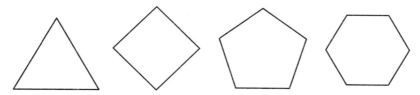

图 3-13　部分正多边形样式

AutoCAD 2014 中正多边形的具体位置主要分为两种：一种是内接正多边形，另一种是外接正多边形，主要针对正多边形与圆的具体位置而确定。

在菜单中选择"绘图"→"正多边形"命令（POLYGON），或在"绘图"工具栏中单击"直线"按钮⬠，可以绘制边数"3～1 024"的正多边形。指定正多边形的边数后，其命令行显示如下提示信息：

指定正多边形的中心点或[边(E)]：

默认情况下，可以使用多边形的外接圆或内切圆来绘制多边形。当指定多边形的中心点后，命令行将显示"输入选项[内接于圆(I)/外切于圆(C)]<I>："提示信息。如果选择"内接于圆"选项，表示绘制的多边形将内接于假想的圆：如果选择"外切于圆"选项，表示绘制的多边形外切于假想的圆，如图 3-14 所示。

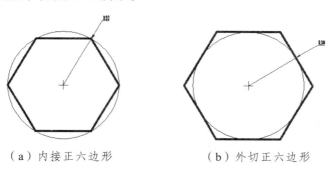

　　（a）内接正六边形　　　　　　（b）外切正六边形

图 3-14　内接与外切绘制正多边形

此外，如果在命令行的提示下选择"[边(E)]"选项，可以以指定的两个点作为多边形一条边的两个端点来绘制多边形。采用"边"选项绘制多边形时，AutoCAD 2014 总是从第一个端点到第二个端点，沿当前角度方向绘制出多边形，如图 3-15 所示。

▰ 经验交流

正多边形是一个整体，不能单独进行编辑，如确需进行单独编辑，应先将其进行对象分解后再操作。利用边长绘制正多边形时，正多边形的位置和方向与用户确定的两个端点的相对位置有关。此时，用户确定的两个点之间的距离即为多边形的边长，这两个点可通过捕捉栅格或相对坐标方式确定。

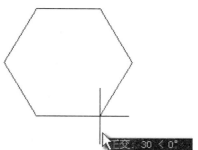

图 3-15　以边绘制正多边形

【练习 3-6】 绘制如图 3-16 所示的五角星。

案例分析：绘制如图 3-16 所示的五角星，可以首先绘制一个正五边形，然后使用直线连接正五边形的各个顶点，再使用修剪工具进行修剪即可。

（1）在"绘图"工具栏中单击"矩形"按钮 ⬡，发出"POLYGON"命令。

（2）在"输入侧面数<0>："提示下，输入正多边形边数 5。

（3）在"指定正多边形的中心点或[边(E)]："提示下输入（100，100），指定正多边形的中心。

（4）在"输入选项[内接于圆(I)/外切于圆(C)] <I>："提示下输入"I"，然后按 Enter 键，选择内接于圆的方式绘制正多边形。

（5）在"指定圆的半径："提示下输入 50，指定内接于圆的半径，然后按 Enter 键，绘制出正五边形，如图 3-17 所示。

图 3-16　绘制三角箭头图标

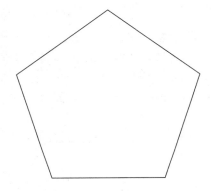

图 3-17　绘制正五边形

（6）在"绘图"工具栏中单击"直线"按钮 ✎，连接正五边形的顶点，如图 3-18 所示。

（7）在"修改"工具栏中单击"剪切"按钮 ⊬，选择直线 1 和 2 作为修剪边，然后单击直线 3，对其进行剪切，如图 3-18 所示。使用同样方法修剪其他边，如图 3-19 所示。

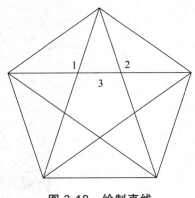

图 3-18　绘制直线

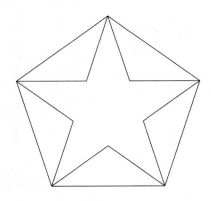

图 3-19　完成正五边形

（8）选择正五边形，然后按 Delete 键，将其删除，即可完成正五边形的绘制，如图 3-16 所示。

3.4　圆、圆弧、椭圆和椭圆弧的绘制

AutoCAD 2014 绘制的图形对象大多都涉及圆和圆弧，如孔、轴、光滑的角、过渡面等，它们属于曲线对象，本章将针对圆、圆弧等进行详细讲解。

3.4.1　圆的绘制

圆是由平面上到定点的距离等于定长的所有点所组成的图形，该定点称为圆心，定长称为半径。在机械制图中圆是常见的基本实体。

在菜单中选择"绘图"→"圆"命令（CIRCLE），或在"绘图"工具栏中单击"圆形"按钮 ⊙，即可绘制圆。在 AutoCAD 2014 中，可以使用 6 种基本方法绘制圆，如图 3-20 所示。

绘制圆时，命令行显示如下提示信息：

指定圆的圆心或[三点(3P)/两点(2P)/切点、切点、半径(T)]：
指定圆的半径或[直径(D)]：

图 3-20　圆的绘图菜单

各选项具体用法及含义如下：

（1）"圆心、半径"：该选项是默认选项。用户首先确定圆的圆心点，然后输入圆的半径，即可完成圆的绘制，如图 3-21 所示。

（2）"圆心、直径"：用户确定圆的圆心点，然后输入圆的直径，即可完成圆的绘制，如图 3-22 所示。

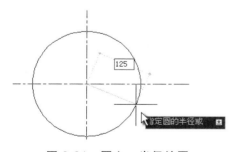

图 3-21　圆心、半径绘圆

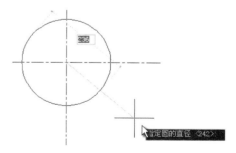

图 3-22　圆心、直径绘圆

（3）"三点（3P）"：在视图中指定三点来绘制一个圆，如图 3-23 所示。

（4）"两点（2P）"：在视图中指定两点来绘制一个圆，相当于这两点的距离就是圆的直径，即可绘制一个圆，如图 3-24 所示。

（5）"切点、切点、半径(T)"：和已知两个点对象相切，并输入半径值来绘制直线，即绘制一个圆，如图 3-25 所示。

（6）"切点、切点、切点(A)"：和已知三个点对象相切，即可绘制一个圆，如图 3-26 所示。

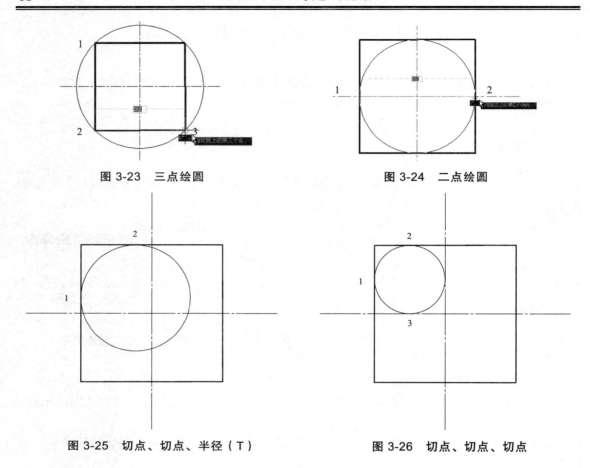

图 3-23　三点绘圆

图 3-24　二点绘圆

图 3-25　切点、切点、半径（T）

图 3-26　切点、切点、切点

经验交流

圆对象是标准的对称图形。在绘制圆时，应该首先绘制两条相交的辅助线作为圆的对称轴，其交点作为圆的圆心。

【练习 3-7】　绘制如图 3-27 所示的图形。

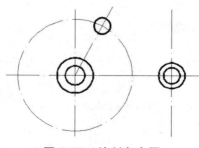

图 3-27　绘制多个圆

案例分析：绘制圆有 6 种方法，我们使用应用最广泛的"圆心、半径"命令来绘制圆，圆心位置的确定可以使用捕捉功能来实现。

（1）在"绘图"工具栏中单击"圆形"按钮 ，捕捉构造线左侧交点，当光标显示"交点"标记时，单击鼠标确定圆心，然后向上侧移动指针，当半径显示"35"时单击鼠标，绘制一个半径为"35"的圆作为辅助圆，如图 3-28 所示。

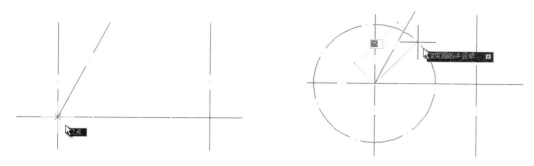

图 3-28　绘制半径为 35 的辅助圆

（2）将"粗实线层"设为当前，在"绘图"工具栏中单击"圆形"按钮 ⊙，捕捉构造线左侧交点为圆心，分别绘制半径为"6"和"11"的圆；以构造线右侧交点为圆心，分别绘制半径为"5"和"8"的圆；以辅助圆与射线的交点为圆心，绘制半径为"5"的圆，如图 3-29 所示。

（3）选择辅助圆，按 Delete 键，将其删除，如图 3-30 所示。

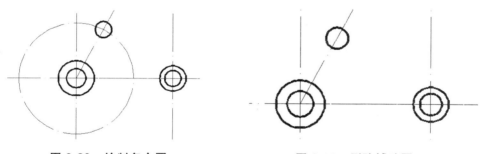

图 3-29　绘制多个圆　　　　　　　　　　图 3-30　删除辅助圆

（4）在"绘图"工具栏中单击"直线"按钮 ✐，发出"LINE"命令，将鼠标指针移至下边圆左侧，当光标显示"递延切点"标记时单击鼠标，确定直线第一个切点；移动鼠标指针移至上边小圆左侧，以同样方法确定小圆的切点，如图 3-31 所示。

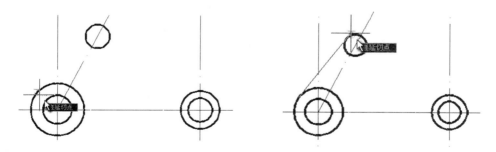

图 3-31　绘制圆的切线

（5）使用同样的方法，绘制其他切线，最终结果如图 3-32 所示。

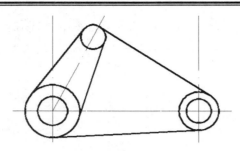

图 3-32   绘制其他的切线

3.4.2   圆弧的绘制

在菜单中选择"绘图"→"圆弧"命令（ARC），如图 3-33 所示。或在"绘图"工具栏中单击"圆弧"按钮，即可圆弧绘制。

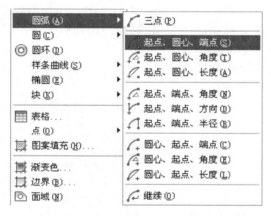

图 3-33   圆弧的绘图菜单

在 AutoCAD 2014 中，可以使用 11 种方法绘制圆弧：

（1）"三点"：利用给定的 3 个点绘制一段圆弧，需要指定圆弧的起点、通过的第二个点和端点。

（2）"起点、圆心、端点"：指定圆弧的起点、圆心和端点绘制圆弧。

（3）"起点、圆心、角度"：指定圆弧的起点、圆心和角度绘制圆弧。此时，需要在"指定包含角："提示下输入角度值。如果当前环境设置逆时针为角度方向，当输入正的角度值时，所绘制的圆弧是从起始点绕圆心沿逆时针方向绘出；当输入负角度值时，则沿顺时针方向绘制圆弧。

（4）"起点、圆心、长度"：指定圆弧的起点、圆心和弦长绘制圆弧。此时，所给定的弦长不得超过起点到圆心距离的两倍。另外，在命令行的"指定弦长："提示下，所输入的值如果为负值，则该值的绝对值将作为对应整圆的空缺部分圆弧的弦长。

（5）"起点、端点、角度"：指定圆弧的起点、端点和角度绘制圆弧。

（6）"起点、端点、方向"：指定圆弧的起点、端点和方向绘制图弧。当命令行显示"指定圆弧的起点切向："提示时，可以拖动鼠标动态地确定圆弧在起始点处的切线方向与水平方向的夹角。拖动鼠标时，AutoCAD 2014 会在当前光标与圆弧起始点之间形成一条"橡皮筋线"，此"橡皮筋线"即为圆弧在起始点处的切线。拖动鼠标确定圆弧在起始点处的切线方向后，单击"拾取"键即可得到相应的圆弧。

（7）"起点、端点、半径"：指定圆弧的起点、端点和半径绘制圆弧。

（8）"圆心、起点、端点"：指定圆弧的圆心、起点和端点绘制圆弧。

（9）"圆心、起点、角度"：指定圆弧的圆心、起点和角度绘制圆弧。

（10）"圆心、起点、长度"：指定圆弧的圆心、起点和长度绘制圆弧。

（11）继续；选择该命令后，在命令行显示"指定圆弧的起点或[圆心(C)]："提示时，直接按 Enter 键，系统将以最后一次绘制的线段或圆弧过程中确定的最后一点作为新圆弧的起点，以最后所绘线段方向或圆弧终止点处的切线方向作为新圆弧在起始点处的切线方向，然后再指定一点，就可以绘制出一个圆弧。

【练习 3-8】　绘制如图 3-34 所示的梅花。

案例分析： 绘制如图 3-34 所示的梅花，可以首先绘制一个正五边形，这正五边形的各个顶点"1～5"即为梅花交点，计算出各顶点的坐标值。

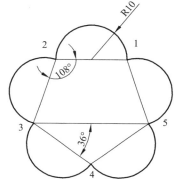

图 3-34　绘制梅花图标

（1）在"绘图"工具栏中单击"圆弧"按钮，发出"ARC"命令。

（2）在"定圆弧的起点或[圆心(C)]："提示下，输入圆弧的起点"1"的坐标（100，100）；

（3）在"指定圆弧的第二个点或[圆心(C)/端点(E)]："提示下输入"E"，选择端点方式；

（4）在"指定圆弧的端点："提示下，输入点"2"相对点"1"的坐标（@20<180），确定点 2 位置；

（5）在"指定圆弧的圆心或[角度(A)/方向(D)/半径(R)]："提示下，输入"R"，选择圆弧半径方式；

（6）在"指定圆弧的半径："提示下，输入圆弧的半径"20"，完成圆弧"12"段的绘制；

（7）在"绘图"工具栏中单击"圆弧"按钮，发出"ARC"命令。

（8）在"定圆弧的起点或[圆心(C)]："提示下，拾取点"2"；

（9）在"指定圆弧的第二个点或[圆心(C)/端点(E)]："提示下输入"E"，选择端点方式；

（10）在"指定圆弧的端点："提示下，输入点"2"相对点"1"的坐标（@20<252），确定点"3"位置；

（11）在"指定圆弧的圆心或[角度(A)/方向(D)/半径(R)]："提示下，输入"A"，选择圆弧包含角方式；

（12）在"指定包含角"提示下，输入圆弧的半径"180"，完成圆弧"23"段的绘制；

（13）在"绘图"工具栏中单击"圆弧"按钮，发出"ARC"命令。

（14）在"定圆弧的起点或[圆心(C)]："提示下，拾取点"3"；

（15）在"指定圆弧的第二个点或[圆心(C)/端点(E)]："提示下输入"C"，选择"圆心"方式；

（16）在"指定圆弧的圆心："提示下，输入圆弧的圆心坐标（@10<324）；

（17）在"指定圆弧的端点或[角度(A)/弦长(L)]:"提示下，输入"A"，选择"圆弧包含角"方式；

（18）在"指定包含角:"提示下，输入圆弧的半径"180"，完成圆弧"34"段；

（19）在"绘图"工具栏中单击"圆弧"按钮 ，发出"ARC"命令。

（20）在"定圆弧的起点或[圆心(C)]:"提示下，拾取点"4"；

（21）在"指定圆弧的第二个点或[圆心(C)/端点(E)]:"提示下输入"C"，选择"圆心"方式；

（22）在"指定圆弧的圆心:"提示下，输入圆弧的圆心坐标（@10<36）；

（23）在"指定圆弧的端点或[角度(A)/弦长(L)]:"提示下输入"L"，选择"圆弧弦长"方式；

（24）在"指定包含角:"提示下，输入圆弧的半径"20"，完成圆弧"45"段；

（25）在"绘图"工具栏中单击"圆弧"按钮 ，发出"ARC"命令。

（26）在"定圆弧的起点或[圆心(C)]:"提示下，拾取点"5"；

（27）在"指定圆弧的第二个点或[圆心(C)/端点(E)]:"提示下输入"E"，选择"端点"方式；

（28）在"指定圆弧的端点:"提示下，拾取点"1"；

（29）在"指定圆弧的圆心或[角度(A)/方向(D)/半径(R)]:"提示下，输入"D"，选择"圆弧方向"方式；

（30）在"指定圆弧的起点切向:"提示下，输入圆弧的起点切向"20"，完成圆弧"51"段，结果如图 3-34 所示。

3.4.3　椭圆的绘制

椭圆也是一种特殊的圆，它与圆的差别就是其圆周上的点到中心的距离是变化的。椭圆主要通过椭圆的中心，长轴与短轴这三个参数来控制。

在菜单中选择"绘图"→"椭圆"命令（ELLIPSE）（见图 3-35），或在"绘图"工具栏中单击"椭圆"按钮 ，可以完成椭圆的绘制。

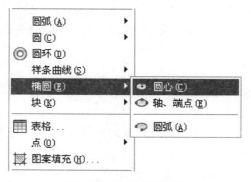

图 3-35　椭圆绘图菜单

在 AutoCAD 2014 中，可以使用 2 种方法绘制椭圆：

（1）圆心：指定椭圆的中心，一个轴的端点以及另一个轴的半轴长度，如图 3-36 所示。

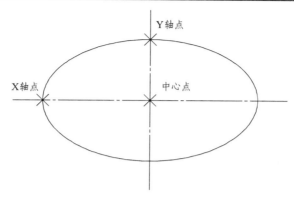

图 3-36　圆心法绘制椭圆

（2）轴、端点：指定椭圆的一个轴的两个端点和另一个轴的半轴长度，如图 3-37 所示。

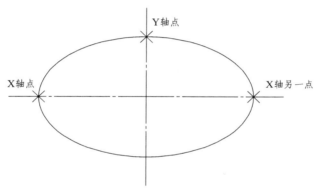

图 3-37　轴、端点法绘制椭圆

3.4.4　椭圆弧的绘制

椭圆弧是一条不封闭且不规则的曲线，它的绘制方法与椭圆大致相同，但在命令末尾与椭圆的绘制方法有很大区别。

在菜单中选择"绘图"→"椭圆"→"圆弧"命令（ELLIPSE，与椭圆相同）（见图 3-38），或在"绘图"工具栏中单击"椭圆弧"按钮 ，可以完成椭圆弧的绘制。

利用 AutoCAD 2014 绘制椭圆弧时，确定椭圆形状的过程，与前面介绍的绘制椭圆的过程相同。确定椭圆形状后，在命令行显示如下提示信息

图 3-38　椭圆弧绘图菜单

指定起点角度或[参数(P)]：

指定端点角度或[参数(P)/包含角度(I)]：

（1）"指定起点角度"选项：通过给定椭圆弧的起始角度来确定椭圆弧。在"指定端点角度或[参数(P)/包含角度(I)]："提示信息中，选择"指定端点角度"选项，要求给定椭圆弧的终止角度，以确定椭圆弧另一端点的位置，再据此来确定椭圆弧，如图 3-39 所示。

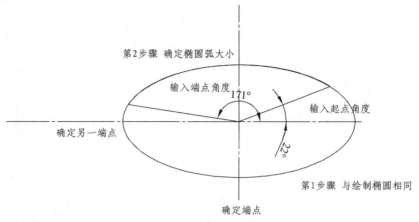

图 3-39　绘制椭圆弧

（2）"参数（P）"选项：指定椭圆弧端点的另一种方式，该方式是指定椭圆弧端点的角度，系统通过矢量参数方程式创建椭圆弧：

$$p(u) = c + a \times \cos(u) + b \times \sin(u)$$

其中，c 是椭圆弧的半焦距；a 和 b 分别指椭圆的长半轴和短半轴的轴长；u 是光标与椭圆中心点连线的夹角。

（3）"包含角度（I）"选项：指定圆弧的包含角，使系统根据椭圆弧的包含角来确定椭圆弧。

【练习 3-9】　绘制如图 3-40 所示的"脸盆"图形。

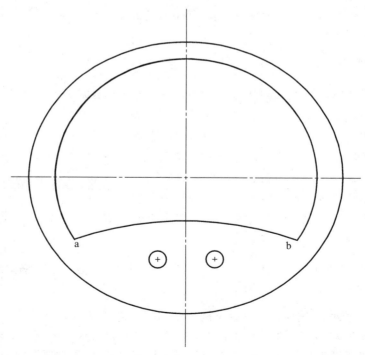

图 3-40　绘制脸盆

　　案例分析： 绘制如图 3-40 所示的脸盆图形，可以首先绘制一个椭圆，再在椭圆的内部绘制一个椭圆弧和圆弧，最后在台面上绘制出 2 个水龙头安装孔。

（1）在绘图区，绘制 2 条互相垂直辅助线，其交点作为椭圆的中心；

（2）在"绘图"工具栏中单击"椭圆"按钮 ，发出"ELLIPSE"命令，绘制椭圆。

（3）在"指定椭圆的轴端点或[圆弧(A)/中心点(C)]：，输入 C，确定指定圆心法绘制椭圆；

（4）在"指定椭圆的中心点："提示下，拾取辅助线的交点，确定椭圆的中心；

（5）在"指定轴的端点："提示下输入（@-180，0），指定椭圆一个轴的端点；

（6）在"指定另一条半轴长度或[旋转(R)]："提示下输入"160"，指定椭圆另一个轴的半轴长度，绘制出椭圆；

　　（7）在"绘图"工具栏中单击"椭圆弧"按钮 ，发出"ELLIPSE"命令，绘制椭圆弧；

（8）重复步骤（3）~（6），椭圆弧的中心与椭圆相同，一个轴的端点（@150，0），椭圆另一个半轴长度"140"；

　　（9）在"指定起点角度或[参数(P)]："提示下输入"30"，指定椭圆起点角度；

（10）在"指定端点角度或[参数(P)/包含角度(I)]："提示下输入"210"，指定椭圆端点角度，绘制椭圆弧；

（11）在"绘图"工具栏中单击"圆弧"按钮 ，发出"ARC"命令；

（12）在"定圆弧的起点或[圆心(C)]："提示下，拾取点椭圆弧端点"a"；

（13）在"指定圆弧的第二个点或[圆心(C)/端点(E)]："提示下输入"E"，选择端点方式；

（14）在"指定圆弧的端点："提示下，拾取点椭圆弧端点"b"；

（15）在"指定圆弧的圆心或[角度(A)/方向(D)/半径(R)]："提示下输入"D"，选择"圆弧方向"方式；

（16）在"指定圆弧的起点切向："提示下，输入圆弧的起点切向"20"，完成圆弧"ab"段；

（17）在"绘图"工具栏中单击"圆形"按钮 ，绘制 2 个直径为 15 水龙头安装孔，结果如图 3-40 所示。

■■ **经验交流**

　　以轴、端点绘制椭圆时，用户可以根据椭圆的要求，确定任意轴上端点即可。但是，在不同轴上端点的先后顺序不同，所绘制的椭圆形状也有区别。

3.5　绘制与编辑多线

　　多线是指由相互平行的平行线组成的对象，其平行线之间的间距、数目、线型、线宽、偏移、比例均可调整。多线常用于绘制化工机械中的管线、建筑图中的墙体、电子线路图等平行线对象。

3.5.1　绘制多线

在菜单中选择"绘图"→"多线"命令（MLINE），即可根据需要绘制多线。

在命令行中，输入"MLINE"命令，命令行提示栏信息如下：

当前设置：对正＝上，比例＝20.00，样式＝STANDARD

指定起点或[对正(J)/比例(S)/样式(ST)]：

在该提示信息中，第一行说明当前的绘图格式："对正"方式为"上"，"比例"为"20.00"，"多线样式"为"标准型（STANDARD）"。第二行为绘制多线时的选项，各选项意义如下：

（1）"对正（J）"：指定多线的对正方式。此时命令行将显示"输入对正类型[上(T)/无(Z)/下(B)]<上>："提示信息。其中"上（T）"选项表示当从左向右绘制多线时，多线上最顶端的线将随着光标移动；"无（Z）"选项表示绘制多线时，多线的中心线将随着光标点移动；"下（B）"选项表示当从左向右绘制多线时，多线上最底端的线将随着光标移动。

（2）"比例（S）"：指定所绘制多线的宽度相对于多线定义宽度的比例因子，该比例不影响多线的线型比例。

（3）"样式（ST）"：指定绘制的多线的样式（默认为标准（STANDARD）型）。当命令行显示"输入多线样式名或[?]："提示信息时，可以直接输入已有的多线样式名，也可以输入"?"，查询已定义的多线样式。

3.5.2　设置"多线样式"对话框

在菜单中选择"格式"→"多线样式"命令（MLSTYLE），系统将弹出"多线样式"对话框，如图 3-41 所示。用户可以根据需要创建多线的样式，设置其线条数目和线的拐角方式。

图 3-41　"多线样式"对话框

该对话框中各选项的功能如下：

（1）"样式"列表框：显示已经加载的多线样式。

（2）"置为当前"按钮：在"样式"列表中选择需要使用的多线样式后，单击该按钮，可以将其设置为当前样式。

（3）"新建"按钮：单击该按钮，打开"创建新的多线样式"对话框，可以创建新的多线样式，如图 3-42 所示。

（4）"修改"按钮：单击该按钮，打开"修改多线样式"对话框，可以修改多线样式。

（5）"重命名"按钮：重命名"样式"列表中选中的多线样式名称，但不能重命名"标准（STANDARD）"样式。

（6）"删除"按钮：删除"样式"列表中选中的多线样式。

（7）"加载"按钮：单击该按钮，打开"加载多线样式"对话框，如图 3-43 所示。用户可以从该对话框中选取多线样式并将其加载到当前图形中，也可以单击"文件"按钮，打开"从文件加载多线样式"对话框，选择多线样式文件。默认情况下，AutoCAD 2014 提供的多线样式文件名为"acad.mln"。

图 3-42　"创建新的多线样式"对话框

图 3-43　"加载多线样式"对话框

（8）"保存"按钮：单击该按钮，打开"保存多线样式"对话框，可以将当前的多线样式保存为一个多线文件（*.mln）。

此外，当选中一种多线样式后，在对话框的"说明"和"预览"区域中还将显示该多线样式的说明信息和样式预览。

3.5.3　创建多线样式

在"创建新的多线样式"对话框中，输入样式名，并单击"继续"按钮，将打开"新建多线样式"对话框，可以创建新多线样式的封口、填充、元素特性等内容，如图 3-44 所示。该对话框中各选项的功能如下：

（1）"说明"文本框：用于输入多线样式的说明信息。当在"多线样式"对话框的"样式"列表中选中某个多线样式时，其说明信息将显示在"说明"区域中。

（2）"封口"选项区域：用于控制多线起点和端点的样式。用户可以为多线的每个端点选择一条直线或弧线，并输入角度。其中，"直线"穿过整个多线的端点，"外弧"连接最外层元素的端点，"内弧"连接成对元素，如果有奇数个元素，则中心线不相连，如图 3-45 所示。

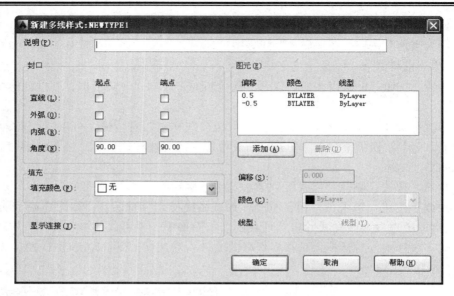

图 3-44　"创建多线样式"对话框

（3）"填充"选项区域：用于设置是否填充多线的背景。可以从"填充颜色"列表框中选择所需的填充颜色作为多线的背景。如果不使用填充色，则在"填充颜色"列表框中选择"无"选项即可。

（4）"显示连接"复选框：选中该复选框，可以在多线的拐角处显示连接线，不选中则不显示，如图 3-46 所示。

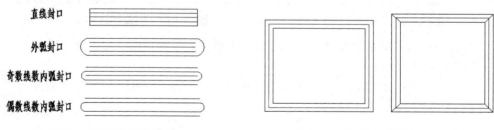

图 3-45　多线的封口样式　　　　　　　　图 3-46　不显示连接与显示连接

（5）"图元"选项区域：可以设置多线样式的元素特性，包括多线的线条数目、每条线的颜色和线型等特性。其中，"图元"列表框中列举了当前多线样式中各线条元素及其特性，包括线条元素相对于多线中心线的偏移量、线条颜色和线型。如果要增加多线中线条的数目，可执行如下操作：

① 单击"添加"按钮，在"图元"列表中将加入一个偏移量为"0"的新线条元素；

② 通过"偏移"文本框设置线条元素的偏移量；

③ 在"颜色"下拉列表框中设置当前线条的颜色；

④ 单击"线型"按钮，使用打开的"线型"对话框设置线元素的线型。

如果要删除某一线条，可在"图元"列表框中选中该线条元素，然后单击"删除"按钮即可。

3.5.4　修改多线样式

在"多线样式"对话框中单击"修改"按钮,使用打开的"修改多线样式"对话框可以修改创建的多线样式,"修改多线样式"对话框与"创建新的多线样式"完全相同,用户可参照创建多线样式的方法对多线样式进行修改。

3.5.5　编辑多线

多线编辑的命令是一个专用于多线对象的编辑命令,执行"修改"→"对象"→"多线"命令,可打开"多线编辑工具"对话框,该对话框中的各个图像按钮形象地说明了编辑多线的方法,如图 3-47 所示。

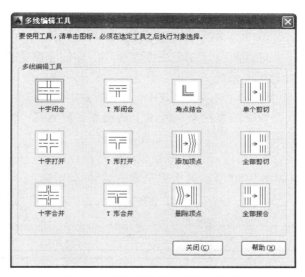

图 3-47　"多线编辑工具"对话框

使用 3 种十字型工具 ⊞、⊟、⊞ 可以消除各种相交线,如图 3-48 所示。当选择某种十字型工具后,还需要选取两条多线,AutoCAD 2014 总是会切断所选的第一条多线,并根据所选工具切断第二条多线。在使用"十字合并"工具时可以生成配对元素的直角,如果没有配对元素,则多线将不被切断。

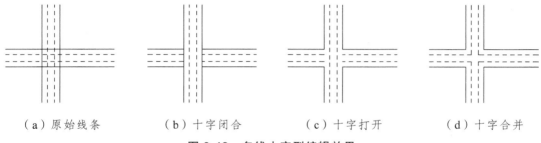

（a）原始线条　　　　（b）十字闭合　　　　（c）十字打开　　　　（d）十字合并

图 3-48　多线十字型编辑效果

使用 T 字型工具 ⊤、⊤、⊤ 和角点结合工具 ∟ 也可以消除相交线,如图 3-49 所示。此外，角点结合工具还可以消除多线一侧的延伸线，从而形成直角。使用该工具时，需要选取两条多线，只需在要保留的多线某部分上拾取点，AutoCAD 2014 就会将多线剪裁或延伸到它们的相交点。

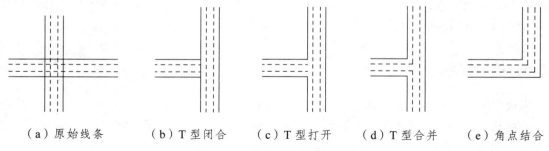

（a）原始线条　　　（b）T型闭合　　　（c）T型打开　　　（d）T型合并　　　（e）角点结合

图 3-49　多线 T 型编辑效果

使用添加顶点工具 可以为多线增加若干顶点。

使用删除顶点工具 可以从包含 3 个或更多顶点的多线上删除顶点。若当前选取的多线只有 2 个顶点，那么该工具将无效。

使用剪切工具 、 可以切断多线。其中，"单个剪切"工具 用于切断多线中的一条，用户只需简单地拾取要切断的多线某一元素上的两点，则这两点中的连线即被删除（实际上是不显示）；"全部剪切"工具 则用于切断整条多线。

此外，使用"全部接合"工具 可以恢复显示所选两点间的任何切断部分。

【练习 3-10】　绘制如图 3-50 所示的房屋平面的墙体结构图。

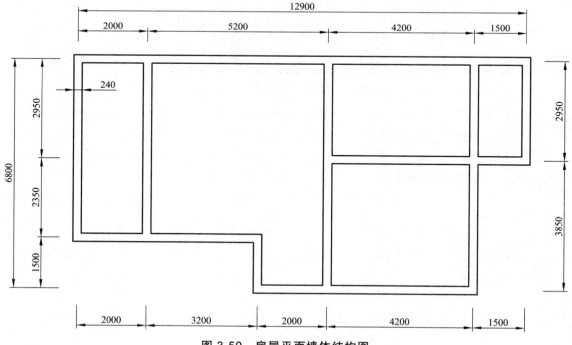

图 3-50　房屋平面墙体结构图

案例分析: 房屋平面结构图的墙体使用多线绘制,在绘制时需要设置多线的样式,并使用多线编辑工具进行编辑。

(1)在"绘图"工具栏中单击"构造线"按钮 ✎,发出"XLINE"命令,绘制一条水平构造线"a"和一条竖直构造线"b",组成"十字"辅助线,如图 3-51 所示。

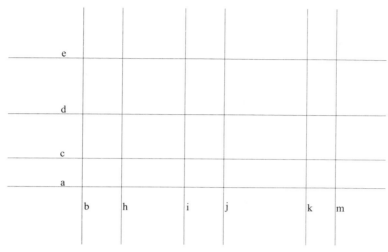

图 3-51　绘制辅助线

(2)继续绘制水平辅助线 c、d 和 e,其间距分别为"1 300""2 350"和"2 950";绘制垂直辅助线 h、i、j、k 和 m,其间距分别为"2 000""3 200""20""4 200"和"1 500",可以通过"构造线"命令中"偏移"命令绘制这些辅助线,结果如图 3-51 所示。

(3)在辅助线 a,b,e,m 外各绘制两条水平和垂直边缘辅助线,以便多线捕捉绘制,如图 3-52 所示。

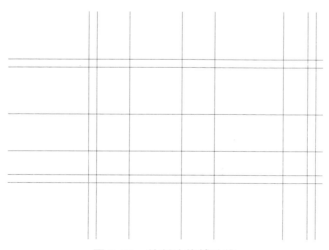

图 3-52　绘制边缘辅助线

(4)按 F3 键打开对象捕捉模式。

(5)在菜单中选择"绘图"→"多线"命令,在"指定起点或[对正(J)/比例(S)/样式(ST)]:"提示下输入"J",在"输入对正类型[上(T)/无(Z)/下(B)]<无>:Z"提示下输入"Z",在"指定起点或[对正(J)/比例(S)/样式(ST)]:"提示下输入"S",在"输入多线比例<2.40>:240"提示下输入"240"。捕捉辅助线的角度,然后单击直线的起点和端点绘制多线,如图 3-53 所示。

（6）在"多线编辑工具"对话框中单击"角点结合"工具 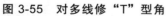,参照图 3-54 所示,对多线修直角。

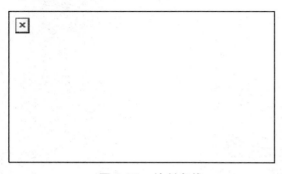

图 3-53　绘制多线

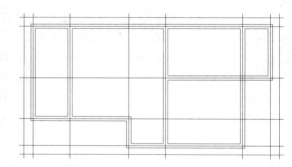

图 3-54　对多线修直角

（7）在"多线编辑工具"对话框中单击"T 型打开"工具 ,参照图 3-55 所示,对多线修 T 型角。

（8）在"多线编辑工具"对话框中单击"十字合并"工具 ,参照图 3-56 所示,对多线修多线十字合并。

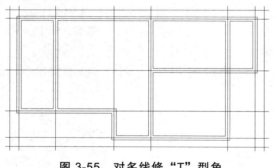

图 3-55　对多线修"T"型角

图 3-56　对多线修"十字"合并

（9）选择绘制的所有辅助直线,按 Delete 键删除辅助线,保存图形,即可得到如图 3-50 所示图形。

3.6　绘制与编辑多段线

多段线是作为单个对象创建的相互连接的序列线段,可以创建直线段、弧线段或两者的组合线段。

3.6.1　绘制多段线

在菜单中选择"绘图"→"多段线"命令（PLINE）,或在"绘图"工具栏中单击"多段线"按钮 ⌐⌐，可以绘制多段线。

在执行"PLINE"命令，并在绘图窗口中指定了多段线的起点后，命令行将显示如下提示信息：

指定下一点或[圆弧(A)/闭合(C)/半宽(H)/长度(L)/放弃(U)/宽度(W)]：

默认情况下，在指定了多段线另一端点的位置后，将从起点到该点给出一段多段线。该命令提示中其他选项的功能如下：

（1）"圆弧（A）"：从绘制直线方式切换到绘制圆弧方式。

（2）"半宽（H）"：设置多线段的半宽度，即多线段的宽度的一半。其中，可以分别指定对象的起点半宽和端点半宽。

（3）"长度（L）"：指定绘制的直线段的长度。此时，AutoCAD 2014 将以该长度沿着上一段直线的方向绘制直线段。如果前一段线对象是圆弧，则该段直线的方向为上一圆弧端点的切线方向。

（4）"放弃（U）"：删除多段线上的上一段直线段或者圆弧段，以便修改在绘制多段线过程中出现的错误。

（5）"宽度（W）"：设置多段线的宽度，可以分别指定对象的起点半宽和端点半宽。具有宽度的多段线填充与否，可以通过"FILL"命令来设置。如果将模式设置成"开（ON）"，则绘制的多段线是填充的；如果将模式设置成"关（OFF）"，则所绘制的多段线是不填充的。

（6）闭合（C）：封闭多段线并结束命令。此时，系统将以当前点为起点，以多段线的起点为端点，以当前宽度和绘图方式（直线方式或者圆弧方式）绘制一段线段，以封闭该多段线，然后结束命令。

在绘制多段线时，如果在"指定下一个点或[圆弧(A)/半宽(H)/长度(L)/放弃(U)/宽度(W)]："命令提示下输入"A"，可以切换到圆弧绘制方式，命令行将显示如下提示信息：

指定圆弧的端点或
[角度(A)/圆心(CE)/闭合(CL)/方向(D)/半宽(H)/直线(L)/半径(R)/第二个点(S)/放弃(U)/宽度(W)]：

该命令提示中除"指定是圆弧的端点"外其他选项的功能如下：

（1）"角度（A）"：根据圆弧对应的圆心角来绘制圆弧段。选择该选项后需要在命令行提示下输入圆弧的包含角。圆弧的方向与角度的正负有关，同时也与当前角度的测量方向有关。

（2）"圆心（CE）"：根据圆弧的圆心位置来绘制圆弧段。选择该选项，需要在命令行提示下指定圆弧的圆心。当确定了圆弧的圆心位置后，可以再指定圆弧的端点、包含角或对应弦长来绘制圆弧。

（3）"闭合（CL）"：根据最后点和多段线的起点为圆弧的两个端点绘制一个圆弧，用以封闭多段线。闭合后，将结束多段线绘制命令。

（4）"方向（D）"：根据起始点处的切线方向来绘制圆弧。选择该选项，通过输入起始点方向与水平方向的夹角来确定圆弧的起点切向。也可以在命令行提示下确定一个点，系统将把圆弧的起点与该点的连线作为圆弧的起点切向。当确定了起点切向后，再确定圆弧另一个端点即可绘制圆弧。

（5）"半宽（H）"：设置圆弧起点的半宽度和终点的半宽度。

（6）"直线（L）"：将多段线命令由绘制圆弧方式切换到绘制直线的方式。此时将返回到"指定下一点或[圆弧(A)/闭合(C)/半宽(H)/长度(L)/放弃(U)/宽度(W)]："提示。

（7）"半径（R）"：根据输入半径来绘制圆弧。选择该选项后，需要输入圆弧的半径，并通过指定端点和包含角中的一个条件来绘制圆弧。

（8）"第二个点（S）"：可根据 3 点来绘制一个圆弧。

（9）"放弃（U）"：取消上一次绘制的圆弧。

（10）"宽度（W）"：设置圆弧的起点宽度和终点宽度。

【练习 3-11】　绘制如图 3-57 所示的三角箭头图标。

图 3-57　绘制三角箭头图标

案例分析：绘制三角箭头图标，可以使用多段线命令来完成。

（1）在"绘图"工具栏中单击"多段线"按钮 ，发出"PLINE"命令。

（2）在命令行"指定起点："提示下，在绘图窗口单击，确定"A"点。

（3）在"指定下一个点或[圆弧(A)/半宽(H)/长度(L)/放弃(U)/宽度(W)]："提示下输入"W"。

（4）在"指定起点宽度<0.000>："提示下输入多段线的起点宽度"5"。

（5）在"指定端点宽度<5>："提示下输入"5"并按 Enter 键，确定多段线的终点宽度仍然为"5"。

（6）在"指定下一个点或[圆弧(A)/半宽(H)/长度(L)/放弃(U)/宽度(W)]："提示下，在绘图窗口单击，确定"B"点。

（7）重复步骤（3）～（6），设置多段线的起点的宽度为"15"，端点的宽度为"0"，绘制从"B"点到"C"点的一段多段线。

（8）在"指定下一个点或[圆弧(A)/半宽(H)/长度(L)/放弃(U)/宽度(W)]："提示下，按 Enter 键，结束多段线绘制。结果如图 3-57 所示。

3.6.2　编辑多段线

在 AutoCAD 2014 中，可以一次编辑一条或多条多段线。在菜单中选择"修改"→"对象"→"多段线"命令（PEDIT），或双击所要编辑的多段线，即可调用编辑多段线命令。如果只选择一条多段线，命令行将显示如下提示信息：

输入选项[闭合(C)/合并(J)/宽度(W)/编辑顶点(E)/拟合(F)/样条曲线(S)/非曲线化(D)/线型生成(L)/反转(R)/放弃(U)]：

如果选择多条多段线，命令行将显示如下提示信息：

输入选项[闭合(C)/合并(J)/宽度(W)/拟合(F)/样条曲线(S)/非曲线化(D)/线型生成(L)/反转(R)/放弃(U)]：

编辑多段线时，命令行中主要选项的功能如下：

（1）"闭合（C）"：封闭所编辑的多段线，自动以最后一段多段线的绘图模式（直线或者圆弧）连接原多段线的起点和终点。

（2）"合并（J）"：将直线段、圆弧或者多段线连接到指定的非闭合多段线上。如果编辑的是多个多段线，系统将提示输入合并多段线的允许距离；如果编辑的是单个多段线，系统将连续选取首尾连接的直线、圆弧和多段线对象，并将它们连成一条多段线。选择该选项时，要连接的各相邻对象必须在形式上彼此首尾相连。

（3）"宽度（W）"：重新设置所编辑的多段线的宽度。当输入新的线宽值后，所选的多段线将改变成该宽度。

（4）"编辑顶点（E）"：编辑多段线的顶点，只能对单个多段线进行操作。在编辑多段线的顶点时，系统会在屏幕上使用小叉标记出多段线的当前编辑点，命令行显示如下提示信息：

输入顶点编辑选项

[下一个(N)/上一个(P)/打断(B)/插入(I)/移动(M)/重生成(R)/拉直(S)/切向(T)/宽度(W)/退出(X)]<N>：

该提示中各选项的含义如下：

① "打断（B）"：删除多段线上指定两顶点之间的线段。

② "插入（I）"：在当前编辑的顶点后面插入一个新的顶点，只需要确定新顶点的位置即可。

③ "移动（M）"：将当前编辑的顶点移动到新位置，需要指定标记顶点的新位置。

④ "重生成（R）"：重新生成多段线，常与"宽度"选项连用。

⑤ "拉直（S）"：拉直多段线中位于指定两个顶点之间的线段。

⑥ "切向（T）"：改变当前所编辑顶点的切线方向。可以直接输入表示切线方向的角度值，也可以确定一点，以多段线上当前点与该点的连线方向作为切线方向。

⑦ "宽度（W）"：修改多段线中当前编辑顶点之后的那条线段的起始宽度和终止宽度。

（5）"拟合（F）"：采用双圆弧曲线拟合多段线的拐角。

（6）"样条曲线（S）"：用样条曲线拟合多段线，且拟合时以多段线的各顶点作为样条曲线的控制点。

（7）"非曲线化（D）"：删除在执行"拟合"或者"样条曲线"选项操作时插入的额外顶点，并拉直多段线中的所有线段，同时保留多段线顶点的所有切线信息。

（8）"线型生成（L）"：设置非连续线型多段线在各顶点处的绘制方式。选择该选项时，命令行将显示"输入多段线线型生成选项[开(ON)/关(OFF)]<关>："提示信息。当选择"ON"时，多段线以全长绘制线型；当选择"OFF"时，多段线的各个线段将独立绘制线型，当长度不足以表达线型时，以连续线代替。

（9）"放弃（U）"：取消"PEDIT"命令的上一次操作。用户可重复使用该选项。

3.7　绘制与编辑样条曲线

样条曲线是指通过一组给定控制点而得到的一条拟合曲线，曲线的大致形状由这些点控制，其类型属于非均匀关系基本样条曲线（NURBS），适用于表达具有不规则变化曲率半径曲线，如机械图样中的波浪线、凸轮曲线等。

3.7.1　绘制样条曲线

在菜单中选择"绘图"→"样条曲线"命令（SPLINE），可以绘制样条曲线，如图 3-58 所示。在"绘图"工具栏中单击"样条曲线"按钮 ～，也可以绘制样条曲线。

在 AutoCAD 2014 中，样条曲线是通过指定起点、控制点、终点以及偏差变量来控制。在执行"SPLINE"命令后，命令行将显示如下提示信息：

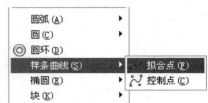

图 3-58　样条曲线菜单

当前设置：方式 = 拟合　　节点 = 弦

指定第一个点或[方式(M)/节点(K)/对象(O)]：

输入下一个点或[起点切向(T)/公差(L)]：

输入下一个点或[端点相切(T)/公差(L)/放弃(U)]：

输入下一个点或[端点相切(T)/公差(L)/放弃(U)/闭合(C)]：

默认情况下，可以先指定样条曲线的起点，再指定样条曲线上的另一个点后，通过指定一系列样条曲线的控制点，创建样条曲线。

在执行"SPLINE"命令后的提示中，各选项功能说明如下：

（1）"方式（M）"：选择曲线创建方式：拟合（F）/控制点（CV）。

（2）"节点（K）"：选择节点参数：弦（C）/平方根（S）/统一（U）。

（3）"对象（O）"：将编辑多段线得到的二次或者三次拟合样条曲线转换成等价的样条曲线。

（4）"起点切向（T）"：指定样条曲线起始点的切线方向。

（5）"端点相切（T）"：指定样条曲线端点的切线方向。

（6）"公差（L）"：设置样条曲线的拟合公差值。输入的值越大，绘制的曲线偏离指定的点越远。当给定拟合公差后，绘出的样条曲线不会全部通过各个控制点，但总是通过起点与终点。

（7）"闭合（C）"：将样条曲线最后一点与第一点合并，并且在连接处相切，使样条曲线闭合。

3.7.2　编辑样条曲线

样条曲线在创建后可以进行再次编辑。在菜单中选择"修改"→"对象"→"样条曲线"命令（SPLINEDIT），或双击所要编辑的样条曲线，就可以调用编辑样条曲线命令。

样条曲线编辑命令是一个单对象编辑命令，一次只能编辑一条样条曲线对象。执行该命令并选择需要编辑的样条曲线后，在曲线周围将显示控制点，同时命令行显示如下提示信息：

输入选项[闭合(C)/合并(J)/拟合数据(F)/编辑顶点(E)/转换为多段线(P)/反转(R)/放弃(U)/退出(X)]<
退出>：

（1）"拟合数据（F）"：编辑样条曲线所通过的某些控制点。选择该选项后，样条曲线上
各控制点的位置均会出现一小方格，且显示如下提示信息：

[添加(A)/闭合(C)/删除(D)/扭折(K)/移动(M)/清理(P)/切线(T)/公差(L)/退出(X)] <退出>：

该提示中各选项的含义如下：

① "添加（A）"：为样条曲线添加新的控制点。

② "删除（D）"：删除样条曲线控制点中集中的一些控制点。

③ "扭折（K）"：在样条曲线上的指定位置添加节点和拟合点，这不会保持在该点的相
切或曲率连续性。

④ "移动（M）"：把拟合点移动到新位置。

⑤ "清理（P）"：从图形数据库中清除样条曲线的拟合数据。

⑥ "切线（T）"：更改样条曲线的开始和结束切线。

⑦ "公差（L）"：重新设置拟合公差的值。

（2）"编辑顶点（E）"：编辑样条曲线上的控制点。选择该选项后，命令行将显示如下提
示信息：

输入顶点编辑选项[添加(A)/删除(D)/提高阶数(E)/移动(M)/权值(W)/退出(X)]<退出>：

该提示中各选项的含义如下：

① "添加（A）"：为样条曲线添加新的控制点。

② "删除（D）"：删除样条曲线控制点中集中的一些控制点。

③ "扭折（K）"：控制样条曲线的阶数。阶数越高控制点越多，样条曲线越光滑，AutoCAD
2014 允许的最大阶数值是 26。

④ "移动（M）"：把拟合点移动到新位置。

⑤ "清理（P）"：从图形数据库中清除样条曲线的拟合数据。

⑥ "权值（W）"：改变控制点的权值。

（3）"转换为多段线（P）"：使样条曲线转换为多段线。

（4）"反转（R）"：使样条曲线的方向反转。

【练习 3-12】　绘制如图 3-59 所示的连杆图形。

案例分析：在图 3-59 连杆中，采用断开画法，断裂边界采用了波浪线，使用样条曲线
绘制。

（1）将"中心线层"设为当前，在"绘图"工具栏中单击"直线"按钮 ，发出"LINE"
命令，绘制中心线，2 个中心线的中心距为"350"，如图 3-60 所示。

（2）将"粗实线层"设为当前，在"绘图"工具栏中单击"圆形"按钮 ，捕捉中心线
左侧交点为圆心，分别绘制半径为"32.5"和"80"的圆；以中心线右侧交点为圆心，分别
绘制半径为"22.5"和"50"的圆，如图 3-61 所示。

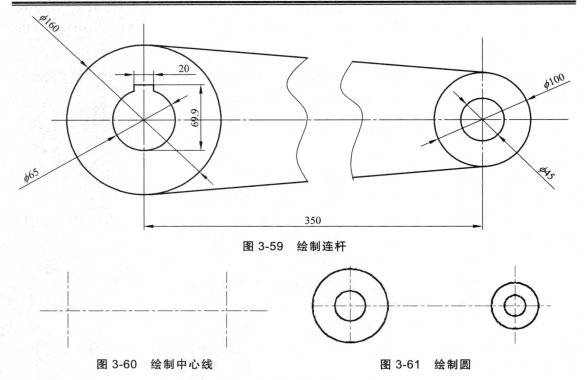

图 3-59   绘制连杆

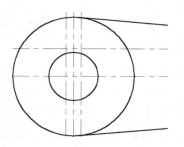

图 3-60   绘制中心线

图 3-61   绘制圆

（3）在"绘图"工具栏中单击"直线"按钮，发出"LINE"命令，绘制直径为"160"
和"100"圆的公切线。如图 3-62 所示。

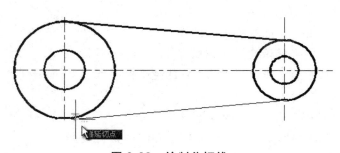

图 3-62   绘制公切线

（4）为了方便绘制键槽，使用"构造线"绘制键槽构造线，如图 3-63 所示。利用捕捉构
造线的交点绘制键槽，如图 3-64 所示。绘制完键槽后，删除构造线。

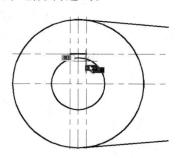

图 3-63   绘制键槽构造线

图 3-64   绘制键槽构造线

（5）在连杆中间绘制 2 条保持一定间距的构造线。在"修改"工具栏中单击"剪切"按钮 ┲，选择这两条构造线，然后单击连杆的一条轮廓线，如图 3-65 所示；对其进行剪切，然后对另 1 条剪切。剪切完毕，删除构造线，完成对连杆打断。

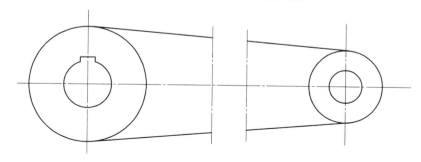

图 3-65　利用构造线打断连杆

（6）在"绘图"工具栏中单击"样条曲线"按钮 ～，发出"SPLINE"命令。

（7）在"指定第一个点或[方式(M)/节点(K)/对象(O)]:"提示下，利用捕捉功能，拾取"a"点。

（8）在"输入下一个点或[端点相切(T)/公差(L)/放弃(U)/闭合(C)]:"提示下，在"a""b"连杆轮廓线之间，任意拾取 2～3 个点。

（9）在"输入下一个点或[端点相切(T)/公差(L)/放弃(U)/闭合(C)]:"提示下，利用捕捉功能，拾取"b"点。单击鼠标右键，选择"确定"，完成绘制样条曲线"ab"，如图 3-66 所示。

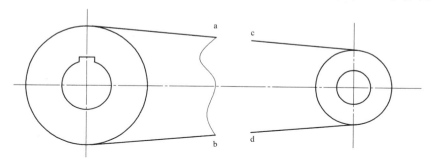

图 3-66　绘制样条曲线 ab

（10）重复步骤（6）～（9），完成绘制样条曲线"cd"，结果如图 3-67 所示。

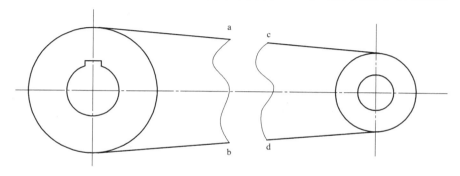

图 3-67　绘制样条曲线 cd

3.8　绘制修订云线

修订云线一般由连续的圆弧组成，用于突出显示图样中已修改的部分，常用来检查或用红线阅读图形时进行标记，从而提高工作效率，如图 3-68 所示。

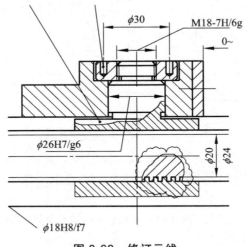

图 3-68　修订云线

3.8.1　绘制样条曲线

在菜单中选择"绘图"→"修订云线"命令（REVCLOUD）（见图 3-69），或在"绘图"工具栏中单击"修订云线"按钮，就可以修订云线。

执行"REVCLOUD"命令后，命令行将显示如下提示信息：

图 3-69　修订云线菜单

最小弧长：0.5　　最大弧长：0.5　　样式：手绘
指定起点或[弧长(A)/对象(O)/样式(S)]<对象>：
沿云线路径引导十字光标

默认情况下，系统将显示当前云线的弧长和样式，如上文提示中的第一行"最小弧长：0.5 最大弧长：15 样式：手绘"。用户可以使用该弧线长绘制云线路径，并在绘图窗口中拖动鼠标即可。当起点和终点重合后，系统将绘制一个封闭的云线路径，同时结束"REVCLOUD"命令。

该命令提示中其他选项的功能如下：

（1）"弧长（A）"：指定云线最小弧长和最大弧长，默认情况下弧长的最小值为 0.5 单位，最大弧长不能大于最小弧长的 3 倍。

（2）"对象（O）"：将封闭的图形转化为修订云线的路径，此类图形可以是多边形、圆、矩形等。在命令行将显示如下提示信息：

选择对象：
反转方向[是(Y)/否(N)]<否>：

此时如果输入"Y"，则圆弧方向向内；如果输入"N"，则圆弧方向向外，如图 3-70 所示。

图 3-70　将对象转换为云线

（3）"样式（S）"：指定修订云线的样式。系统提供了"普通"和"手绘"两种切换样式，其效果如图 3-71 所示。

图 3-71　"普通"和"手绘"方式绘制修订云线

3.9　特殊图形的绘制

3.9.1　圆环的绘制

1. 命令调用

AutoCAD 2014 提供了圆环绘图命令，用户只需指定圆环的内外直径和圆心，即可完成圆环图形对象的绘制。

在菜单中选择"绘图"→"圆环"命令（DONUT），就可以绘制圆环。

启动"DONUT"命令后，命令行将显示如下提示信息：

```
指定圆环的内径<45>: 68              //指定圆环内径值
指定圆环的外径<60>: 90              //指定圆环外径值
指定圆环的中心点或<退出>:           //指定圆环中心点位置
```

根据上文提示输入相关参数，即可得到如图 3-72 所示的圆环图形。

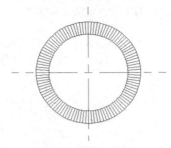

图 3-72   绘制圆环

2. "FILL"填充模式

"FILL"命令可以控制圆环是否对内部进行填充。调用"FILL"命令后,命令行显示如下提示信息:。

输入模式[开(ON)/关(OFF)]<开>:

根据需要输入"ON"或"OFF"后,得到如图 3-73 所示圆环效果。

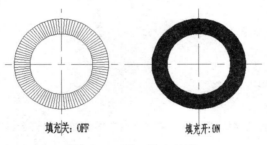

填充关: OFF   填充开: ON

图 3-73   圆环填充效果

经验交流

当设置圆环的内径值为"0"时,则绘制的圆环是实心圆,如图 3-74 所示。反之,如果内径不为"0"时,绘制图形则为圆环。

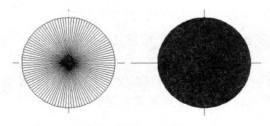

图 3-74   实心圆

3.9.2   区域覆盖对象

区域覆盖以现有对象生成一个多边形空白区域,用于添加注释或屏蔽信息。该区域与区域覆盖边框进行绑定,可以打开此区域进行编辑,也可以关闭此区域进行打印。

在菜单中选择"绘图"→"区域覆盖"命令（WIPEOUT），创建一个多边形区域，并使用当前背景色来遮挡下面的对象。命令行显示如下提示信息：

指定第一点或[边框(F)/多段线(P)] <多段线>：

默认情况下，可以指定一系列点确定区域覆盖区域的多边形边界。绘制区域覆盖对象时应注意以下几点：

（1）边框（F）：确定是否显示区域覆盖对象的边界。此时命令行显示"输入模式[开(ON)关(OFF)]："提示信息，选择"开（ON）"将显示边界，选择"关（OFF）"将隐藏绘图窗口中所有区域覆盖对象的边界，如图 3-75 所示。

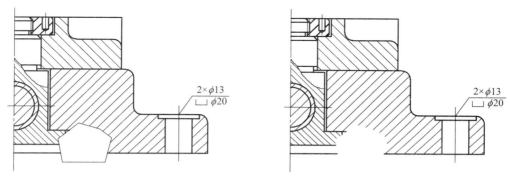

图 3-75　显示与隐藏区域覆盖对象边界的效果

（2）多段线（P）：可以选择是否保留以封闭多段线创建的多边形作为区域覆盖对象的边界。当选择一个封闭的多段线（该多段线中不能包含圆弧），命令行显示"是否要删除多段线？[是(Y)/否(N)]<否>："提示信息，输入"Y"，将删除用来创建区域覆盖对象的多段线；输入"N"，则保留该多段线，如图 3-76 所示。

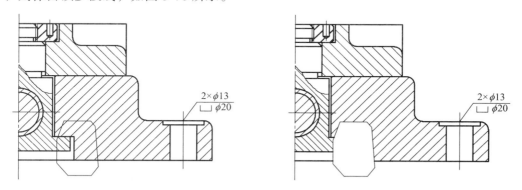

图 3-76　将多段线转换为区域覆盖对象

3.9.3　面　　域

1. 创建面域

面域是使用形成闭合环的对象创建的二维闭合区域。环可以是直线、多段线、圆、圆弧、椭圆、椭圆弧和样条曲线的组合。组成环的对象必须闭合或通过其他对象共享端点而形成的闭合区域。面域是具有物理特性的二维封闭区域，可以将现有面域组合成单个复杂的面域来计算面积。

在菜单中选择"绘图"→"面域"命令（REGION），或在"绘图"工具栏中单击"面域"按钮 ⬡，启动"REGION"命令后，命令行显示如下提示信息：

选择对象：找到 5 个	//选择组成面域的图形
选择对象：已提取 4 个环	//按"ENTER"键
已创建 4 个面域	//提示创建的面域数量

◤ 经验交流 ▏

组成面域的对象必须是闭合或通过与其他对象共享端点而形成的闭合区域。用户可以通过多个环或者端点相连形成环形曲线来创建面域，但不能通过开放对象内部相交构成的闭合区域来构成面域。

2. 面域的布尔运算

在 AutoCAD 2014 中，可以运用布尔运算对多个面域进行并集、交集和差集 3 种操作，从而创建新的面域。

在菜单中选择"修改"→"实体编辑"→"并集"命令（UNION）/"交集"命令（INTERSECT）/"差集"命令（SUBTACT），或在"实体编辑"工具栏中"并集"按钮 ⬤/"交集"按钮 ⬤/"差集"按钮 ⬤，进行面域的布尔运算，如图 3-77 所示。

图 3-77　"实体编辑"工具栏

【**练习 3-12**】　绘制如图 3-78（a）所示圆和矩形，并对其进行并集、交集和差集运算。

（a）面域原图　　　　　（b）并集　　　　　（c）交集　　　　　（d）差集

图 3-78　布尔运算结果

案例分析：在图 3-78（a）所示的图形中，将矩形和圆形转换为面域，方可执行布尔运算的并集、交集和差集的操作。

（1）在"绘图"工具栏中单击"圆形"按钮 ⊙，绘制一个圆形；在"绘图"工具栏中单击"矩形"按钮 ▢，绘制一个矩形，如图 3-78（a）所示。

（2）在"绘图"工具栏中单击"面域"按钮 ⬡，在"选择对象"提示下，选择矩形和圆形，把矩形和圆形转换为面域。

（3）在"实体编辑"工具栏中单击"并集"按钮 ⬤，在"选择对象"提示下，选择矩形和圆形，结果如图 3-78（b）所示。

（4）重复（1）~（2）操作，在"实体编辑"工具栏中单击"交集"按钮⚭，在"选择对象"提示下，选择矩形和圆形，结果如图 3-78（c）所示。

（5）重复（1）~（2）操作，在"实体编辑"工具栏中单击"差集"按钮⚭，在"选择对象"提示下，选择要保留的对象"矩形"，按 Enter 键。

（6）在"选择对象"提示下，选择要减去的对象"圆形"，按 Enter 键。绘制结果如图 3-78（d）所示。

本章小结

本章主要介绍了 AutoCAD 2014 中基本二维图形的绘制命令。通过本章的学习，用户可熟练利用这些命令，绘制各种复杂的二维图形。

思考练习

一、简述题

1. 在 AutoCAD 2014 中，如何创建点对象？

2. 在 AutoCAD 2014 中，直线、射线和构造线各有什么特点？如何使用它们绘制辅助线？

3. 绘制圆弧的方法有哪些？

4. 如何编辑多段线？

5. 如何创建面域？

二、上机操作

1. 绘制 3-79 所示的图形。

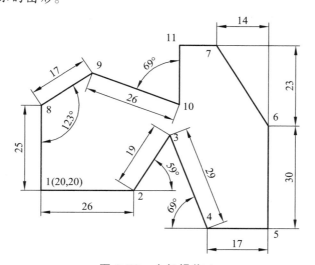

图 3-79　上机操作 1

2. 使用多段线命令绘制如图 3-80 所示的图形。

图 3-80　上机操作 2

3. 绘制如图 3-81 所示的图形。

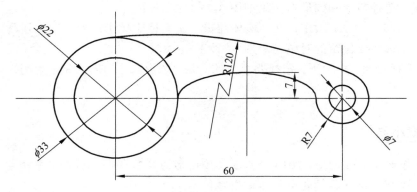

图 3-81　上机操作 3

4. 绘制 3-82 所示的图形。

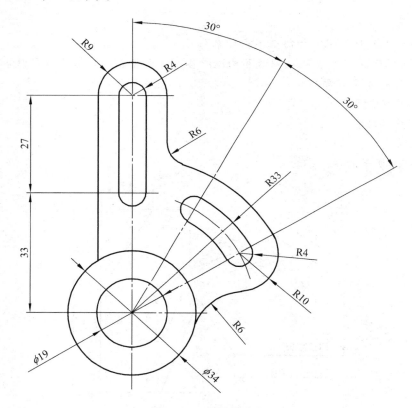

图 3-82　上机操作 4

5. 绘制 3-83 所示的图形。

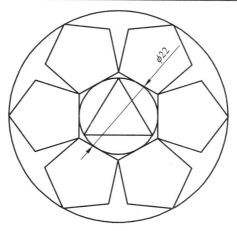

图 3-83　上机操作 5

第 4 章 控制图形显示

◼ 本章导读

为了便于绘图操作，AutoCAD 2014 提供了多种控制图形显示的方法，可以按照用户设定的位置、比例和范围显示图形。这些方法只能改变图形在绘图窗口的显示方式，既不会改变图形的实际尺寸，也不影响图形对象空间的相对位置关系，不会使图形产生实质性的改变。

本章我们将学习缩放与平移视图，使用视口，控制可见元素的显示。这些方法使用户从多个角度观察图形对象，从而提高绘图的效率和精度。

◼ 本章要点

缩放与平移视图；

屏幕控制；

控制可见元素的显示。

4.1 缩放与平移视图

由于屏幕显示区域范围有限，用户在绘图过程中难免会将绘制的图形对象置于显示区域范围以外，以致观察不方便。AutoCAD 2014 提供了多种控制图形显示的方法，以满足用户在不同角度观察图形对象。

4.1.1 缩放视图

按一定比例、角度和观察位置显示的图形称为视图。增大图像以便更详细地查看图形细节的方式称为放大；收缩图像以便在更大范围内查看图形的方式称为缩小。缩放并没有改变图形的真实尺寸大小，它仅仅改变了图形对象的屏幕显示尺寸。在 AutoCAD 2014 中，可以通过缩放视图来观察图形对象。

1．"缩放"菜单和工具栏

在菜单中选择"视图"→"缩放"命令（ZOOM）（见图 4-1），或使用"缩放"工具栏（见图 4-2），可以缩放视图。

在绘制图形的局部细节时，通常需要使用"缩放"工具放大该绘图区域。当绘制完成后，再使用"缩放"工具缩小图形来观察图形的整体效果。常用的缩放命令有"实时""窗口""动态"和"圆心"。

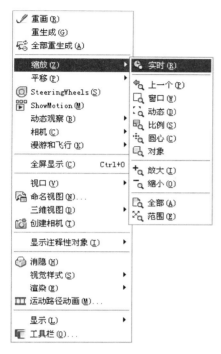

图 4-1　"缩放"菜单　　　　　　　　　图 4-2　"缩放"工具栏

2. 实时缩放视图

选择"视图"→"缩放"→"实时"命令，或在工具栏中单击"实时缩放"按钮（见图 4-3），进入实时缩放模式。此时鼠标指针呈形状，当达到放大极限时光标中的加号消失，表示不能再放大；当达到缩小极限时光标中的减号消失，表示不能再缩小。按住鼠标左键时缩放显示，释放鼠标左键缩放终止。用户可以在释放鼠标左键后将光标移动到图形的另一个位置，然后再按住鼠标左键使其可从该位置继续缩放显示。

图 4-3　"缩放"工具栏

3. 窗口缩放视图

选择"视图"→"缩放"→"窗口"命令，或在"缩放"工具栏中单击"窗口缩放"按钮（见图 4-2），或在标准工具栏中单击"窗口缩放"按钮（见图 4-3），可以在屏幕上拾取两个对角点以指定一个矩形窗口，系统将把矩形范围内的图形对象缩放至整个屏幕，如图 4-4 所示。

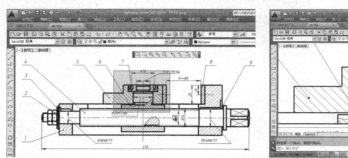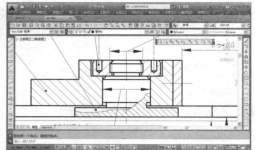

图 4-4　"窗口缩放视图

经验交流

当使用窗口缩放视图时，应尽量使所选矩形对角点与屏幕成一定比例。

4. 动态缩放视图

选择"视图"→"缩放"→"动态"命令，或在"缩放"工具栏中单击"窗口缩放"按钮 ，（见图 4-2），可以动态缩放视图。当进入动态缩放模式时，屏幕中将显示一个带"×"的矩形方框。单击鼠标左键，此时选择窗口的"×"消失，显示一个位于右边框的方向箭头，拖动鼠标可改变选择窗口的大小，以确定选择区域大小，最后按下 Enter 键，即可缩放图形。

【练习 4-1】　使用动态缩放视图，放大图 4-5 所示图形的主视图。

案例分析： 要使用动态缩放视图放大图 4-5 所示图形中的主视图，可在"缩放"工具栏中找到"窗口缩放"按钮 ，并在绘图窗口执行相应操作。

（1）在"缩放"工具栏中单击"窗口缩放"按钮 ，此时绘图窗口中将显示图形范围，如图 4-6 所示。

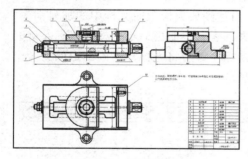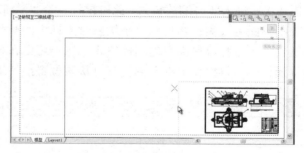

图 4-5　原始图形　　　　　　　　　　　　图 4-6　显示图形范围

（2）当视图框中包含一个"×"时，在屏幕上拖动视图框可以平移到不同的区域。

（3）单击鼠标左键，此时视图框中的"×"将变成一个箭头，左右移动指针可调整视图框尺寸，上下移动光标可调整视图框位置。如果视图框较大，则显示出的图像较小；如果视图框较小，则显示出的图像较大。最后调整结果如图 4-7 所示。

（4）调整完毕，再次单击鼠标左键。

（5）当视图框指定的区域正是用户想查看的区域，按下 Enter 键确认，则视图框所包围的图像就成为当前视图，如图 4-8 所示。

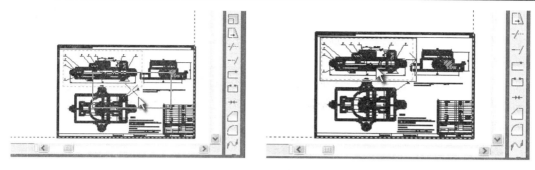

图 4-7　调整视框位置和大小

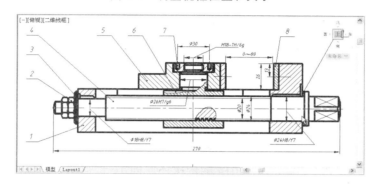

图 4-8　调整视框位置和大小

5．比例缩放视图

如果要精确地缩放图形对象，可以使用比例缩放视图。选择"视图"→"缩放"→"比例"命令，或在"缩放"工具栏中单击"比例缩放"按钮，调用此命令后，命令行提示栏信息如下：

输入比例因子（nX 或 nXP）：

使用比例缩放视图，有三种方法指定缩放比例：

（1）相对图形界限：要相对图形界限按比例缩放视图，只需输入一个比例值。例如，输入 1，系统将在绘图区域中以前一个视图的中点为中点来显示尽可能大的图形界限。要放大或缩小，只需输入大于"1"或小于"1"的数字。例如，输入"2"，以完全尺寸的两倍显示图像；输入"0.5"，以完全尺寸的一半显示图像。图形界限由栅格显示。

（2）相对当前视图：要相对当前视图按比例缩放视图，只需在输入的比例值后加上"X"。例如，输入"2X"，则以两倍的尺寸显示当前视图；输入"0.5X"，则以一半的尺寸显示当前视图；输入 IX，则没有变化。

（3）相对图纸空间单位：要相对图纸空间单位按比例缩放视图，只需在输入的比例值后加上"XP"。它指定了相对当前图纸空间按比例缩放视图，并且还可以用来在打印当前缩放视口。例如，输入"2XP"，则以图纸空间单位的两倍的尺寸显示当前视图。

6．中心缩放视图

选择"视图"→"缩放"→"圆心"命令，或在"缩放"工具栏中单击"中心缩放"按

钮 🔍，在图形中指定一点，这个点将作为该新视图的中心点，然后指定一个缩放比例因子或者指定高度值来显示一个新视图。如果输入的数值比默认值小，则会增大图像；如果输入的数值比默认值大，则会缩小图像。

要指定相对的显示比例，可输入带"X"的比例因子数值。例如，输入"2X"，将显示比当前视图大两倍的视图。如果正在使用浮动视口，则可以通过输入"XP"相对于图纸空间来进行比例缩放。

7. 对象缩放视图

选择"视图"→"缩放"→"对象"，或在"缩放"工具栏中单击"缩放对象"按钮 🔍，将尽可能大地显示一个或多个选定对象，并使其位于绘图区域的中心。调用此命令后，命令行提示栏信息如下：

```
选择对象：找到 1 个                //选择图形对象
选择对象：找到 1 个，总计 2 个       //按"ENTER"键，系统将自动放大显示选中的对象
```

8. 缩放上一个

选择"视图"→"缩放"→"窗口"命令，或在标准工具栏中单击"窗口缩放"按钮 🔍，可以快速回到前一个视图。AutoCAD 2014 能依次还原前 10 个视图，这些视图不仅包括缩放视图，而且包括平移视图、还原视图、透视视图和平面视图。该命令只存储视图的放大倍数和位置，而不包含对图形的编辑。

如果系统正处于实时缩放模式，此时右击鼠标，从快捷菜单中选择"缩放为上一个"，即可回到最近一次使用实时缩放过的视图。

9. 全部缩放

选择"视图"→"缩放"→"全部"命令，或在"缩放"工具栏中单击"全部缩放"按钮 🔍，将显示视图内的全部图形对象，显示的尺寸由图形界限与图形范围中尺寸较大者决定。

10. 范围缩放

选择"视图"→"缩放"→"范围"命令，或在"缩放"工具栏中单击"范围缩放"按钮 🔍，将显示图形的所有范围。该命令的效果与"全部"命令类似，不同的是该选项将最大限度地显示图形并充满整个屏幕。

4.1.2　平移视图

在绘制图形时，对图形的局部进行放大，有时会使图形的某些部分不能完整显示在视图窗口中。如果再次使用缩放命令，调整视图，就会显得非常麻烦，在 AutoCAD 2014 中，系统为我们提供了平移视图命令。使用平移视图命令，在当前视口中平行移动图形，可以看清图形的其他部分，而不会改变图形中对象的位置或比例。

1．平移菜单

在菜单中选择"视图"→"平移"命令（PAN）中子命令（见图4-9），或在标准工具栏中单击"实时缩放"按钮 ，即可平移视图。

使用平移命令平移视图时，视图的显示比例将不发生改变。除了可以上、下、左、右平移视图外，还可以使用"实时"和"定点"命令平移视图。

2．"实时"平移

在菜单中选择"视图"→"平移"→"实时"命令，此时光标指针变成手形 ，如图4-10所示。按住鼠标左

图 4-9　视图平移菜单

键拖动，窗口内的图形就可按光标移动的方向移动。释放鼠标，可返回到平移等待状态。按Esc键或Enter键退出实时平移模式。

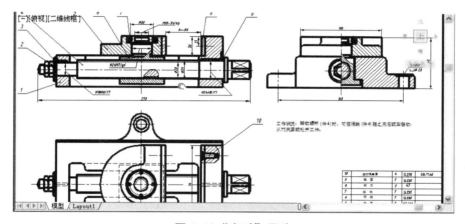

图 4-10　"实时"平移

3．"定点"平移

在菜单中选择"视图"→"平移"→"点"命令，通过指定平移的方向和距离来平移图形对象，如图4-11所示。

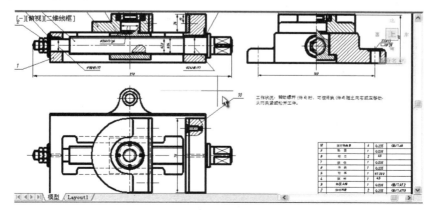

图 4-11　"定点"平移

4.2 屏幕控制

由于屏幕显示区域范围有限，用户在绘图过程中难免会将绘制的图形对象置于显示区域范围之外，以致观察不便。AutoCAD 2014 提供了多种控制图形显示方法，以满足用户在不同角度观察图形对象。

4.2.1 使用命名视图

在一张 AutoCAD 工程图纸中，可以创建多个视图。如果要查看、修改图纸上的某一部分视图，将该视图恢复出来即可。

1. 命名视图

在菜单中选择"视图"→"命名视图"命令，或在"视图"工具栏中单击"命名视图"或单击按钮 （见图 4-12），打开"视图管理器"对话框，如图 4-13 所示。

图 4-12 "视图"工具栏

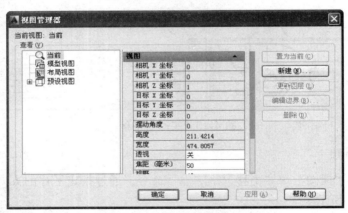

图 4-13 "视图管理器"对话框

在"视图管理器"对话框中，可以创建、设置、重命名以及删除命名视图。其中，"当前视图"选项显示了当前视图的名称。对话框中其他主要选项的功能如下：

（1）"查看"列表框：列出已命名的视图和可作为当前视图的类别。

（2）"信息"选项区域：显示指定命名视图的详细信息，包括视图名称、分类、UCS 及透视模式等。

（3）"置为当前"按钮：将选中的命名视图设置为当前视图。

（4）"新建"按钮：创建新的命名视图。单击该按钮，打开"新建视图"对话框，如图 4-14 所示。用户可以在"视图名称"文本框中设置视图名称；在"视图类别"下拉列表框中为命名视图选择或输入一个类别；在"边界"选项区域中通过选中"当前显示"或"定义窗口"单选按钮来创建视图的边界区域；在"设置"选项区域中，可以设置是否"将图层快照与视图一起保存"，并可以通过"UCS"下拉列表框设置命名视图的 UCS；在"背景"选项区域中，可以选择新的背景来替代默认的背景，而且可以预览效果。

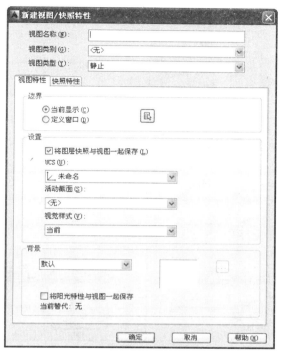

图 4-14 "新建视图"对话框

（5）"更新图层"按钮：单击该按钮，可以使用选中的命名视图中保存的图层信息更新当前模型空间或布局视口中的图层信息。

（6）"编辑边界"按钮：单击该按钮，切换到绘图窗口中，可以重新定义视图的边界。

2. 恢复视图名称

在 AutoCAD 2014 中，可以一次命名多个视图，当需要重新使用一个已命名视图时，只需将该视图恢复到当前视口即可。如果绘图窗口中包含多个视口，可以将视图恢复到活动视口中，或将不同的视图恢复到不同的视口中，以便同时显示模型的多个视图。

恢复视图时可以恢复视口的中点、查看方向、缩放比例因子和透视图（镜头长度）等设置，如果在命名视图时将当前的 UCS 随视图一并保存起来，在恢复视图时也可以恢复 UCS。

【练习 4-2】 创建一个命名视图，并在当前视口中恢复命名视图。

（1）选择"文件"→"打开"命令，选择一个图形文件并将其打开，如图 4-15 所示。

（2）选择"视图"→"命名视图"命令，打开"视图管理器"对话框。

（3）单击"新建"按钮，打开"新建视图"对话框，在"视图名称"文本框中输入"全部"，然后单击"确定"按钮，创建一个名为"全部"的视图，显示在"模型视图"选项节点中。

（4）选择"视图"→"视口"→"3 个视口"命令，将视图分割为 3 个视口，如图 4-16 所示。

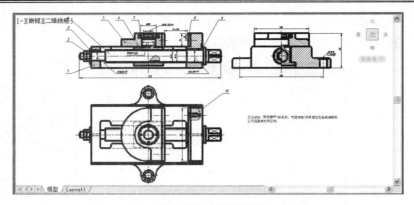

图 4-15　打开图形

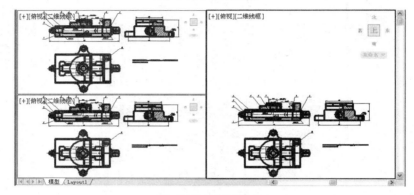

图 4-16　分割视口

（5）选择"视图"→"命名视图"命令，打开"视图管理器"对话框，展开"模型视图"节点，选择已命名的视图"全部"，单击"置为当前"按钮，然后单击"确定"按钮，将其设置为当前视图，如图 4-17 所示。

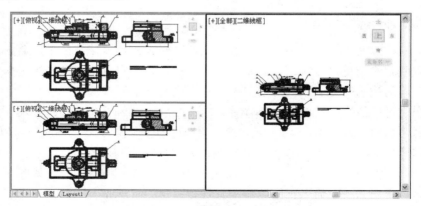

图 4-17　恢复命名视图

4.2.2　使用视口

在绘制与编辑图形时，为了便于观察图形的局部细节，常常要将图形进行局部放大；当需要观察图形的整体效果时，又需要对图形整体缩小，单一的绘图窗口并不能满足用户的这种需求。AutoCAD 2014 为用户提供了平铺视口功能，将当前一个视口划分为若干个视口，在每个视口中设置图形的不同显示方式，以方便用户观察图形。

1. "视口"菜单和工具栏

平铺视口是指把绘图窗口分成多个矩形区域，创建多个绘图区域，每一个区域都是一个单独的视口，每个视口都可以独立查看图形的不同部分。AutoCAD 2014 允许用户最多同时打开多达 32 000 个视口，默认情况下，系统将用一个单独的视口填满模型空间的整个绘图区域。

在菜单中选择"视图"→"视口"命令中子命令（见图 4-18），或使用"视口"工具栏（见图 4-19），在模型空间创建和管理平铺视口。

图 4-18　"视口"菜单

图 4-19　"视口"工具栏

2. 创建平铺视口

在菜单中选择"视图"→"视口"→"新建视口"命令（VPORTS），或在"视口"工具栏中单击按钮，打开"视口"对话框，如图 4-20 所示。

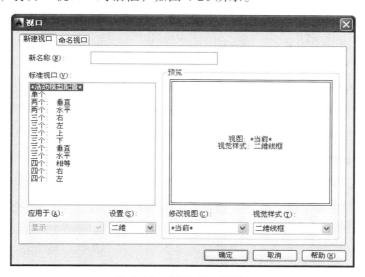

图 4-20　"视口"对话框

在"视口"对话框中，使用"新建视口"选项卡可以显示标准视口配置列表，创建并设置新的平铺窗口。"新建视口"选项卡中各区域功能如下：

（1）"新名称"文本框：输入新建视口的名称；

（2）"标准视口"列表框：选择需要创建的视口个数与各视口之间的位置关系；

（3）"预览"显示框：预览创建视口的效果；

（4）"应用于"列表框：选择新建视口的应用区域；

（5）"设置"列表框：设置新建的视口为二维或者三维；

（6）"修改视图"列表框：修改已选择的视口配置；

（7）"视觉样式"列表框：将列表中选择的视觉样式应用到视口。

在"视口"对话框中，"命名视口"选项卡将显示图形中已命名的视口配置，如图 4-21 所示。

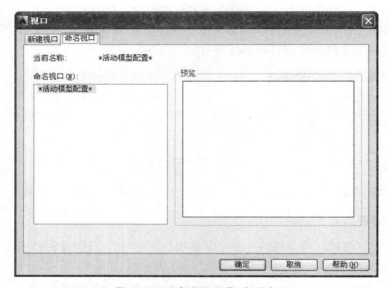

图 4-21 "命名视口"选项卡

"命名视口"选项卡中各区域功能如下：

（1）"命名视口"列表框：显示图形中已保存的视口配置。当选择一个视口配置时，该配置布局情况将显示在"预览"窗口中；

（2）"预览"显示框：显示选定视口配置的预览图像，以及在配置中被分配到每个单独视口的默认视图。

3. 分割与合并视口

在图 4-17 中，绘图窗口创建了 3 个视口，如果要创建更多的视口，就必须对视口进行分割。当视口太多显得比较杂乱时，还可以将不必要的视口进行合并，简化窗口便于观察。

1）分割视口

分割视口是将当前视口分割成多个视口，从而创建多个新视口的方法。分割视口与创建平铺视口类似。

【练习 4-3】 分割如图 4-17 所示的视口。

（1）选中要分割的视口；

（2）选择"视图"→"视口"→"新建视口"命令（VPORTS），或在"视口"工具栏中单击按钮，打开"视口"对话框；

（3）在该对话框中的"标准视口"列表框中选择分割的窗口数目和方式；

（4）在"新建视口"选项卡下边的"应用于"下拉列表中选择"当前视口"，将当前窗口进行分割；

（5）单击"确定"按钮，结果如图 4-22 所示。

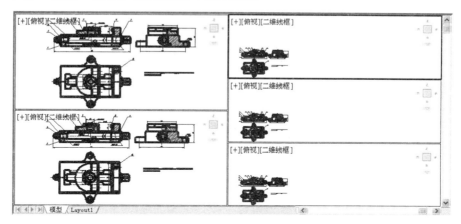

图 4-22　分割视口

2）合并视口

合并视口时，主视口中的图形将作为合并后视口中的图形保留下来，第二个选择的视口被删除后空出来的区域将与主视口合并。在菜单中选择"视图"→"视口"→"合并"命令（VPORTS），调用此命令后，命令行提示栏信息如下：

输入选项[保存(S)/恢复(R)/删除(D)/合并(J)/单一(SI)/?/2/3/4/切换(T)/模式(MO)]<3>: _ j

　　　　　　　　　　　　　　　　　　　　　　　　//系统提示

选择主视口<当前视口>:　　　　　　　　　　　　　//选择合并的主视口

选择要合并的视口:　　　　　　　　　　　　　　　//选择合并的另一视口

正在重生成模型。　　　　　　　　　　　　　　　//系统提示

4.2.3　模拟空间与图纸空间简介

在 AutoCAD 2014 绘图设计的过程中，可在两个环境中完成绘图和设计工作，即"模型空间"和"图纸空间"。其中，"模型空间"分为平铺式和浮动式，通常情况下，绘图工作是在平铺式模型空间进行。图纸空间是模拟手工绘图的空间，它是为绘制二维平面图形而准备的一张虚拟图纸，是一种二维空间的工作环境。图纸空间是为布局图面、打印出图而设计的。

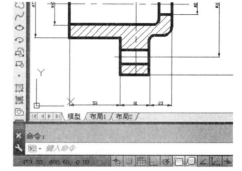

在模型空间和图纸空间中，我们都可以进行输出设置。在绘图区底部有"模型"选项卡以及一个或多个"布局"选项卡，如图 4-23 所示。

通过单击"模型"或"布局"选项卡，可以在它

图 4-23　"模型"与"布局"选项卡

们之间进行空间切换，如图 4-24 和图 4-25 所示。

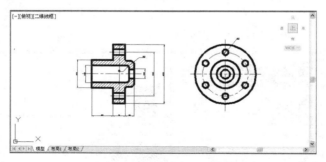

图 4-24 "模型"选项卡

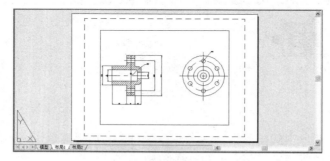

图 4-25 "布局"选项卡

经验交流

输出图像文件方法：在菜单中选择"视图"→"输出"命令（EXPORT），打开"输出数据"对话框，如图 4-26 所示。在"保存类型"下拉列表中选择"*.bmp"格式，单击"保存"按钮。在绘图窗口选中要输出的图形后，按"Enter"键，被选图形被输出为"*.bmp"格式图形文件。

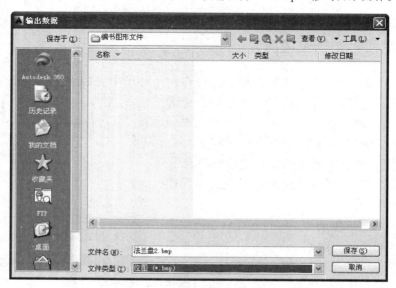

图 4-26 输出图像文件

4.2.4　重画与重生成图形

在绘制和编辑图形的过程中，屏幕上有时会出现一些临时标记，例如，对象的拾取标记等。这些临时标记并不是图形中的对象，他们的存在会使当前图形画面显得混乱。AutoCAD 2014 提供了"重画"与"重生成"命令来快速刷新视图，清除这些临时标记。

1. 重　画

在菜单中选择"视图"→"重画"命令（REDRAWALL）（见图 4-27），系统将更新屏幕，消除临时标记。使用重画命令"REDRAW"也可以更新用户使用的当前视口。

图 4-27　"重画"与"重生成"菜单

■ 经验交流

在 AutoCAD 2014 中使用"删除"命令删除图形时，屏幕上会出现一些杂乱的标记符号，这是删除操作在拾取对象时留下的临时标记。这些标记符号实际上是不存在的，只是残留重叠图像，用户可以使用"重画"命令来更新屏幕，消除这些乱码。

2. 重生成

"重生成"与"重画"在本质上是不同的。使用"重生成"命令时，系统从磁盘中调用当前图形的数据，重新计算所有视口的所有对象的屏幕坐标，重新创建图形数据库索引，从而优化显示和对象选择的性能，进而重新生成屏幕。"重生成"命令比"重画"命令执行速度慢，更新屏幕花费时间长。在 AutoCAD 2014 中，有些操作（如改变点的格式）只有在使用"重生成"命令后才生效。

选择"视图"→"重生成"命令（REGEN），系统将只更新当前视口；选择"视图"→"全部重生成"命令（REGENALL），系统可以同时更新多个视口。

■ 经验交流

在 AutoCAD 2014 中，"重画"命令是将虚拟屏幕坐标转化屏幕坐标直接重新显示。"重画"命令

比"重生成"命令显示速度更快，尤其在处理较大图形时，"重生成"命令非常费时，推荐尽可能使用
"重画"命令。

4.3　控制可见元素的显示

在 AutoCAD 2014 中，所绘制图形的复杂程度，能够影响系统刷新屏幕以及处理绘图命令的速度。为了提高 AutoCAD 2014 的性能，可以关闭线宽、填充显示以及文字显示，优化执行命令速度，提高屏幕显示响应速度。

4.3.1　控制线宽显示

在模型空间或图纸空间中，为了提高 AutoCAD 2014 的屏幕显示响应速度，可以关闭线宽显示。单击状态栏上的"线宽"按钮，或在菜单中选择"格式"→"线宽"命令，弹出"线宽设置"对话框（见图 4-28），可以设置是否显示线宽。在输出打印时，线宽以实际尺寸打印；但在"模型空间"中显示时，与像素成比例显示。在显示图形时，把线宽显示关闭，可以使 AutoCAD 2014 的显示性能最优。图形在线宽打开和关闭模式下的显示效果如图 4-29 所示。

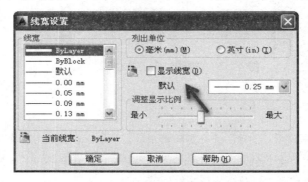

图 4-28　"线宽设置"对话框控制线宽显示

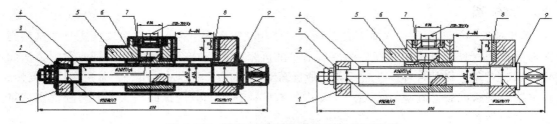

图 4-29　线宽打开和关闭模式下显示效果

4.3.2　控制填充显示

在命令行中输入"FILL"，可以打开或关闭填充模式。当关闭填充时，可以大大提升 AutoCAD 2014 的显示速度。调用此命令后，命令行提示栏信息如下：

输入模式[开(ON)/关(OFF)] <开>：OFF　　　　　　　//输入 OFF，关闭填充

当实体填充模式关闭时，填充不可打印。需要注意的是，改变填充模式的设置并不会影响具有线宽的对象的显示。当修改了实体填充模式后，必须使用"重生成" 命令（REGEN），才可以查看新显示效果，如图 4-30 所示。

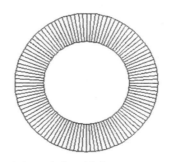

（a）打开"填充"模式"FILL = ON"　　　　　　　（b）关闭"填充"模式"FILL = OFF"

图 4-30　填充打开和关闭模式下显示效果

4.3.3　控制文字显示

AutoCAD 2014 中文字框架（见图 4-31）与填充模式一样，关闭文字显示可以提高 AutoCAD 2014 的显示处理速度。调用此命令后，命令行提示栏信息如下：

输入模式[开(ON)/关(OFF)]<开>：ON　　　　　　　//输入 ON，打开"快速文字"

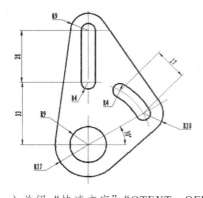
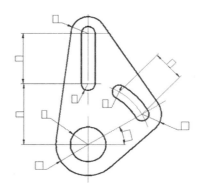

（a）关闭"快速文字""OTEXT = OFF"　　　　　　（b）打开"快速文字""OTEXT = ON"

图 4-31　打开和关闭"快速文字"显示效果

打印快速文字时，系统将只打印文字框而不打印文字。无论何时修改了快速文字模式，必须使用"重生成"命令（REGEN），才可以查看新显示效果，如图 4-31 所示。

■ 本章小结

本章主要介绍了 AutoCAD 2014 中控制图形显示的方法，其中包括缩放和平移视图、命

名视图和使用视口等。控制图形对象可见元素的显示，可以有效提高系统响应速度。熟练使用这些控制图形显示的方法，对提高绘图速度将有很大帮助。

思考练习

一、简述题

1. 在 AutoCAD 2014 中，缩放视图共有哪几种方法？如何缩放一幅图形，使之能够最大限度地充满当前视口？

2. 在 AutoCAD 2014 中，如何定点平移视图？

3. 在 AutoCAD 2014 中，如何保存当前视图定义和当前视口配置？

4. 在 AutoCAD 2014 中，如何分割和合并视口？

5. 在绘制图形时，为了提高刷新速度，可以控制图形中哪些可见元素的显示？如何操作？

二、上机操作

1. 打开 AutoCAD 2014 中系统自带的图形文件，使用各种控制图形显示的方法观察图形。

2. 把如图 4-32 左图所示的图形创建成一个命名视图并将视图分割成 3 个视口（见图 4-32 右图），然后在当前视口恢复命名视图。

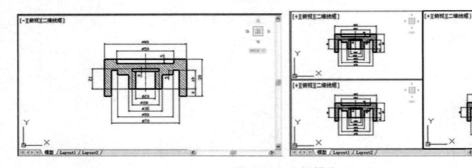

图 4-32　上机操作 2

第 5 章 编辑和修改二维图形对象

▰ 本章导读

在绘制图形的过程中，往往还需要对图像进行编辑和修改才能满足设计要求。AutoCAD 2014 具有强大的图形编辑功能，用户不仅能方便、快捷地改变对象的大小及形状，而且可以通过编辑现有图形生成新对象。合理地使用各种图形编辑方法，就能够高效、准确地绘制和编辑更为复杂的图形。

▰ 本章要点

如何选择对象；

删除、复制、移动、镜像对象；

偏移、阵列、旋转、对齐对象；

缩放、拉伸对象；

修剪、延伸对象；

打断、合并对象；

倒角与圆角对象；

光顺曲线、分解对象；

使用夹点编辑对象；

使用"特性"选项板编辑对象特性；

使用"特性匹配"编辑对象。

二维编辑命令的菜单命令主要集中在"修改"菜单栏中，其工具栏命令主要集中在"修改"工具栏中，如图 5-1 所示。

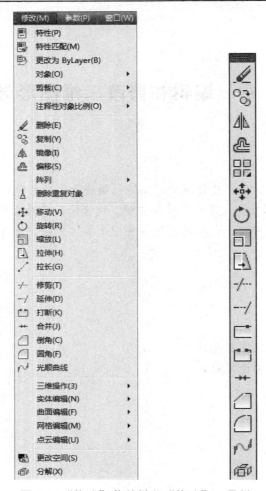

图 5-1 "修改"菜单栏和"修改"工具栏

5.1 命令使用的特殊说明

使用 AutoCAD 2014 进行交互绘图时必须输入必要的指令和参数，用户必须掌握命令的使用方式和注意事项，从而更高效地绘图。

5.1.1 命令的多种启动方式

在 AutoCAD 2014 中可以选择多种启动方式执行命令：
（1）在功能区、工具栏或菜单中进行选择；
（2）在命令窗口中输入命令；
（3）在动态输入提示中输入命令；
（4）通过右键快捷菜单选择命令。

5.1.2 命令行输入命令的方法

1. 输入命令的方法

（1）在"命令行"提示文本框中，键入完整的命令名称，然后按 Enter 键或空格键执行命令。

（2）如果自动命令完成处于打开状态，则开始键入命令。当正确的命令在命令文本区域中亮显时，然后按 Enter 键或空格键。

（3）输入命令快捷键，然后按 Enter 键或空格键。

2. 接受输入的值或完成命令操作方法

（1）按 Enter 键。

（2）按空格键。

（3）单击鼠标右键并选择"确定"，或者只是单击鼠标右键（取决于鼠标右键的行为设置）。

注意：在本书后续的说明中，一般情况下将以按 Enter 键表示要接受输入的值或完成命令。

3. 接受默认选项或当前值的操作方法

有时，默认选项或当前值显示在本行命令最后的尖括号中，如：

命令：polygon 输入侧面数 <4>：

要接受默认选项或当前值，可执行下列操作之一：

（1）按 Enter 键。

（2）按空格键。

5.1.3 终止命令或取消选择对象

当用户需要终止命令或取消选择对象时，直接按 Esc 键即可。

5.2 选择对象

选择对象是绘图过程中最常用的一种基本技能，只有选择对象之后才能对图形进行合理编辑。选择对象可以单独点选，也可以通过各种选择窗口选择一组对象，或者使用快速选择方式来选择具有相同特征的某一类对象。

使用编辑命令选择对象时，被选择的多个对象将构成一个选择集。AutoCAD 2014 提供了多种构造选择集的方法，默认情况下，用户可以通过逐个拾取对象。用户也可以利用窗口或交叉窗口方式一次选取多个对象，另外还可以通过过滤选择、快速选择进行更复杂或有针对性的选择。

5.2.1 光标的显示状态

绘图区域中光标将根据不同的工作状态呈现出不同的外观：

（1）如果系统提示您指定点位置，将显示十字光标，如图 5-2（a）所示。

（2）在执行某个命令（激活某命令）时，如果系统提示选择对象，此时光标将更改为一个称为"拾取框"的小方框，如图 5-2（b）所示。

（3）在不执行任何命令（无命令激活）时，光标将变为十字光标和拾取框的组合，如图 5-2（c）所示。

（4）如果系统提示输入文字，光标将变为垂直的文字输入栏，如图 5-2（d）所示。

（a）   （b）   （c）   （d）

图 5-2   光标的显示状态

5.2.2   对象的选择模式和显示状态

1. 被选对象的预览状态

在选择对象时，几何对象将以加粗、虚线亮显的形式预览，如图 5-3 所示。

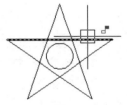

图 5-3   被选对象的预览效果

2. 对象的选择模式和显示状态

对象的选择有两种模式：

（1）先选择对象，后执行命令。

在不执行任何命令（无命令激活）时，选定对象上会显示若干个称为"夹点"的蓝色小方框，被选中的对象以虚线亮显的形式显示，如图 5-4（a）所示。

（2）执行命令过程中按要求选择对象。

在执行某个命令（激活某命令）时，选定对象上不显示夹点，但仍以虚线亮显的形式显示，如图 5-4（b）所示。

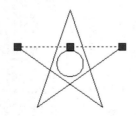   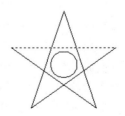

（a）无命令激活时，选定对象的显示状态   （b）命令激活时，选定对象的显示状态

图 5-4   选定对象的显示状态

3. 系统变量"Highlight"

虚线高亮显示状态由系统变量"Highlight"控制。当变量值为"1"时，AutoCAD 2014 系统将打开选定对象的虚线亮显功能；当其值为"0"时，系统将关闭选定对象的虚线亮显功能。

5.2.3　选择对象的常用方法

1. 点选方式逐个选择

当拾取框位于要选择的几何对象上时，几何对象将以加粗、虚线高亮的状态显示，此时单击鼠标左键即可选取几何对象，选定对象将以虚线亮显的形式显示。缺省情况下，用户可以逐个拾取对象，从而实现多选对象。

2. 窗口（Windows）框选方式

当光标位于绘图区空白处时，单击鼠标左键后自左向右拖动鼠标，此时在屏幕上将形成一个矩形实线框，只有完全包含于该窗口内的对象才能被选取，如图 5-5 所示。

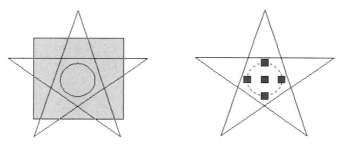

图 5-5　窗口（W）框选方式

3. 窗交（Crossing）框选方式

当光标位于绘图区空白处时，单击鼠标左键后自右向左拖动鼠标，此时在屏幕上将形成一个矩形虚线框，该窗口内部以及与虚线边界相交的所有对象将被选取，如图 5-6 所示。该方式也称为"交叉窗口选择方式"。

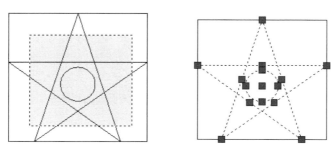

图 5-6　窗交（C）框选方式

4. 选择全部目标

按下"Ctrl+A"组合键，模型空间或当前布局中未被锁定和未被冻结的对象将被全部选中。

5. 直接输入命令（SELECT）

用户在命令行输入"SELECT"命令或任何一个编辑命令，命令行将出现"选择对象:"提示，用户可以按以下几种方式选择对象：

（1）用户可通过上述 4 种方法直接选择编辑对象。

（2）用户可通过输入以下两种选择方式快捷键选择对象。

① 输入"ALL✓"表示选择所有的对象。

命令：SELECT✓

选择对象：all　　　　　　　　　　　//输入 all 表示选择所有的对象

找到 31 个　　　　　　　　　　　　//显示多少个对象被选中

4 个不在当前空间中　　　　　　　　//冻结图层或锁定图层上的对象无法被选中

② 输入"F✓"表示栏选。

命令：SELECT✓

选择对象：F✓　　　　　　　　　　//输入 F 表示栏选

指定第一个栏选点：　　　　　　　　//指定栏选线的第一点

指定下一个栏选点或[放弃(U)]：

　　　　　　　　　　　　　　　　//指定栏选线的下一点，或输入 U 选项，删除刚才指定的点

……　　　　　　　　　　　　　　//继续指定栏选线的下一点

指定下一个栏选点或[放弃(U)]：　　//结束选择

（3）用户可通过输入"?"，获取选择方式提示。

命令：select✓

选择对象：? ✓

需要点或窗口(W)/上一个(L)/窗交(C)/框(BOX)/全部(ALL)/栏选(F)/圈围(WP)/圈交(CP)/编组(G)/添加(A)/删除(R)/多个(M)/前一个(P)/放弃(U)/自动(AU)/单个(SI)/子对象(SU)/对象(O)

选择对象：

从中可以看出，建立选择集的方法很多。下面我们将介绍几种常用对象选择方法：

• 需要点

缺省选项。在提示选择对象时，移动拾取框光标到要选择的对象上，单击左键，对象将以虚线亮显方式显示，即被选中，即点选方式。

• 窗口（W）

在提示选择对象时，输入"W✓"，即可执行窗口方式选择对象，与前面讲述的窗口（W）选择方式相同。

• 上一个（L）

在提示选择对象时，输入"L✓"，系统将选择最近一次创建的可见对象。对象必须在当前空间（模型空间或图纸空间）中，并且一定不要将对象的图层设定为冻结或关闭状态。

• 窗交（C）

在提示选择对象时，输入"C✓"，即可执行交叉窗口框选方式选择对象，与前面讲述的

交叉窗口（C）框选方式相同。

- 全部（ALL）

在提示选择对象时，输入"A↙"，选择未被锁定和未被冻结的全部对象。

- 栏选（F）

在提示选择对象时，输入"F↙"，即可执行栏选方式选择对象。用户可以通过拾取点的方式构造任意折线，凡与折线相交的图形对象均被选中，栏选线不闭合，且栏选线可以自相交。该方式在选择连续性目标时非常方便。

- 圈围（WP）

该方式即多边形窗口选择方式。在提示选择对象时，输入"WP↙"，用户通过选取待选对象周围的点定义一个多边形实线选择框，完全包含在该多边形内的对象将被选定。该多边形可以为任意形状，但不能与自身相交或相切。系统将自动封闭多边形的最后一条线段，所以该多边形在任何时候都是闭合的。

- 圈交（CP）

该方式即交叉多边形窗口选择方式。在提示选择对象时，输入"CP↙"，用户通过选取待选对象周围的点定义一个多边形虚线选择框，完全包含在该多边形内的对象以及与选择框相交的对象都将被选定。该多边形可以为任意形状，但不能与自身相交或相切。系统将自动封闭多边形的最后一条线段，所以该多边形在任何时候都是闭合的。

5.2.4　快速选择（QSELECT）

使用"快速选择"功能，可以根据对象特性和对象类型快速过滤并获得选择集。例如，只选择图形中所有红色的直线而不选择任何其他对象，或只选择除红色直线以外的所有其他对象。

1. 启动方式。

启动"快速选择"命令可以使用以下几种方式：

（1）菜单栏："工具"→"快速选择"。

（2）命令行：输入"QSELECT　"。

（3）快捷菜单：没有执行任何命令时，在绘图区域右键单击，在快捷菜单中选择"快速选择"。

启动"快速选择"功能后，AutoCAD 2014 将显示如图 5-7 所示的"快速选择"对话框。

2. 操作方法

在选择对象前，用户应在"快速选择"对话框中设置选择对象的条件及如何创建选择集。该对话框中各选项的功能如下：

（1）"应用到"下拉列表框。

将过滤条件应用到整个图形或当前选择集。如果存在当前选择集，默认选项为"当前选择"选项；如果不存在当前选择集，则默认选项为"整个图形"选项。

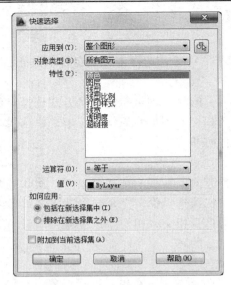

图 5-7　"快速选择"对话框

（2）"选择对象"按钮。

单击该按钮将临时关闭"快速选择"对话框，切换到绘图窗口中，可以根据当前选择的对象来匹配过滤条件。选择完毕后，按回车键结束选择，并回到"快速选择"对话框中；同时系统将"应用到"下拉列表框中的选项设置为"当前选择"选项。

（3）"对象类型"下拉列表框。

该列表框可以设置选择对象的类型。共有 3 种基本实体类型：多段线、圆和直线。缺省情况下为"所有图元"选项。

如果当前图形中没有选择集，在该下拉列表框中将显示"所有图元"选项；如果当前图形中存在一个选择集，则该列表框中将包含所选对象的对象类型。

（4）"特性"列表框。

指定作为过滤条件的对象特性，选定的特性将决定"运算符"和"值"中的可用选项。

（5）"运算符"下拉列表框。

控制过滤的范围。根据选定的特性，选项可包括"等于""不等于""大于""小于"和"* 通配符匹配"。"* 通配符匹配"只能用于可编辑的文字字段。使用"全部选择"选项将忽略所有特性过滤器。

（6）值"下拉列表框。

指定过滤器的特性值。

（7）"如何应用"选项区域。

指定是将符合给定过滤条件的对象"包括在新选择集中"，还是"排除在新选择集之外"。如果选择"包括在新选择集中"，系统将创建只包含符合过滤条件的对象的新选择集；如果选择"排除在新选择集之外"，系统将创建只包含不符合过滤条件的对象的新选择集。

（8）"附加到当前选择集"复选框。

指定由"快速选择"功能所创建的选择集，是追加到当前的选择集中，还是替代当前的选择集。

【**练习 5-1**】　使用"快速选择"法，选择如图 5-8（a）所示的图形中的半径为"6"的圆。

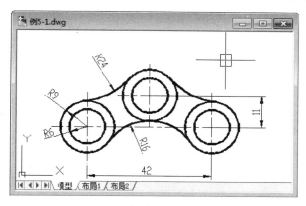

（a）原图

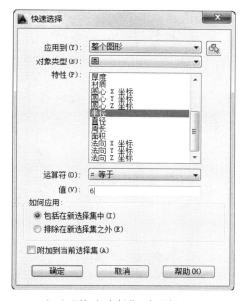

（b）"快速选择"对话框设置

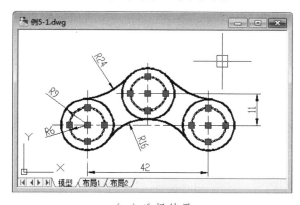

（c）选择结果

图 5-8　"快速选择"实例

解析：要使用"快速选择"法选择如图 5-8（a）所示图形中的圆，可执行下述步骤：

① 选择菜单中"工具"→"快速选择"命令，打开"快速选择"对话框。

② 在"应用到"下拉列表框中选择"整个图形"选项，在"对象类型"下拉列表框中选择"圆"选项。

③ 在"特性"列表框中选择"半径"选项，在"运算符"下拉列表框中选择"＝等于"选项，在"值"文本框中输入"6"。

④ 在"如何应用"选择区域中选择"包括在新选择集中"复选项，按设定条件创建新的选择集，如图 5-8（b）所示。

⑤ 单击"确定"按钮，将选中所有符合条件的图形对象，结果如图 5-8（c）所示。

5.2.5　过滤选择（FILTER）

"过滤选择"与"快速选择"功能相似，两个命令都具有选择集过滤功能。与快速选择相比，过滤选择可以提供更为复杂的过滤选项，还可以命名和保存过滤器，当然，其操作也更复杂。

一般情况下使用"快速选择"（QSELECT）命令会更为便捷，但快速选择（QSELECT）命令不是透明命令，用户不能在其他命令中使用它，此时可以使用"过滤选择"（FILTER）命令代替。另外，在进行较复杂的选择集过滤功能时，也可以使用"过滤选择"（FILTER）命令。

1．启动方式

用户可以在命令行中输入"FILTER✓"调用该命令，此时系统将弹出"对象选择过滤器"对话框，如图 5-9 所示。

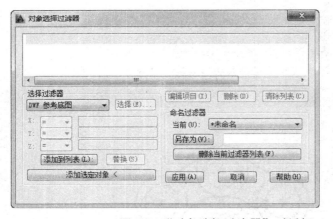

图 5-9　"对象选择过滤器"对话框

2．操作方法

在选择对象前，用户应设置选择对象的条件及如何创建选择集。该对话框中各选项的功能如下：

1）"过滤器特性"列表框

对话框中最上部的空白区域为"过滤器特性"列表框，显示组成当前过滤器的过滤器特性列表。

2）"选择过滤器"选项区域

该功能区可以为当前过滤器添加过滤器特性，包括以下选项：

① "选择过滤器"下拉列表框。

选择过滤对象类型，如直线、圆、圆弧、图层、颜色、线型、线宽、表格、文字样式、标注样式以及逻辑运算符等对象特性。

② 参数"X""Y""Z"列表框。

按对象定义附加过滤参数。例如，如果过滤器选择"直线起点"，可以在此输入要过滤的 X、Y 和 Z 坐标值。在过滤参数时，可以使用关系运算符，如 "<（小于）"">（大于）"等。

③ "添加到列表（L）:"按钮。

可以将设置好的过滤条件添加到过滤器列表，并显示在"过滤器特性"列表框中。注意：通过"添加到列表"按钮新添加的过滤器列表，将会放置在选定列表的上一行。

④ "替换"按钮。

单击该按钮，可以用"选择过滤器"中显示的某一过滤器特性替换过滤器特性列表框中选定的特性。

⑤ "添加选定对象"按钮。

单击该按钮，系统将切换到绘图窗口，要求用户选择一个对象，从而把选中对象的特性添加到过滤器特性列表框中。

⑥ "编辑项目"按钮。

单击该按钮，可编辑过滤器特性列表框中选中的项目。

⑦ "删除"按钮。

单击该按钮，可删除过滤器特性列表框中选中的项目。

⑧ "清除列表"按钮。

单击该按钮，可删除过滤器列表框中的所有项目。

⑨ 命名过滤器选项区。

◆ "当前"下拉列表框：显示已命名的过滤器。

◆ "另存为"按钮：在该按钮后的文本框中输入名称，单击该按钮，可以保存当前设置的过滤器选择集。

◆ "删除当前过滤器列表"按钮：单击该按钮，可以删除"当前"下拉列表框中的当前过滤器选择集。

【练习 5-2】 使用 FILTER 命令，选择图 5-10 所示图形中半径为 6 和半径为 24 的圆或圆弧。

（1）在"命令行"中输入"FILTER↙"，打开"对象选择过滤器"对话框。

（2）在"选择过滤器"下拉列表框中选择"**开始 OR"选项，单击"添加到列表（L）:"按钮，将其添加到当前的过滤器特性列表框中，表示以下各项目为"或"逻辑运算关系，只要有其中的一个条件满足就可以选中。

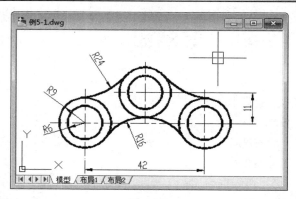

图 5-10

（3）用鼠标选中过滤器特性列表框中"**开始 OR"的下一行（这一步确保新产生的特性列表位于前面已产生的特性列表之后，这一操作步骤后面不再赘述）。在"选择过滤器"下拉列表框中选择"圆半径"选项，在参数列表框"X"选项后选择默认的"＝"，在"＝"后的文本框中输入"6"，单击"添加至列表（L）:"按钮，把过滤条件添加至当前的过滤器特性列表框中，如图 5-11（a）所示。

（4）在"选择过滤器"下拉列表框中选择"圆半径"选项，在参数列表框 X 选项后选择默认的"＝"，在"＝"后的方框中输入数值"24"，单击"添加至列表（L）:"按钮，把过滤条件添加至当前的过滤器特性列表框中。

（5）在"选择过滤器"下拉列表框中选择"**结束 OR"选项，单击"添加到列表（L）:"按钮，将其添加到当前的过滤器特性列表框中，如图 5-11（b）所示。

（6）选中过滤器特性列表框中"对象=圆"这一行，单击"删除"按钮删除该行。（注意：这一步很重要，如果不删除这一行，就会把所有的圆对象都选中，再结合前面的"圆半径 = 6""圆半径 = 24"特性列表，其结果就是把所有的圆对象和所有的半径为 6、半径为 24 的圆弧都选中。）

（7）单击"应用"按钮，然后在绘图窗口中用窗口框选方式选择所有图形，并按 Enter 键，系统将按要求选中满足过滤条件的对象。结果如图 5-11（c）所示。

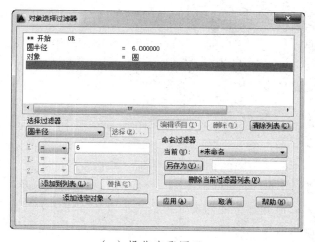

（a）操作步骤图示一

（b）操作步骤图示二

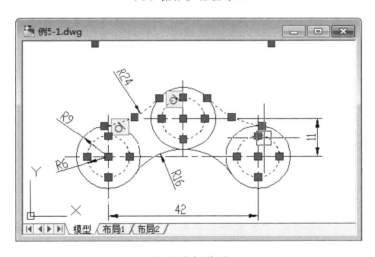

（c）选择结果

图 5-11　"FILTER"命令过滤选择实例

5.2.6　"选择集"选项卡

AutoCAD 2014 提供了大量与选取几何对象相关的设置，这些设置一旦改变，相关选择模式中的操作方法、步骤和结果就可能出现较大的变动。这些设置主要集中在"选项"对话框中的"选择集"选项卡。

1. 启动方式

选择菜单栏中的"工具"→"选项"命令，系统将打开"选项"对话框，单击"选择集"可进入"选择集"选项卡，如图 5-12 所示。

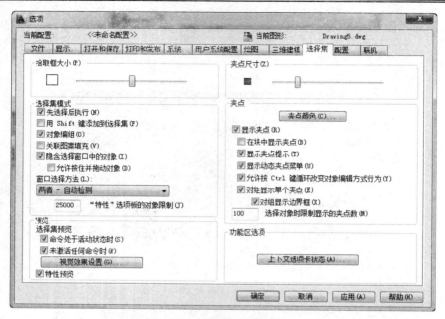

图 5-12 "选择集"选项卡

2. 选 项

"选择集"选项卡中各选项的功能如下：

（1）"拾取框大小（P）"选项区域。

拖动滑块可调整拾取框的大小。在点选几何对象时，拾取框必须压在预选几何对象上并单击鼠标左键，预选对象才能被选中。默认的拾取框太小，在点选时很不方便，因此需要用户将其调到适中的大小。

（2）"选择集模式"选项区域。

"选择集模式"提供了多种选择集模式，用户可以自由选择打开或关闭选择模式下提供的设置，以方便、灵活地选择对象。"先选择后执行""对象编组""隐含选择窗口中的对象"三个选项是系统默认勾选的设置。这些选择集模式的含义如下：

① "先选择后执行"选项。

勾选该选项后，用户可以先选取对象，再选择使用编辑工具。

② "使用 Shift 键添加到选择集"选项。

若勾选此选项，按住 Shift 键，并选择对象，用户可以快速向选择集中添加或从选择集中删除对象。

默认状态下，该选项没有勾选，AutoCAD 2014 处于累加选择状态，也就是只要是在选择对象的状态，用户就可以不断地进行点选和框选，所有选择对象都会被添加到选择集中。若勾选此选项，用户一次只能选择一个实体，如果要选择多个实体，必须按住 Shift 键，新选择的对象才能添加到选择集。

③ "对象编组"选项。

若勾选此选项，用户可创建和命名一组选择对象，选择编组中的一个对象，即选择了该编组中的所有对象。

④"关联图案填充"选项。

若勾选此选项，则选择了图案填充（如剖面线），图案边界也被选择；若不选此选项，则只选择剖面线。

⑤"隐含选择窗口中的对象"选项区域。

若勾选此选项，从左向右绘制选择窗口时，将选择完全处于窗口边界内的对象；从右向左绘制选择窗口时，将选择处于窗口边界内和与边界相交的对象。

"允许按住并拖动对象"选项：若勾选此选项，用户可通过在第一点按住鼠标左键并拖动至第二点，松开鼠标左键时即可构成选择窗口。若不选此选项，则只要单击第一点，再单击第二点即可构成选择窗口。

⑥"窗口选择方法"下拉列表。

◆"两次单击"选项：若勾选此选项，则只要单击第一点，再单击第二点即可选择窗口。

◆"按住并拖动"选项：若勾选此选项，系统只能通过在第一点按住鼠标左键并拖动至第二点，然后松开鼠标左键来构成选择窗口。

◆"两者-自动检测"选项：若勾选此选项，系统将自动检测来判断用户使用的是上述哪种操作方式，即上述两种操作方式都可以。

（3）"预览"选项区域。

①"选择集预览"选项区域。

◆"命令处于活动时"选项：仅当某个命令处于活动状态并显示"选择对象"提示时，才会显示选择预览。

◆"未激活任何命令时"选项：即使未激活任何命令，也可显示选择预览。

◆"视觉效果设置"按钮：点击该按钮，将打开"视觉效果设置"对话框，如图 5-13 所示，详细设置在此不作说明。

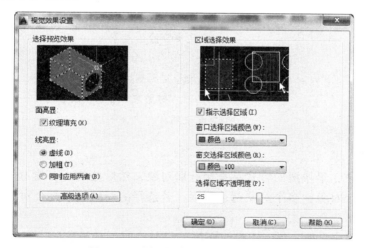

图 5-13　"视觉效果设置"对话框

②"预览特性"选项：将鼠标悬停在控制特性的下拉列表和库上时，控制是否预览对当前选定对象的更改。

（4）"夹点"选项区域。

"夹点"相关的详细设置在此不作说明。

（5）"上下文选项卡状态"按钮。

点击该按钮，将打开"功能区上下文选项卡状态选项"对话框，详细设置在此不作说明。

5.3 删除、复制、移动、镜像对象

要在 AutoCAD 2014 中绘制出更加精确、复杂的图形，只掌握基本几何对象的绘制方法是不够的，还要配合许多编辑功能一起工作才行。配合这些辅助编辑功能，不但可以绘制更加精确、复杂的图形，还可以大大提高工作效率。

5.3.1 删除对象

1. 功　能

该命令可以删除指定的对象。

2. 命令的执行方式

（1）菜单栏："修改"→"删除"。
（2）工具栏：单击"修改"工具栏按钮 ✐。
（3）命令行：输入"erase✓"。
（4）快捷键："e"。

3. 命令行提示

命令：erase✓　　　　　　　//激活命令
选择对象：　　　　　　　　//指定要删除的对象
选择对象：

//继续指定要删除的对象，或者按回车键（✓）、空格键或鼠标右键结束命令，在以后的命令中只用✓表达，不再重复说明

4. 其他说明

（1）要删除对象，最快捷的方式是直接选取对象，然后按 Delete 键删除。

（2）若选择多个对象，多个对象都被删除；若选择的对象属于某个对象编组，则该对象编组的所有对象均被删除。

（3）用"删除（erase）"命令删除的实体，只是临时性地被删除，只要不退出当前图形和没有存盘，用户还可以用"oops"或"undo"命令将被删除的实体恢复。

（4）在很多命令中，默认情况下，按回车键、空格键或鼠标右键可以结束选择进入下一步操作，如果该命令没有后续步骤，即结束该命令。在以后的命令注释中不再重复说明，统一注释为"✓，结束选择"，或"✓，结束命令"。

【练习 5-3】　删除如图 5-14（a）所示图形中的五边形。

（1）直接点选图中的五边形，如图 5-14（b）所示；

（2）按下 Delete 键，直接删除所选对象，结果如图 5-14（c）所示。

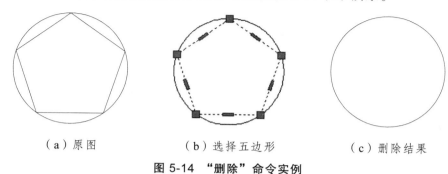

（a）原图　　　　　　　　（b）选择五边形　　　　　　　（c）删除结果

图 5-14　"删除"命令实例

5.3.2　复制对象

1．功　　能

该命令可以复制单个对象或连续复制多个对象。

2．命令的执行方式

（1）菜单栏："修改" → "复制"。

（2）工具栏：单击"修改"工具栏按钮 。

（3）命令行：输入"copy↙"。

（4）快捷键："co"。

3．命令行提示

命令：copy↙　　　　　　　　　　　　　//激活命令

选择对象：　　　　　　　　　　　　　//指定要复制的对象

选择对象：　　　　　　　　　　　　　//继续指定要复制的对象，或↙，结束选择

当前设置：　复制模式 = 多个

指定基点或[位移(D)/模式(O)] <位移>：　//选择被复制对象的基点（参考点）

指定第二个点或[阵列(A)] <使用第一个点作为位移>：

　　　　　　　　　　　　　　　　　　//选择要复制到的目标点

指定第二个点或[阵列(A)/退出(E)/放弃(U)] <退出>：

　　　　　　　　　　　　　　　　　　//继续选择要复制到的目标点，进行多个复制，

　　　　　　　　　　　　　　　　　　或↙，结束命令

4．选　　项

（1）位移。

使用相对坐标（此处相对坐标前无需添加"@"符号）指定复制后的对象和原对象的相对距离和方向。

（2）模式。

控制复制命令是单个（单次）复制还是多个（多重）复制。

（3）阵列。

指定在线性阵列中排列的副本数量。

（4）退出。

退出本次复制命令。

（5）放弃。

放弃上次复制的对象。

【练习 5-4】 复制如图 5-15（a）所示图形中的圆，使其圆心处于点 2 位置。

方法一：

（1）单击"修改"工具栏按钮 ；

（2）选择圆对象；

（3）指定基点时，通过对象捕捉选择圆心点 1；

（4）指定第二点时，通过对象捕捉选择图中点 2 位置，完成复制。

方法二：

本练习中指定基点时，也可采用其他位置，步骤如下：

（1）单击"修改"工具栏按钮 ；

（2）选择圆对象；

（3）指定基点时，通过对象捕捉选择点 3；

（4）指定第二点时，通过对象捕捉选择图中点 4 位置，完成复制。

方法一基点和目标点分别是点 1、点 2 位置，方法二基点和目标点分别是点 3、点 4 位置，两种方法均可以实现题目的要求，达到的结果如图 5-15（b）所示。

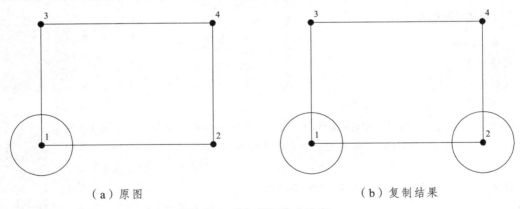

（a）原图   （b）复制结果

图 5-15 "复制"命令实例

5. 其他说明

（1）在命令中确定点的位置时，屏幕点击、对象捕捉、坐标输入、直接距离输入、动态输入等方式均可采用。

（2）基点可以选择整个图形中任意一点，但以靠近要复制的对象为宜，一般直接捕捉要复制对象的特征点。

（3）基点、原图形之间的相对位置，以及复制后目标点、复制出的对象之间的相对位置保持不变。

"练习 5-4"方法二中，基点点 3 和要复制的圆（以圆心点 1 为参考点）的相对位置，以及复制后目标点点 4 和复制出的圆（以点 2 为参考点）的相对位置保持不变。

5.3.3　移动对象

1.　功　能

该命令可以移动单个多个对象到新的位置。该命令与"复制"命令操作方式以及注意事项基本相同，区别就在于一个是复制对象，一个是移动对象。

2.　命令的执行方式

（1）菜单栏："修改" → "移动"。
（2）工具栏：单击"修改"工具栏按钮✥。
（3）命令行：输入"move↙"。
（4）快捷键："M"。

3.　命令行提示

命令：move↙	//激活命令
选择对象：	//指定要移动的对象
选择对象：	//继续指定要移动的对象，或↙，结束选择
指定基点或[位移（D）] <位移>：	//选择被移动对象的基点（参考点）
指定第二个点或 <使用第一个点作为位移>：	
	//选择要移动到的目标点，结束命令

4.　选　项

位移：与"复制"命令中的解释相同。

5.　其他说明

与"复制"命令中的注意要点相同。

5.3.4　镜像对象

1.　功　能

该命令可以将目标对象按指定的镜像轴线作对称复制，源对象可保留也可删除。

"镜像"功能在建立对称图形时非常有用，用户可以先绘制半个图形，然后通过镜像此图形得到对称的图形，而不用绘制整个图形。

2.　命令的执行方式

（1）菜单栏："修改" → "镜像"。

（2）工具栏：单击"修改"工具栏按钮 ◢◣。

（3）命令行：输入"mirror↙"。

（4）快捷键："mi"。

3．命令行提示

命令：mirror↙	//激活命令
选择对象：	//指定要镜像的对象
选择对象：	//继续指定要移动的对象，或↙，结束选择
指定镜像线的第一点：	
	//指定镜像线（对称轴线）的第一点，通过指定两个点作为直线的两个端点，选定对象相对于这条直线作出对称图形
指定镜像线的第二点：	//指定镜像线的第二点
要删除源对象吗？[是(Y)/否(N)] <N>：	//提示用户镜像后是否删除源对象

【练习 5-5】　作出图 5-16（a）所示图形中上部图形的对称部分。

（1）单击"修改"工具栏按钮 ◢◣；

（2）选择辅助线"AB"上部全部图形。

（3）通过"对象捕捉"功能捕捉 A、B 两点指定镜像线。

（4）按回车键同时不删除源对象，命令结束，结果如图 5-16（b）所示。

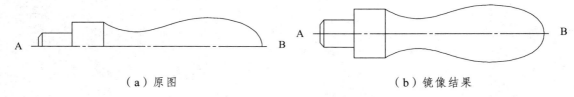

（a）原图　　　　　　　　　　　　　　　　　（b）镜像结果

图 5-16　镜像对象实例

4．其他说明

（1）镜像线是由用户根据两点确定的，它可以是已存在的直线，也可以是命令中临时指定的两点确定。

（2）当镜像文本时，默认情况下（系统变量"MIRRTEXT=0"）文本只是位置发生镜像，而文本自身并没有发生翻转，如图 5-17（a）所示。当系统变量"MIRRTEXT=1"时，文本不仅位置发生镜像，文本自身也发生翻转，如图 5-17（b）所示。

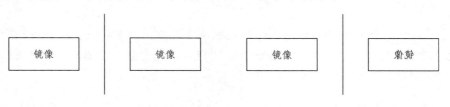

（a）MIRRTEXT=0，文字镜像　　　　　　　（b）MIRRTEXT=1，文字镜像

图 5-17　文字镜像

5.4　偏移、阵列、旋转、对齐对象

5.4.1　偏移对象

1.　功　能

该功能可以对圆、圆弧、椭圆、椭圆弧、（用矩形命令绘制的）矩形、（用多边形命令绘制的）多边形、（用多段线命令绘制的）闭合图形、样条曲线等做同心偏移复制，也可以对直线、构造线、射线等做平行偏移的复制，如图 5-18 所示。

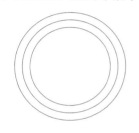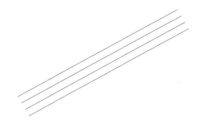

图 5-18　偏移对象

2.　命令的执行方式

（1）菜单栏："修改" → "偏移"。
（2）工具栏：单击 "修改" 工具栏按钮🔲。
（3）命令行：输入 "offset✓"。
（4）快捷键："o"。

3.　命令行提示

命令：offset✓　　　　　　　　　　　　　　　//激活命令
当前设置：删除源=否　图层=源　OFFSETGAPTYPE=0
指定偏移距离或[通过(T)/删除(E)/图层(L)] <1.0000>：10

　　　　　　　　　　　//指定对象偏移的距离，可以直接给定距离，
　　　　　　　　　　　　也可以在图形上选取两点确定距离
选择要偏移的对象，或[退出(E)/放弃(U)] <退出>：

　　　　　　　　　　　//选取需要偏移的对象
指定要偏移的那一侧上的点，或[退出(E)/多个(M)/放弃(U)] <退出>：

　　　　　　　　　　　//通过指定要偏移到一侧的任意一点，从而确
　　　　　　　　　　　　定对象的偏移位置即可以实现偏移复制
选择要偏移的对象，或[退出(E)/放弃(U)] <退出>：

　　　　　　　　　　　//继续选取需要偏移的对象，或✓，结束命令
指定要偏移的那一侧上的点，或[退出(E)/多个(M)/放弃(U)] <退出>：

　　　　　　　　　　　//指定新选取对象的偏移位置，偏移距离不能
　　　　　　　　　　　　改变

4. 选 项

（1）"通过"。

创建通过指定点的偏移对象。

执行该选项时，命令行将提示：

选择要偏移的对象，或[退出(E)/放弃(U)] <退出>：

//选取需要偏移的对象

指定通过点或[退出(E)/多个(M)/放弃(U)] <退出>：

//指定通过的点，完成偏移

选择要偏移的对象，或[退出(E)/放弃(U)] <退出>：

//继续选取需要偏移的对象

（2）"删除"。

偏移源对象后将其删除。

（3）"图层"。

确定将偏移对象创建在当前图层上还是源对象所在的图层上。

（4）"退出"。

退出命令。

（5）"放弃"。

取消前一次操作。

（6）"多个"。

利用当前设置的偏移距离重复进行偏移操作。

【练习 5-6】　对图 5-19（a）所示图形中的椭圆进行偏移，实现如图 5-19（b）所示的效果。

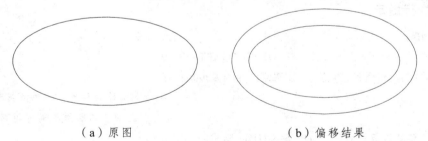

（a）原图　　　　　　　　　　　　（b）偏移结果

图 5-19　偏移对象实例

① 单击"修改"工具栏按钮 ；

② 输入偏移距离"3"；

③ 选择椭圆；

④ 在椭圆的外侧任意位置点击鼠标左键以确定偏移位置，完成偏移命令。

5. 其他说明

（1）在进行"偏移"命令时，只能以点选方式选择对象，且每次只能偏移一个对象。

（2）点、图块、属性和文本对象不能被偏移。

5.4.2　阵列对象

1. 功　能

该命令是一种有规则的多重复制，它可以将目标对象以矩形阵列、环形阵列和路径阵列的方式进行多重复制，如图 5-20 所示。

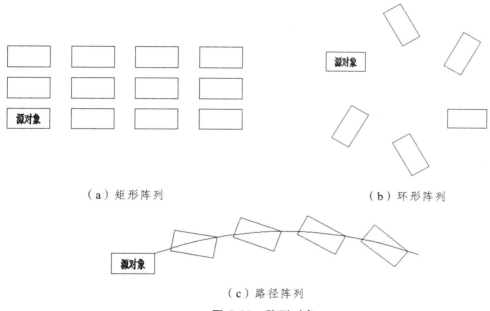

（a）矩形阵列　　　　　　　　　　（b）环形阵列

（c）路径阵列

图 5-20　阵列对象

在较新的 AutoCAD 版本中，阵列命令较老版本有了较大的变化。默认情况下，系统采用命令行输入的方式进行阵列，不如老版本中采用的传统"阵列"对话框方式（如图 5-21 所示）直观和简便。

图 5-21　传统"阵列"对话框

2. 命令的执行方式

1）矩形阵列

（1）菜单栏："修改" → "阵列" → "矩形阵列"。

（2）工具栏：单击"修改"工具栏按钮⊞⊞。

（3）命令行：输入"arrayrect↙"。

2）环形阵列（也称为极轴阵列）

（1）菜单栏："修改"→"阵列"→"环形阵列"。

（2）工具栏：单击"修改"工具栏按钮⊞⊞。

（3）命令行：输入"arraypolar↙"。

3）路径阵列

（1）菜单栏："修改"→"阵列"→"路径阵列"。

（2）工具栏：单击"修改"工具栏按钮 。

（3）命令行：输入"arraypath↙"。

4）ARRAY 命令

命令行：输入"array↙"。

该命令可以在命令行中选择以矩形阵列、环形阵列或路径阵列的方式进行多重复制。执行该命令后，命令行提示符如下：

命令：array↙

选择对象：

选择对象：

输入阵列类型[矩形(R)/路径(PA)/极轴(PO)] <矩形>：

类型 = 矩形　关联 = 是

5）ARRAYCLASSIC 命令

命令行：输入"arrayclassic↙"。

该命令可以使用传统阵列对话框方式创建矩形或环形阵列。

注意：传统的对话框方式不支持关联性阵列和路径阵列。

3．命令行提示

1）矩形阵列

命令：arrayrect↙	//激活命令
选择对象：	//选择要阵列的对象
选择对象：	//继续选择要阵列的对象，或↙，结束选择
类型=矩形　关联=是	//提示当前是矩形关联阵列

选择夹点以编辑阵列或[关联(AS)/基点(B)/计数(COU)/间距(S)/列数(COL)/行数(R)/层数(L)/退出(X)] <退出>：COL

//系统将显示默认的矩形阵列，如图 5-20（a）所示，此时阵列预览中，通过拖动不同的夹点可以调整间距、行数、列数或移动阵列的位置；也可键入相应的字母，进入备选选项。此处输入了 COL，选择"列数"选项

输入列数数或[表达式(E)] <4>:

　　　　　　　　　　　　　　//指定列数，直接按回车键，表示接受尖括号内的默
　　　　　　　　　　　　　　认值（或当前值）

指定列数之间的距离或[总计(T)/表达式(E)] <30>:

　　　　　　　　　　　　　　//指定列间距，可以直接给距离，也可以在图形上选
　　　　　　　　　　　　　　取两点作为距离；或直接按回车键，表示接受尖括
　　　　　　　　　　　　　　号内的默认值（或当前值）

选择夹点以编辑阵列或[关联(AS)/基点(B)/计数(COU)/间距(S)/列数(COL)/行数(R)/层数(L)/退出(X)] <退出>: R

　　　　　　　　　　　　　　//选择"行数"选项

输入行数或[表达式(E)] <3>:　　　//指定行数

指定 行数 之间的距离或[总计(T)/表达式(E)] <15>:

　　　　　　　　　　　　　　//指定行间距

指定 行数 之间的标高增量或[表达式(E)] <0>:

　　　　　　　　　　　　　　//指定行数之间的标高增量

2）环形阵列

命令：arraypolar↙　　　　　　//激活命令
选择对象:　　　　　　　　　　//选择要阵列的对象
选择对象:　　　　　　　　　　//继续选择要阵列的对象，或↙，结束选择
类型 = 极轴　关联 = 是　　　//提示当前是极轴（环形）关联阵列
指定阵列的中心点或[基点(B)/旋转轴(A)]:

　　　　　　　　　　　　　　//指定环形阵列的中心点

选择夹点以编辑阵列或[关联(AS)/基点(B)/项目(I)/项目间角度(A)/填充角度(F)/行(ROW)/层(L)/旋转项目(ROT)/退出(X)] <退出>: I

　　　　　　　　　　　　　　//系统将显示默认的环形阵列，如图 5-20（b）所示，
　　　　　　　　　　　　　　此时阵列预览中，通过拖动不同的夹点可以调整拉
　　　　　　　　　　　　　　伸半径、项目间角度以及指定环形阵列的新位置；
　　　　　　　　　　　　　　也可键入相应的字母，进入备选选项

……

3）路径阵列

命令：arraypath↙　　　　　　//激活命令
选择对象:　　　　　　　　　　//选择要阵列的对象
选择对象:　　　　　　　　　　//继续选择要阵列的对象，或↙，结束选择
类型 = 路径　关联 = 是　　　//提示当前是路径关联阵列
选择路径曲线:　　　　　　　　//指定路径关联阵列的路径曲线
选择夹点以编辑阵列或[关联(AS)/方法(M)/基点(B)/切向(T)/项目(I)/行(R)/层(L)/对齐项目(A)/Z 方向(Z)/退出(X)] <退出>:

//系统将显示默认的路径阵列，如图 5-20（c）所示，
此时阵列预览中，通过拖动不同的夹点可以调整项
目间距以及指定路径阵列的新位置；也可键入相应
的字母，进入备选选项

......

4. 选　项

1）矩形阵列

（1）"关联"：指定阵列中的对象是关联的还是独立的。

使用关联阵列，陈列后整个阵列形成一个整体，类似于块。可以通过编辑特性或者对源对象的修改从而实现整个阵列的快速修改。

（2）"基点"：定义阵列基点和基点夹点的位置。

（3）"行数"：用于指定矩形阵列的行数，包含源对象所在的行。

（4）"列数"：用于指定矩形阵列的列数，包含源对象所在的列。

（5）"计数"：指定行数和列数的另一种形式。

（6）"行间距（行偏移）"：指定从每个对象的相同位置测量的每行之间的距离如向下复制，输入负值。

（7）"列间距（列偏移）"：指定从每个对象的相同位置测量的每列之间的距离如向左复制，输入负值。

（8）"层数"：指定三维阵列的层数和层间距。

2）环形阵列

（1）"阵列中心点"：指定分布阵列项目所围绕的点。

（2）"旋转轴"：三维制图中，指定由两个点定义的自定义旋转轴。

（3）"项目"：使用值或表达式指定阵列中的项目数（包含源对象）。

（4）"项目间角度"：使用值或表达式指定项目之间的角度。

（5）"填充角度"：通过使用值或表达式定义阵列中第一个和最后一个对象间的角度来设置阵列大小。正值表示逆时针旋转，负值表示顺时针旋转。默认值为"360"，不允许值为"0"。

（6）"旋转项目"：确定环形阵列对象本身是否绕其基点旋转。

3）路径阵列

（1）"路径曲线"：指定用于阵列的路径对象。可以选择直线、多段线、三维多段线、样条曲线、螺旋、圆弧、圆或椭圆作为路径曲线。

（2）"方式"：选择定数等分方式（以指定数量的项目沿路径的长度均匀分布），还是测量方式（以指定的间隔沿路径分布项目）进行路径阵列。

（3）"切向"：指定阵列中的项目相对于路径的起始方向如何对齐。

（4）"对齐项目"：指定是否对齐每个项目以便与路径的方向相切。

5. 其他说明

1）编辑阵列

较新的 AutoCAD 版本中，"阵列"命令采用命令行输入方式不够直观简便，但如果采用

的是关联阵列，在执行命令过程中，可以采用默认的设置，极快地完成阵列。之后可以通过下列两种方式进行快速编辑修改。

（1）夹点编辑方式。

选中已经完成的关联阵列，将光标悬停在不同的夹点上，此时系统将弹出不同的快捷菜单用于编辑阵列，如图 5-22 所示。某些夹点具有多个操作，当夹点处于选定状态（变为红色）时，可以按"Ctrl"键来循环浏览这些选项，命令行将显示当前操作。

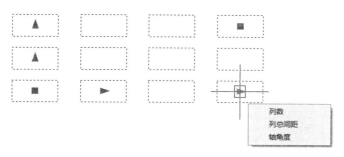

图 5-22　关联阵列的夹点编辑

（2）"ARRAYEDIT"命令（命令行或功能区）编辑方式。

通过编辑阵列属性、编辑源对象或使用其他对象替换项，修改关联阵列。

（3）"特性"选项板编辑方式。

鼠标双击关联阵列，系统将出现如图 5-23 所示的对话框，通过该对话框可以编辑关联阵列的相关参数。

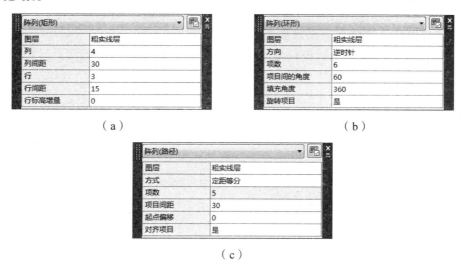

图 5-23　关联阵列的特性选项板编辑方式

2）环形阵列的填充方法

（1）"项目总数和填充角度"；

（2）"项目总数和项目间角度"；

（3）"填充角度和项目间角度"。

【练习 5-7】   作出如图 5-24 所示图形。

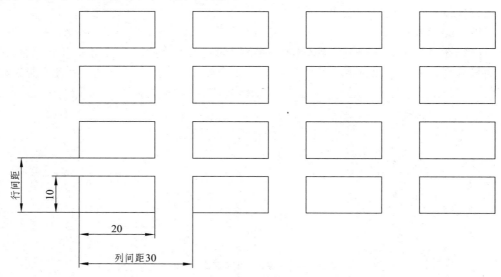

图 5-24   矩形阵列实例

（1）单击"绘图"工具栏按钮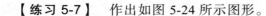，用"矩形"命令作出水平长"20"，竖直宽"10"的矩形；

（2）单击"修改"工具栏按钮，激活"矩形阵列"命令；

（3）选择该矩形作为要阵列的对象，按"Enter"键结束选择；

（4）系统显示出按照默认参数设置的矩形阵列，按"Enter"键结束命令；

（5）鼠标双击该关联阵列，出现如图 5-23 所示对话框，按照如图 5-25 所示的参数进行修改即可完成图形绘制。

阵列(矩形)	
图层	粗实线层
列	4
列间距	30
行	4
行间距	15
行标高增量	0

图 5-25   修改关联阵列参数

5.4.3   旋转对象

1. 功   能

该功能用于将选中的对象围绕一个基点进行旋转，系统默认的旋转方向为逆时针方向，输入负的角度值则按顺时针方向旋转对象。

2. 命令的执行方式

（1）菜单栏："修改"→"旋转"。

（2）工具栏：单击"修改"工具栏按钮。

（3）命令行：输入"rotate   "。

（4）快捷键："ro"。

3. 命令行提示

命令：rotate↙   //激活命令

UCS 当前的正角方向：　ANGDIR=逆时针　ANGBASE=0

选择对象：　　　　　　　　　　　//选择要旋转的对象

选择对象：　　　　　　　　　　　//继续选择要旋转的对象，或↙，结束选择

指定基点：　　　　　　　　　　　//指定旋转的基点（旋转中心）

指定旋转角度，或[复制(C)/参照(R)] <0>: 60

　　　　　　　　　　　　　　　　//指定旋转角度，结束命令

4．选　项

1）"复制"

实现旋转复制的功能。

2）"参照"

用于指定一个参考角度和新角度，系统将根据参考角度和新角度的差值，来确定图形对象实际应旋转的角度。其命令行提示如下：

命令：rotate↙　　　　　　　　//激活命令

UCS 当前的正角方向：　ANGDIR=逆时针　ANGBASE=0

选择对象：　　　　　　　　　　　//选择要旋转的对象

选择对象：　　　　　　　　　　　//继续选择要旋转的对象，或↙，结束选择

指定基点：　　　　　　　　　　　//指定旋转的基点（旋转中心）

指定旋转角度，或[复制（C）/参照（R）] <0>: R

　　　　　　　　　　　　　　　　//输入 R，激活"参照"选项

指定参照角 <0>: 15　　　　　　//指定参照角度为 15°

指定新角度或[点（P）] <0>: 45

　　　　　　　　　　　　　　　　//指定新角度为 45°，则选中的对象实际旋转角度为 30°

需要指出"参照"方式在指定角度时也可以通过两点捕捉方式确定。

【练习 5-8】　作出如图 5-26（a）所示图形。

（1）单击"绘图"工具栏按钮⬠，以"边"的方式完成边长为"120"的正六边形。

（2）如图 5-26（b）所示，在正多边形点 B 相邻的两边上，分别取中点 A、C 两点，分别用"直线"命令作出 AB、BC 两条直线。

（3）用"矩形阵列"命令作出如图 5-26（c）所示图形。其中行数和列数分别设为"1"和"7"，行间距任意（因为只有一行），列间距为"10"。

（4）用"直线"命令作出直线 AD。

（5）单击"修改"工具栏按钮↻，选择如图 5-26（d）所示对象"ABCD"，选择 D 点作为基点，指定旋转角度为"120°"，作出如图 5-26（e）所示图形。

（6）单击"修改"工具栏按钮↻，同样选择如图 5-26（d）所示对象"ABCD"，选择 D 点作为基点，指定旋转角度为"－120°"，完成如图 5-26（f）所示图形。

（7）用同样的方法重复上述步骤，最终可以完成如图 5-26（a）所示图形。

说明：作图步骤的第 3 步使用的是"矩形阵列"命令完成，请读者自己思考，用"复制"命令或"偏移"命令是否可以完成？

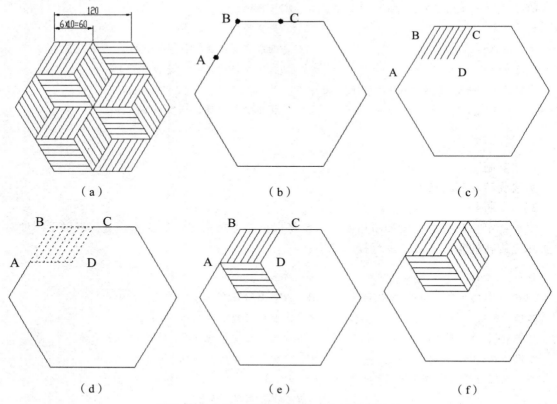

图 5-26　偏移、复制、阵列、旋转综合练习

5.4.4　对齐对象

1.　功　能

该命令用于二维和三维空间中，将对象与其他对象对齐。

2.　命令的执行方式

（1）菜单栏："修改"→"三维操作"→"对齐"。

（2）命令行：输入"align↙"。

（3）快捷键："al"。

3.　命令行提示

命令：align↙　　　　　　　　　//激活命令

选择对象：　　　　　　　　　//选择要对齐的对象

选择对象：　　　　　　　　　//继续选择要对齐的对象，或↙，结束选择

指定第一个源点：　　　　　　//选择要对齐的第一对点的源点

指定第一个目标点：　　　　　//选择要对齐的第一对点的目标点

指定第二个源点：

　　　　　　　　　　　　　　　　　　//选择要对齐的第二对点的源点，或⤸，结束命令，
　　　　　　　　　　　　　　　　　　从而完成一对点对齐，如图 5-27（a）所示

指定第二个目标点：　　　　　　　　//选择要对齐的第二对点的目标点
指定第三个源点或 <继续>：

　　　　　　　　　　　　　　　　　　//选择要对齐的第三对点的源点，或⤸，结束命令，
　　　　　　　　　　　　　　　　　　从而完成两对点对齐，如图 5-27（b）所示

指定第二个目标点：
//选择要对齐的第三对点的目标点，结束命令，从而完成三对点对齐，如图 5-27（c）所示

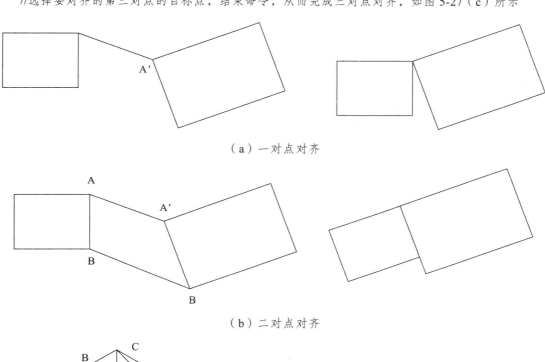

（a）一对点对齐

（b）二对点对齐

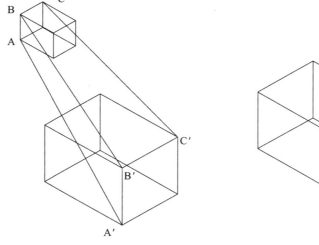

（c）三对点对齐

图 5-27　对齐命令

4．选　项

"是否基于对齐点缩放对象"：如果在系统要求指定第三个源点时直接按回车键，此时命令行将出现如下提示：

是否基于对齐点缩放对象？[是(Y)/否(N)] <否>：

此处指定对齐命令中选择的对象，是否由第一对源点、第二对源点间的直线距离和第一对目标点、第二对目标点间的直线距离确定的比值进行缩放。

5.5　缩放、拉伸对象

AutoCAD 2014 可对已经绘制的图形对象进行变形（包括"缩放"和"拉伸"命令），从而改变对象的基本形状或实际尺寸大小。

5.5.1　缩放对象

1．功　能

该命令用于按比例放大或缩小图形。

2．命令的执行方式

（1）菜单栏："修改" → "缩放"。
（2）工具栏：单击"修改"工具栏按钮 ▢ 。
（3）命令行：输入"scale↙"。
（4）快捷键："sc"。

3．命令行提示

1）指定比例因子方式

命令：scale↙	//激活命令
选择对象：	//选择要缩放的对象
选择对象：	//继续选择要缩放的对象，或↙，结束选择
指定基点：	//指定"缩放"命令的基点（缩放中心）
指定比例因子或[复制(C)/参照(R)]：2	//指定缩放的比例因子为2，结束命令。比例因子大于1，即放大；小于1，即缩小；还可以拖动光标使对象变大或变小

2）参照方式

命令：scale	//激活命令

选择对象：	//选择要缩放的对象
选择对象：	//继续选择要缩放的对象，或↙，结束选择
指定基点：	//指定旋转的基点（缩放中心）
指定比例因子或[复制(C)/参照(R)]：r	//输入 r，指定缩放为参照方式
指定参照长度 <1.0000>：	
	//直接输入参照长度或指定两点确定参照长度，参照模式中，比例因子=新长度/参照长度。参照长度可以直接输入数值，或通过指定两点来确定参照长度，此处通过"对象捕捉"功能在图中确定一点
指定第二点：	//指定确定参照长度的第二点
指定新的长度或[点(P)] <1.0000>：p	
	//直接输入新长度或指定一点。注意新长度可以直接输入数值，或通过指定一点（或两点）来指定参照长度。默认情况下为指定一点，则新长度为该点和基点之间的距离。但这种方式并不方便。系统提供的[点(P)]的选项，可以通过指定两点来确定新长度，此处输入 P 表示采用两点方式确定新长度
指定第一点：	//指定确定新长度的第一点
指定第二点：	//指定确定新长度的第二点，结束命令

4. 选　项

"复制"：保留原对象的同时创建一个按指定比例缩放的对象。

5. 其他说明

1）基点的指定

基点即缩放中心点，是不动点。原则上基点可以定在任何位置上，但建议将基点选择在要缩放实体对象的几何中心或者实体对象上的特殊点。这样在比例缩放后，实体对象仍然在基点附近，不至于移动到很远的位置难以查找。

2）与 ZOOM 命令的区别

"SCALE（缩放）"命令与"ZOOM（视图缩放）"命令有本质的区别，"SCALE"是将实体缩放，实体大小有变化；而"ZOOM"是视图缩放，实体大小并未发生变化。

3）多重复制缩放

选项中有复制缩放功能，但该功能只能进行单次复制缩放。如果想在一次命令中进行多重复制缩放可以采用后续讲解的夹点编辑功能。

【练习 5-9】　在图 5-28（a）所示图形的中心位置画一个缩小一半的正五边形。

（1）单击"修改"工具栏按钮█，激活缩放命令；

（2）选择图中的正五边形作为缩放对象；

（3）选择图中圆的圆心点 A 作为"缩放"命令的基点；

（4）输入"C↙"，从而采用复制缩放模式；

（5）指定比例因子为"0.5"，完成缩放命令，结果如图 5-28（b）所示。

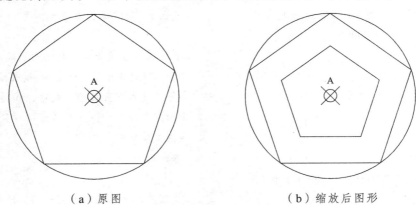

（a）原图   （b）缩放后图形

图 5-28　缩放对象实例

5.5.2　拉伸对象

1.　功　能

该命令可以按指定的矢量方向拉伸或缩小对象。这里只能用"交叉窗口（Crossing）"框选方式或者"交叉多边形"选择方式选择对象，与窗口边界相交的对象将被拉伸，完全在选择窗口内的实体将随之移动。

2.　命令的执行方式

（1）菜单栏："修改"→"拉伸"。

（2）工具栏：单击"修改"工具栏按钮▣。

（3）命令行：输入"stretch↙"。

（4）快捷键："s"。

3.　命令行提示

命令：stretch↙	//激活命令
以交叉窗口或交叉多边形选择要拉伸的对象	
	//说明只能以这两种选择方式进行拉伸
选择对象：	//选择要拉伸的对象
选择对象：	//继续选择要拉伸的对象，或↙，结束选择
指定基点或[位移(D)] <位移>：	
	//指定拉伸的基点，拉伸偏移的距离和方向将由该基点和指定的第二点决定
指定第二个点或 <使用第一个点作为位移>：	
	//指定确定拉伸偏移的第二点，结束命令

4. 选　项

"位移"通过输入相对坐标的方式确定拉伸偏移。

5. 其他说明

（1）当被选择的图形对象只有部分包含在窗口内，"STRETCH"仅移动位于交叉窗口选择框内的顶点和端点，不更改那些位于交叉窗口选择框外的顶点和端点，从而实现被选对象的拉伸效果；当被选择的对象完全落在选择框内时，此时实现的只是一个移动的过程，如图5-29 所示。

（2）不能用"窗口（Windows）"框选方式实现拉伸操作。采用窗口（Windows）框选方式时，对象必须完全在选择窗口内部才能被选中，此时执行拉伸命令实现的只是移动效果。

（3）只能拉伸由直线、弧、多段线等命令绘制的带有端点的实体。

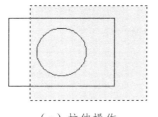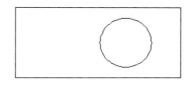

　（a）拉伸操作　　　　　　　　　　（b）拉伸结果

图 5-29　拉伸命令

5.6　修剪、延伸对象

5.6.1　修剪对象

1. 功　能

该命令可以方便地利用边界对图形进行快速修剪。

2. 命令的执行方式

（1）菜单栏："修改"→"修剪"。
（2）工具栏：单击"修改"工具栏按钮 ✦--。
（3）命令行：输入"TRIM✓"。
（4）快捷键："TR"。

3. 命令行提示

命令：trim✓　　　　　　　　　　　//激活命令
当前设置：投影=UCS，边=无
选择剪切边…　　　　　　　　　　　//系统提示当前状态，并且提示要求选择剪切边
　　　　　　　　　　　　　　　　　（剪切边界）

选择对象或 <全部选择>：

　　　　　　　　　　　　　　　　//选择作为剪切边的对象，或↙，选择显示在尖括号

　　　　　　　　　　　　　　　　中的默认选项

　　选择对象：　　　　　　　　　//继续选择作为剪切边的对象，或↙，结束选择

　　选择要修剪的对象，或按住 Shift 键选择要延伸的对象，或[栏选(F)/窗交(C)/投影(P)/边(E)/删除(R)/放弃(U)]：

　　　　　　　　　　　　　　　　//选择要修剪的对象；或按住 Shift 键实现延伸的功

　　　　　　　　　　　　　　　　能；或键入相应的字母，进入备选选项

　　选择要修剪的对象，或按住 Shift 键选择要延伸的对象，或[栏选(F)/窗交(C)/投影(P)/边(E)/删除(R)/放弃(U)]：

　　　　　　　　　　　　　　　　//继续选择要修剪的对象，或按住 Shift 键实现延伸

　　　　　　　　　　　　　　　　的功能；或键入相应的字母，进入备选选项；或↙，

　　　　　　　　　　　　　　　　结束命令

4. 选 项

1）"全部选择"

即把当前图像文件中的所有（可以作为修剪边）的对象作为修剪边。

注意：一个对象既可以作为剪切边，也可以是被修剪的对象。

2）"栏选"

以栏选方式选择要修剪的对象。

3）"窗交"

以窗交方式选择要修剪的对象。

4）"投影"

指定修剪对象时使用的投影方式。默认的投影模式为"UCS"，即将对象和边投影到当前"UCS"的 xy 平面进行修剪的模式。

5）"边"

该选项用于选择"修剪"命令的隐含边延伸模式，具体功能如下：

（1）命令行提示。

在命令行提示列表中键入该选项对应的大写亮显字母时，提示如下：

输入隐含边延伸模式[延伸(E)/不延伸(N)] <不延伸>：

　　　　　　　　　　　　　　　　//指定隐含边延伸模式，默认选项为不延伸模式

（2）不延伸。

使用修剪操作时，剪切边和修剪对象必须相交，才能从交点处进行修剪，如图 5-30（a）所示。

（3）延伸。

使用修剪操作时，剪切边和修剪对象如果不相交，则可以使用对象隐含交点作为剪切对象，如图 5-30（b）所示。

6）删除

删除选定的对象。此选项提供了一种用来删除不需要的对象的简便方式，而无需退出"TRIM"命令。

7）放弃

撤销由"TRIM"命令所执行的最近一次更改。

（a）被修剪对象与剪切边有交点，"不延伸"　　　（b）被修剪对象与剪切边无交点，只有使用
　　模式和"延伸"模式均能修剪成功　　　　　　　　　　"延伸"模式才能修剪成功

图 5-30　"隐含边延伸模式"使用条件

5．其他说明

（1）可以修剪的对象包括圆弧、圆、椭圆弧、直线、射线、构造线、样条曲线和开放的二维或三维多段线。

（2）可以作为剪切边的对象包括圆弧、圆、椭圆、布局视口、直线、射线、构造线、面域、样条曲线、文字和二维或三维多段线。

（3）要修剪的对象和剪切边均可多选。

（4）一个对象既可以作为剪切边，也可以是被修剪的对象。

（5）修剪最快捷方法如下：

在提示选择剪切边时，直接按"ENTER"键，即把当前图像文件中的所有（可以作为修剪边）的对象作为修剪边。之后，命令行提示选择要修剪的对象时，想修剪哪段即可以点击哪段线条，系统会以点选的线条最相邻的相交图线作为边界修剪该段线条。

注意：使用上述快捷方法时，务必使"隐含边延伸模式"设置为"不延伸"。只有存在真实的交点时，才能进行修剪，否则，系统将把全部对象作为修剪边，会把很远处与要修剪对象不相交的线条都作为修剪边界，从而造成不可预知的后果。

【**练习 5-10**】　作出如图 5-31（a）所示图形，图中圆的半径为 50 mm。

（1）画出一半径为"50"的圆；

（2）激活"正多边形"命令，设定边数为"5"，采用中心点方式，中心点选择圆的圆心。采用默认的内接圆的方式，作出如图 5-31（b）所示正五边形。

（3）依次连接正五边形中的各个顶点，作出如图 5-31（c）所示图形。

（4）修剪如图 5-31（d）所示图形中 a、b、c、d、e 五段线条：

① 单击"修改"工具栏按钮 -/--，激活"修剪"命令。

② 按住"Enter"键，选择显示在尖括号中的默认选项，即把当前图像文件中的所有（可以作为修剪边）的对象作为修剪边。

③ 依次选择图中的 a、b、c、d、e 五段线条，完成修剪。

完成结果如图 5-31（e）所示。

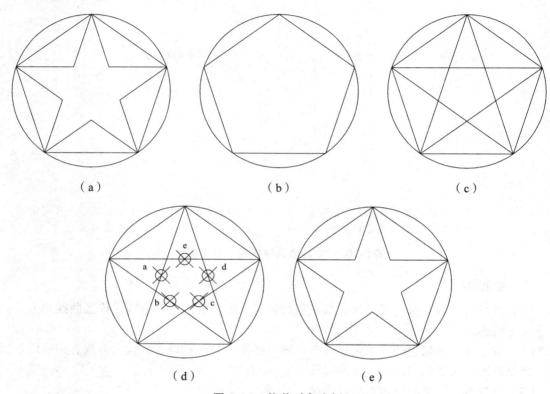

图 5-31   修剪对象实例

5.6.2   延伸对象

1. 功　能

该命令可以将指定的对象延伸到指定的边界上。

2. 命令的执行方式

（1）菜单栏："修改"→"延伸"。

（2）工具栏：单击"修改"工具栏按钮 --/。

（3）命令行：输入"extend✓"。

（4）快捷键："ex"。

3. 命令行提示

命令：extend✓   //激活命令

当前设置：投影=UCS，边=无
选择边界的边…

　　　　　　　　　　　　　　　　　　//系统提示当前状态，并且提示要求选择作为
　　　　　　　　　　　　　　　　　　延伸边界的对象

选择对象或 <全部选择>：

　　　　　　　　　　　　　　　　　　//选择作为延伸边界的对象，或↙，选择显示
　　　　　　　　　　　　　　　　　　在尖括号中的默认选项

选择对象：　　　　　　　　　　　　//继续选择作为延伸边界的对象，或↙，结束选择

选择要延伸的对象，或按住 Shift 键选择要修剪的对象，或[栏选(F)/窗交(C)/投影(P)/边(E)/放弃(U)]：
　　　　　　　　　　　　　　　　　　//选择要延伸的对象，或按住 Shift 键实现修剪的功
　　　　　　　　　　　　　　　　　　能；或键入相应的字母，进入备选选项

选择要延伸的对象，或按住 Shift 键选择要修剪的对象，或[栏选(F)/窗交(C)/投影(P)/边(E)/放弃(U)]：
　　　　　　　　　　　　　　　　　　//继续选择要延伸的对象，或按住 Shift 键实现修剪
　　　　　　　　　　　　　　　　　　的功能；或按住 Shift 实现修剪的功能；或键入相应
　　　　　　　　　　　　　　　　　　的字母，进入备选选项；或↙，结束命令

4．选　项

1）"全部选择"

即把当前图像文件中的所有（可以作为延伸边界）的对象作为延伸边界。

注意：一个对象既可以作为延伸边界，也可以是被延伸的对象。

2）"栏选"

以"栏选"方式选择要延伸的对象。

3）"窗交"

以"窗交"方式选择要延伸的对象。

4）投　影

指定要延伸对象时使用的投影方式。默认的投影模式为"UCS"，即将对象和边投影到当前的"UCS"的 xy 平面进行延伸。

5）边

该选项用于选择延伸命令的隐含边延伸模式，具体功能如下：

（1）命令行提示。

在命令行提示列表中键入该选项对应的大写亮显字母时，提示如下：

输入隐含边延伸模式[延伸(E)/不延伸(N)] <不延伸>：

　　　　　　　　　　　　　　　　　　//指定隐含边延伸模式，默认选项为不延伸模式

（2）不延伸。

使用"延伸"命令操作时，延伸边界和要延伸的对象延伸后必须相交，才能延伸到交点处，如图 5-32（a）所示。

（3）延伸。

使用延伸命令操作时，延伸边界和要延伸的对象延伸后如果不相交，则可以将要延伸的

对象延伸到隐含交点处，如图 5-32（b）所示。

6）放弃

放弃最近由"EXTEND"所做的更改。

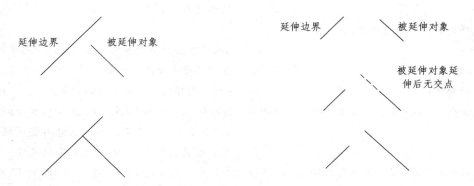

（a）被延伸对象延伸后与边界有交点，"不延伸"　（b）被延伸对象延伸后与边界无交点，只有采用
　　模式和"延伸"模式均能延伸成功　　　　　　　　　　　"延伸"模式才能延伸成功

图 5-32　"隐含边延伸模式"使用条件

5. 其他说明

（1）可以延伸的对象包括圆弧、圆、椭圆弧、直线、射线、构造线、样条曲线和开放的二维或三维多段线。

（2）可以作为延伸边界的对象包括圆弧、圆、椭圆、布局视口、直线、射线、构造线、面域、样条曲线、文字和二维或三维多段线。

（3）要延伸的对象和延伸边界均可多选。

（4）一个对象既可以作为延伸边界，也可以是被延伸的对象。

（5）"修剪"命令中在选择被修剪对象时，按住"Shift"键可以实现"延伸"命令；同理，"延伸"命令过程中也可实现"修剪"命令。

（6）"修剪"命令和"延伸"命令中的"隐含边延伸模式"均为同一变量在起作用，因此一旦"修剪"命令中修改为"延伸"模式后，"延伸"命令中的"隐含边延伸模式"也改为了"延伸"模式。

（7）延伸对象的延伸方向与选择该对象时点击的位置有关。

（8）延伸最快捷方法如下：

在提示选择延伸边界时直接按"ENTER"键，即把当前图像文件中的所有（可以作为延伸边界）的对象作为边界。之后，命令行提示选择要延伸的对象时，想延伸哪段即点击哪段线条，系统会以点选的线条最相邻的图线作为边界延伸该段线条。

【练习 5-11】　延伸如图 5-33（a）所示图形中的图线，实现图 5-33（b）中的效果。

（1）单击"修改"工具栏按钮--/，激活延伸命令。

（2）按"Enter"键，选择显示在尖括号中的默认选项，即把当前图像文件中的所有（可以作为延伸边界）的对象作为延伸边界。

（3）依次选择图 5-33（c）中的 a、b、c、d 四段线条，完成延伸。

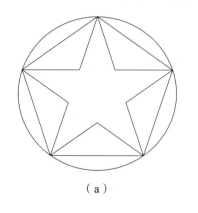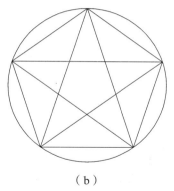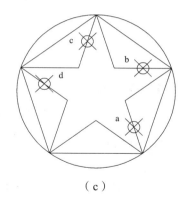

（a）　　　　　　　　　　　（b）　　　　　　　　　　　（c）

图 5-33　延伸对象实例

5.7　打断、合并对象

5.7.1　打断对象

1.　功　能

该命令是指将对象在某点处打断，或者在两点之间打断对象并删除位于两点之间的那部分对象。

2.　命令的执行方式

（1）菜单栏："修改"→"打断"。
（2）工具栏：单击"修改"工具栏按钮 ⬜ 。
（3）命令行：输入"break✓"。
（4）快捷键："br"。

3.　命令行提示

命令：break✓	//激活命令
选择对象：	//选择要打断的对象，默认情况下，选择对象时点击的位置作为第一个打断点，但该点位置无法使用对象捕捉等方式精确确定
指定第二个打断点　或[第一点(F)]: f	//选择第二个打断点，结束命令，该点可以通过对象捕捉等方式精确确定。也可输入 f，选择备选选项[第一点(F)]，重新使用对象捕捉等方式精确确定第一点
指定第一个打断点：	//重新使用对象捕捉等方式精确确定第一点

指定第二个打断点：

　　　　　　　　　　　　　　　//重新选择第二个打断点，结束命令；或✓，

　　　　　　　　　　　　　　　接受前面已经确定的第二点，结束命令

4．选　项

"第一点"：使用对象捕捉等方式精确重新确定第一点

5．其他说明

"打断的方向性"：当对圆、矩形、椭圆等封闭图形执行"BREAK"命令，并通过指定两点的方式打断时，系统将沿逆时针方向将位于第一断点与第二断点之间的线条删除掉。

【练习 5-12】　　打断如图 5-34（a）所示图形中第一象限中圆的部分。

（1）单击"修改"工具栏按钮，激活"打断"命令；

（2）选择图中要打断的圆；

（3）输入"f"以重新确定第一点。

（4）通过"对象捕捉"功能确定点 A。

（5）通过"对象捕捉"功能确定点 B，完成"打断"命令，如图 5-34（b）所示。

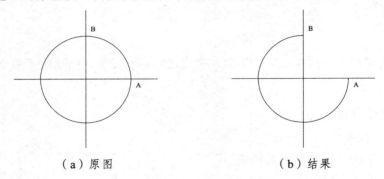

（a）原图　　　　　　　　　　　（b）结果

图 5-34　　打断命令实例

5.7.2　打断于点

1．功　能

该命令将对象于单一的打断点处分为两个部分，用户可以使用"打断于点"操作将不封闭的线段打断成两个部分。

"打断"命令和"打断于点"命令都是"BREAK"命令，"打断于点"就是在执行"打断"命令需要选择第二个打断点时，通过输入符号"@"指定第二打断点和第一打断点相同。

2．命令的执行方式

工具栏：单击"修改"工具栏按钮。

3．命令行提示

命令：break✓　　　　　　　　　　　　//激活命令

选择对象：	//选择要打断的对象
指定第二个打断点或[第一点(F)]：_f	//系统自动完成该步骤，从而可以精确确定第一个打断点
指定第一个打断点：	//指定第一个打断点
指定第二个打断点：@	
	//系统自动完成该步骤，从而使第二个打断点和第一个打断点相同，即实现打断于一点

【练习 5-13】　从中点打断如图 5-35（a）所示图形中的直线。

（1）单击"修改"工具栏按钮 ⬚，激活"打断于点"命令；

（2）选择图中要打断的直线；

（3）通过"对象捕捉"功能确定中点，完成"打断于点"命令，结果如图 5-35（b）所示。

（a）原图　　　　　　　　　（b）结果

图 5-35　打断于点命令实例

5.7.3　合并对象

1．功　能

该命令可以将多个线性或弯曲对象合并成一个对象。

2．命令的执行方式

（1）菜单栏："修改"→"合并"。

（2）工具栏：单击"修改"工具栏按钮➼。

（3）命令行：输入"join✓"。

（4）快捷键："j"。

3．命令行提示

命令：join✓	//激活命令
选择源对象或要一次合并的多个对象：	
	//选择可以合并其他对象的单个源对象，或一次选择多个要合并的对象直接完成合并，同时结束命令
选择要合并的对象：	//选择要合并的对象
选择要合并的对象：	//继续选择要合并的对象，或✓，结束命令

4．其他说明

（1）合并的源对象可以是直线、多段线、三维多段线、圆弧、椭圆弧、螺旋或样条曲线。

（2）针对不同的源对象，合并的条件不同：

① 直线。

与直线合并的对象只能是直线，且必须共线。

② 多段线。

与多段线合并的对象可以是直线、多段线和圆弧，所有对象必须连续且共面。生成的对象是单条多段线。

③ 三维多段线。

与三维多段线合并的对象可以是所有线性或弯曲对象，这些对象必须是连续的，但可以不共面。产生的对象是单条三维多段线或单条样条曲线。

④ 圆弧。

与圆弧合并的对象只能是圆弧，所有的圆弧对象必须具有相同半径和中心点。如果选择"闭合"选项可将源圆弧转换成圆。

⑤ 椭圆弧。

与椭圆弧合并的对象只能是椭圆弧，椭圆弧必须共面且具有相同的长轴和短轴，如果选择"闭合"选项可将源椭圆弧转换成椭圆。

⑥ 样条曲线。

与样条曲线合并的对象可以是所有线性或弯曲对象，这些对象必须是连续的，但可以不共面。结果对象是单个样条曲线。

【练习 5-14】 合并如图 5-36（a）所示图形中的两段直线。

（1）单击"修改"工具栏按钮➤◄，激活"合并"命令；

（2）用窗交"（Crossing）"框选方式选择图中两段直线，完成"合并"命令，结果如图 5-36（b）所示。

（a）原图   （b）结果

图 5-36   合并命令实例

5.8   倒角与圆角对象

在工程图中经常要绘制倒角和圆角，AutoCAD 2014 为我们提供了这两种命令。

5.8.1   倒角对象

1. 功 能

该命令可以在两个非平行的线段间绘制一个倒角，两条线段可以是相交的直线，或延长后可相交的直线。

2. 命令的执行方式

（1）菜单栏："修改"→"倒角"。

（2）工具栏：单击"修改"工具栏按钮 。

（3）命令行：输入"chamfer↙"。

（4）快捷键："cha↙"。

3．命令行提示

倒角的使用主要有距离和角度两种模式，如图 5-37 所示。

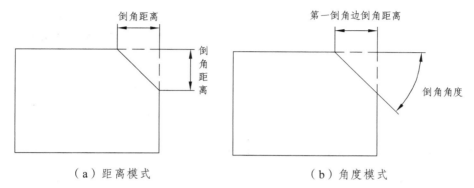

（a）距离模式　　　　　　　　　　　（b）角度模式

图 5-37　倒角的两种模式

1）距离模式

距离模式：需要指出两个倒角距离来为两个对象倒角。倒角距离是每个对象与倒角线相接或与其他对象相交而进行修剪或延伸的长度。

命令：chamfer↙　　　　　　　　　　　　//激活命令

（"修剪"模式）当前倒角距离 1 = 0.0000，距离 2 = 0.0000

　　　　　　　　　　　　　　　　　　//系统提示该命令的当前设置

选择第一条直线或[放弃(U)/多段线(P)/距离(D)/角度(A)/修剪(T)/方式(E)/多个(M)]：d

　　　　　　　　　　　　　　　　　　//输入 D，指定距离模式

指定 第一个 倒角距离<0.0000>：10　　//指定第一个倒角距离

指定 第二个 倒角距离<10.0000>：20　//指定第二个倒角距离

选择第一条直线或[放弃(U)/多段线(P)/距离(D)/角度(A)/修剪(T)/方式(E)/多个(M)]：

　　　　　　　　　　　　　　　　　　//选择第一条直线；或键入相应的字母，进入备选选项

选择第二条直线，或按住 Shift 键选择直线以应用角点或[距离(D)/角度(A)/方法(M)]：

　　　　　　　　　　　　　　　　　　//选择第二条直线，结束命令；或键入相应的字母，进入备选选项

2）角度模式

角度模式：需要指定第一个选定的对象的倒角距离及倒角线与该对象形成的角度来为两个对象倒角。

命令：chamfer↙　　　　　　　　　　　　//激活命令

（"修剪"模式）当前倒角距离 1 = 0.0000，距离 2 = 0.0000

　　　　　　　　　　　　　　　　　　//系统提示该命令的当前设置

选择第一条直线或[放弃(U)/多段线(P)/距离(D)/角度(A)/修剪(T)/方式(E)/多个(M)]：a

	//输入 A，指定角度模式
指定第一条直线的倒角长度 <0.0000>：10	//指定第一条直线的倒角距离
指定第一条直线的倒角角度 <0>：30	//指定第一条直线的倒角角度
选择第一条直线或[放弃(U)/多段线(P)/距离(D)/角度(A)/修剪(T)/方式(E)/多个(M)]：	
	//选择第一条直线；或键入相应的字母，进入备选选项
选择第二条直线，或按住 Shift 键选择直线以应用角点或[距离(D)/角度(A)/方法(M)]：	
	//选择第二条直线，结束命令；或键入相应的字母，进入备选选项

4．选　项

1）"放弃"

恢复在"chamfer"命令中执行的上一个操作。

2）"多段线"

对整个二维多段线倒角。

3）"距离"

采用距离模式。

4）"角度"

采用角度模式。

5）"修剪"

此选项是控制"CHAMFER"是否将选定的边修剪至倒角直线的端点。选择该选项后，命令行出现如下的提示：

输入修剪模式选项[修剪(T)/不修剪(N)] <修剪>：

修剪模式由系统变量"TRIMMODE"控制，"修剪"TRIMMODE=1，"不修剪"TRIMMODE=0（零），如图 5-38 所示。

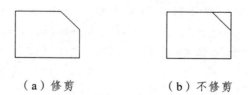

（a）修剪　　　　　　　（b）不修剪

图 5-38　修剪模式

6）"方式"

此选项确定倒角的方式。选择该选项后，命令行出现如下的提示：

输入修剪方法[距离(D)/角度(A)]（角度）：　　　　　　　//选择距离或角度

7）"多个"

选择此选项，用户可以在一次"倒角"命令中对多条线段进行倒角。

5．其他说明

（1）可以作倒角的对象有直线、多段线、射线、构造线和三维实体。矩形命令作出的对象也属于多段线，因此也可利用倒角命令处理。

（2）两个倒角距离均为"0"时，倒角操作将修剪或延伸这两个对象直至它们相交，从而创建一个尖角，但不创建倒角线。选择对象时，可以按住"Shift"键，从而使用值 0（零）替代当前倒角距离。

（3）如果要进行倒角的两个对象部位于同一图层，那么倒角线将位于该图层。否则，倒角线将位于当前图层中。此规则同样适用于倒角颜色、线型和线宽。

5.8.2　圆角对象

1．功　能

圆角操作和倒角操作类似，只是用圆弧代替了倒角线，另外圆角命令可以对平行的直线、构造线和射线进行圆角，且此时圆角的第一条线只能是直线或者构造线。

2．命令的执行方式

（1）菜单栏："修改" → "圆角"。
（2）工具栏：单击"修改"工具栏按钮 。
（3）命令行：输入"fillet↙"。
（4）快捷键："f"。

3．命令行提示

命令：fillet↙　　　　　　　　　　　　　　　//激活命令

当前设置：模式 = 修剪，半径 = 0.0000

　　　　　　　　　　　　　　　　　　　　　//系统提示该命令的当前设置

选择第一个对象或[放弃(U)/多段线(P)/半径(R)/修剪(T)/多个(M)]：r

　　　　　　　　　　　　　　　　　　　　　//输入 R，进入圆角半径选项

指定圆角半径 <0.0000>：5　　　　　　　　　//指定圆角半径

选择第一个对象或[放弃(U)/多段线(P)/半径(R)/修剪(T)/多个(M)]：

　　　　　　　　　　　　　　　　　　　　　//选择第一个圆角对象；或键入相应的字母，
　　　　　　　　　　　　　　　　　　　　　进入备选选项

选择第二个对象，或按住 Shift 键选择对象以应用角点或[半径(R)]：

　　　　　　　　　　　　　　　　　　　　　//选择第二个圆角对象；或键入相应的字母，
　　　　　　　　　　　　　　　　　　　　　进入备选选项

4．选　项

1）放弃
恢复在"fillet"命令中执行的上一个操作。

2）多段线

可对二维多段线圆角。

3）半　径

指定圆角半径

4）修　剪

与倒角命令里的修剪模式功能、命令提示均相同，此选项是控制"FILLET"是否将选定的边修剪到圆角圆弧的端点，如图 5-39 所示。

需要注意的是，该命令中的"修剪"模式同样由系统变量"TRIMMODE"控制，"修剪" TRIMMODE=1，"不修剪" TRIMMODE=0（零）。因此一旦在倒角命令中修改了"修剪"模式，使用完毕应及时调整回来。

（a）修　剪   （b）不修剪

图 5-39　修剪模式

5）多　个

选择此选项，用户可以在一次"圆角"命令中对多条线段进行圆角操作。

5. 其他说明

（1）可以作圆角的对象有直线、多段线、射线、构造线、圆、圆弧、椭圆、椭圆弧、样条曲线和三维实体。矩形命令作出的对象也属于多段线，因此也可利用圆角命令处理。

（2）如果选择直线、圆弧或多段线，它们的长度将进行调整以适应圆角圆弧。

（3）两个圆角半径均为 0 时，圆角操作将修剪或延伸这两个对象直至它们相交，从而创建一个尖角。选择第二个对象，可以按住"Shift"键并选择对象，从而使用值 0（零）替代当前圆角半径，以创建一个尖角。

【**练习 5-15**】　按要求对图 5-40（a）所示图形作倒角圆角处理，结果如图 5-40（b）所示。

（1）单击"修改"工具栏按钮，激活倒角命令；

（2）输入"D"，指定距离模式；

（3）输入数值"5"，指定第一个倒角距离；

（4）输入数值"5"，指定第二个倒角距离；

（5）选择直线"a"，指定第一条倒角边；

（6）选择直线"b"，指定第二条倒角边，完成矩形右上角倒角操作；

（7）单击"修改"工具栏按钮，激活圆角命令；

（8）输入"R"，进入半径选项；

（9）输入数值"5"，指定圆角半径；

（10）选择直线"c"，指定第一条圆角边；

（11）选择直线"d"，指定第二条圆角边，完成矩形左下角圆角操作；

（12）单击"修改"工具栏按钮，激活圆角命令；

（13）选择直线"d"，指定第一条圆角边；

（14）按住"Shift"键的同时选择直线"a"，以使用值 0（零）替代当前圆角半径，以创建一个尖角，完成矩形左上角圆角操作。

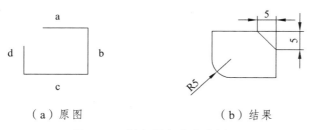

（a）原图　　　　　　　　　　　　　　（b）结果

图 5-40　倒角圆角命令实例

5.9　光顺曲线、分解对象

5.9.1　光顺曲线

1. 功　能

该命令可以在两条选定直线或曲线之间的间隙中创建样条曲线，从而光滑连接这些线段。

2. 命令的执行方式

（1）菜单栏："修改"→"光顺曲线"。
（2）工具栏：单击"修改"工具栏按钮 ✎。
（3）命令行：输入"blend↙"。

3. 命令行提示

命令：blend↙　　　　　　　　　//激活命令

连续性 = 相切　　　　　　　　　//提示当前命令的连续性设置过渡类型

选择第一个对象或[连续性(CON)]：

　　　　　　　　　　　　　　　//选择样条曲线起点附近的直线或开放曲线，或键入相应的字母，进入备选项

选择第二个点：　　　　　　　　//选择样条曲线端点附近的另一条直线或开放的曲线

4. 选　项

"连续性"：此选项是确定样条曲线的平滑效果。选择该选项后，命令行出现如下的提示：

输入连续性[相切(T)/平滑(S)] <相切>：　　　//选择曲线的连续性类型

5. 其他说明

光顺曲线能连接的有效对象包括直线、圆弧、椭圆弧、螺旋、开放的多段线和开放的样条曲线。

【练习 5-16】　用曲线光滑连接如图 5-41（a）所示图形中的直线和样条曲线。

（1）单击"修改"工具栏按钮 ，激活光顺曲线命令；
（2）靠近右侧端点选择直线；
（3）靠近左侧端点选择样条曲线，完成光顺曲线命令，结果如图 5-41（b）所示。

（a）原图   （b）结果

图 5-41　光顺曲线命令实例

5.9.2　分解对象

1. 功　能

该命令可以将复合对象分解为其组件对象。就是把一个图块或一条合一体的多段线分开，还原成为基本线条。

2. 命令的执行方式

（1）菜单栏："修改"→"分解"。
（2）工具栏：单击"修改"工具栏按钮 。
（3）命令行：输入"explode↙"。
（4）快捷键："x"。

3. 命令行提示

命令：explode↙   //激活命令
选择对象：   //选择要分解的对象
选择对象：   //继续选择要分解的对象，或↙，结束选择

4. 其他说明

（1）尺寸块也可以分解。
（2）对于多层嵌套的图块，可以分多次分解。
（3）对于有宽度的多段线，执行分解命令之后，其宽度均变为"0"。

【**练习 5-17**】　分解如图 5-42（a）所示图形中的正六边形。

（1）单击"修改"工具栏按钮 ，激活分解命令；

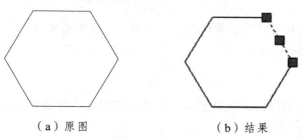

（a）原图   （b）结果

图 5-42　分解命令实例

（2）选择要分解的正六边形，按"Enter"键结束分解命令。如图 5-42（b）所示，正六边形已经分解成各自独立的线条。

5.10　使用夹点编辑对象

5.10.1　夹点及其显示方式

在不执行任何命令的情况下选择对象，被选取的对象上将会出现若干个小方格、三角形等形状的小图标（缺省为蓝色），这些小图标被称为夹点。这些夹点位置对应的点是该对象的特征点，用户通过激活夹点可以快速拉伸、移动、旋转、缩放或镜像几何对象，这种编辑操作方式称为夹点编辑模式。夹点就像图形上可操作的手柄一样，无需选择任何命令，通过夹点就可以执行一些操作，对图形进行相应的调整。夹点编辑模式是一种集成的编辑模式，是 AutoCAD 2014 提供的一种方便快捷的编辑操作途径。

在各种常用实体上夹点的显示方式如图 5-43 所示，不同的夹点有不同的图标和功能，详见表 5-1。

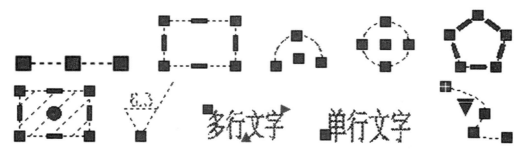

图 5-43　图形对象的夹点

表 5-1　夹点类型及功能

夹点类型	图标	夹点移动或结果	参数：关联的动作
标准	■	平面内的任意方向	基点：无 点：移动、拉伸 极轴：移动、缩放、拉伸、极轴拉伸、阵列 XY：移动、缩放、拉伸、阵列
线性	▶	按规定方向或沿某一条轴往返移动	线性：移动、缩放、拉伸、阵列
旋转	●	围绕某一条轴	旋转：旋转
翻转	➡	切换到块几何图形的镜像	翻转：翻转
对齐	▷	平面内的任意方向；如果在某个对象上移动，则使块参照与该对象对齐	对齐：无（隐含动作）
查寻	▼	显示值列表	可见性：无（隐含动作） 查寻：查寻

5.10.2　夹点的编辑方式

1．使用夹点编辑功能

在不执行任何命令的前提下选择几何对象，使其呈现夹点显示状态，然后单击其中一个夹点，即可进入夹点编辑状态。此时，夹点的颜色变为红色，系统自动将该夹点作为拉伸的基点，进入拉伸编辑模式，命令行将显示如下提示信息：

**　拉伸　**

指定拉伸点或[基点(B)/复制(C)/放弃(U)/退出(X)]：

此时可以进行拉伸的相关操作，也可按 Enter 键或空格键循环到移动、旋转、缩放或镜像夹点编辑模式，也可在选定的夹点上单击鼠标右键打开快捷菜单，该菜单中包含所有可用的夹点模式和其他选项。命令行分别提示如下信息：

** MOVE **

指定移动点 或[基点(B)/复制(C)/放弃(U)/退出(X)]：

**　旋转　**

指定旋转角度或[基点(B)/复制(C)/放弃(U)/参照(R)/退出(X)]：

**　比例缩放　**

指定比例因子或[基点(B)/复制(C)/放弃(U)/参照(R)/退出(X)]：

**　镜像　**

指定第二点或[基点(B)/复制(C)/放弃(U)/退出(X)]：

2．选项说明

1）"基点"

重新确定各命令的基点。

2）"复制"

按指定命令（拉伸、移动、旋转、比例缩放、镜像）编辑相关对象，同时复制一个源对象。此处可以实现多重复制功能，例如在进行移动编辑时，"复制"选项允许用户进行多次的移动操作，每次的移动结果均保留。

3）"放弃"

取消上一次操作。

4）"参照"

与"修改"菜单栏中"旋转""缩放"命令中的参照选项相同。

5）"退出"

退出当前操作。

3．其他说明

（1）对于某些对象，移动夹点时只能移动对象而不能拉伸对象，如文字、块参照、直线中点、圆心和点对象等。

（2）对于镜像命令，系统将以基点作为镜像线上的第一点。

（3）当选择对象上的多个夹点来拉伸对象时，选定夹点间的对象的形状将保持原样。要选择多个夹点，可以按住"Shift"键的同时单击鼠标左键即可。

5.10.3　多功能夹点

AutoCAD 2014 增加了多功能夹点命令。对于许多对象，当光标悬停在夹点上时，可以选择具有特定于对象（或特定于夹点）的编辑选项的快捷菜单。例如，在绘图区选取一条长"30"的直线，将光标悬停在直线右端的夹点处，会在光标附近显示相应的编辑菜单，选取"拉长"选项，即可进行该项命令的操作。在拉长命令的对话框中输入"10"，直线尺寸将变为"40"，如图 5-44 所示。

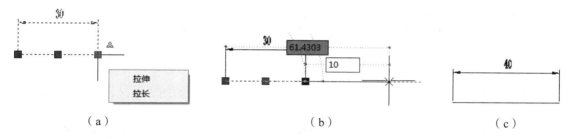

（a）　　　　　　　　　　　　　　（b）　　　　　　　　　　　　　　（c）

图 5-44　多功能夹点实例

多功能夹点支持直接操作，用户可以更加轻松地编辑对象，加速并简化编辑工作。经扩充后，功能强大、效率出众的多功能夹点广泛应用于直线、多段线、圆弧、椭圆弧、样条曲线、标注和多重引线等对象。

不同类型的对象，其夹点编辑菜单不尽相同，且当光标悬停在同类对象的不同夹点处，其显示的编辑菜单也有所不同。常见的夹点编辑菜单如图 5-45 所示。

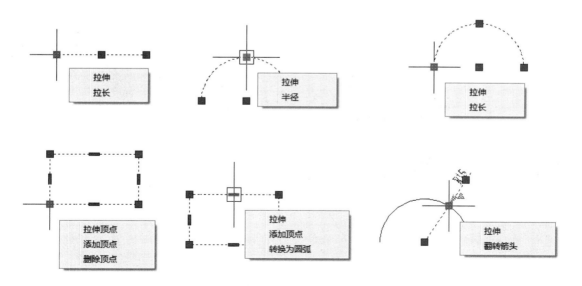

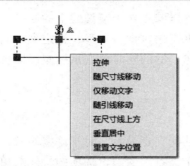

图 5-45　多功能夹点类型

【练习 5-18】　依据图 5-46（a）所示的图形，使用夹点编辑方式创建图 5-46（e）所示的图形。

（1）使用"窗口（Windows）"框选方式选择如图 5-46（b）所示对象。

（2）鼠标左键点击"D"点，激活夹点编辑模式，如图 5-46（c）所示。

（3）按"Enter"键或空格键循环到"旋转"夹点编辑模式。

（4）输入"C"，激活多重复制功能。

（5）拖动光标旋转至极轴角度为 120° 时，单击鼠标左键，如图 5-46（d）所示。旋转复制完成第一部分。

（6）继续拖动光标旋转至极轴角度为 240° 时，单击鼠标左键。旋转复制完成第二部分，实现如图 5-46（e）所示效果。

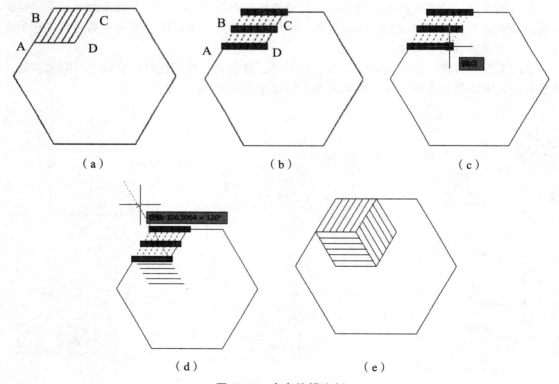

图 5-46　夹点编辑实例

5.11　使用"特性"选项板编辑对象特性

在学习"阵列"命令时，我们已经初步接触了"特性"选项板功能。通过"特性"选项板，我们可以对图形的图层、颜色、线型、线宽、线型比例、三维图形高度、文字样式、标注样式等特性进行全面的修改，还可对图形输出、视图设置、坐标系的特性等进行修改，使特性的编辑更加全面和快捷。

5.11.1　"特性"选项板功能

"特性"选项板可以查看并修改完整的图形属性。每个对象都具有常规特性，包括其图层、颜色、线型、线型比例、线宽、透明度和打印样式。此外，不同的对象还具有其类型所特有的特性。例如，圆的几何特性包括其圆心坐标、半径、周长和面积等，如图 5-47 所示；文字对象除了具有基本的几何特性之外，还具有和文字样式相关的特性；尺寸标注对象具有和标注样式相关的特性。

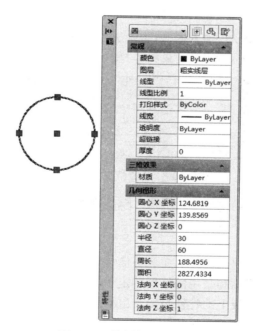

图 5-47　"特性"选项板

5.11.2　"特性"选项板的类型和启动方式

1."特性"选项板

"特性"选项板提供了所有特性设置的最完整列表。

1）"特性"选项板显示状态

（1）如果没有选定对象，"特性"选项板可以查看和更改将应用于所有新对象的当前特性

（此时如果选择对象，可以查看选定对象的特性）。当指定图形中的当前特性时，所有新创建的对象都将自动使用这些设置。例如，如果将当前图层设定为"标注"，所创建的对象都将位于"标注"图层中。

（2）如果选定了单个对象，可以查看并更改该对象的特性。

（3）如果选定了多个对象，可以查看并更改这些对象的公共特性。

2）"特性"选项板启动方式

（1）菜单栏："修改"→"特性"。

（2）右键菜单：光标位于绘图区域时，单击右键，在弹出快捷菜单中选择"特性"选项。

（3）命令行：输入"PROPERTIES↙"。

（4）快捷键："PR"。

2．"快捷特性"选项板

1）"快捷特性"选项板的打开方式和显示内容

（1）通常，我们可以通过鼠标左键双击对象来打开"快捷特性"选项板，然后修改其特性。"快捷特性"选项板默认主要显示常规对象特性和几何图形特性，也可自定义可显示的特性，如图 5-48 所示。

注意：当双击某些类型（如块、多段线、样条曲线、文字和标注等）对象时，系统并不会打开"快捷特性"选项板，而是打开这类对象编辑器或特定于对象的命令。

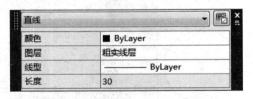

图 5-48 "快捷特性"选项板

（2）打开在状态栏的"快捷特性"按钮，默认情况下，当选择对象后，系统将自动在光标右上角显示"快捷特性"选项板。

2）自定义快捷特性

自定义快捷特性时，用户可以控制在"快捷特性"选项板上决定哪些对象类型显示特性以及显示哪些特性。可以启用和禁用的特性特定于选择的对象或通用于所有对象，用户可以将显示在"快捷特性"选项板上的特性与用于鼠标悬停工具提示的特性同步。

自定义快捷特性可采用下面的方法：

（1）单击菜单栏"视图"→"工具"，打开"自定义用户界面"面板，如图 5-49 所示；

（2）在"自定义设置"窗格中，选择"快捷特性"，然后在"对象"窗格中单击"编辑对象类型列表"；

（3）在"编辑对象类型列表"对话框中，单击要在"快捷特性"选项板中为其显示特性的对象类型。

系统变量"QPMODE"和"QPLOCATION"将影响"快捷特性"选项板在屏幕上如何显示以及显示哪些特性。

图 5-49　"自定义用户界面"面板

3）更改"快捷特性"选项板行为的方法

（1）在状态栏的"快捷特性"按钮上单击鼠标右键，在右键菜单中选择"设置"选项，打开"草图设置"对话框；

（2）在"草图设置"对话框中的"快捷特性"选项卡上，可对"快捷特性"选项板行为进行相应的更改，如图 5-50 所示。

图 5-50　"快捷特性"选项卡

3. 使用功能区中的"特性"面板

在功能区中的"常用"选项卡上，使用"图层"和"特性"面板来确认或更改最常访问的特性的设置，包括图层、颜色、线宽和线型，如图 5-51 所示。

如果没有选定任何对象，上面亮显的下拉列表将显示图形的当前设置；如果选定了某个对象，该下拉列表显示选中对象的特性设置。

图 5-51   功能区"特性"面板

5.11.3   在"特性"选项板修改对象的特性

在"特性"选项板可以修改对象特性的地方，可以通过以下方式修改特性：

（1）输入新值。

（2）单击右侧的向下箭头并从列表中选择一个值。

（3）单击"拾取点"按钮，使用定点设备更改坐标值。

（4）单击"快速计算器"按钮计算新值。

（5）单击"左"或"右"键可增大或减小该值。

（6）单击"[…]"按钮并在对话框中更改特性值。

【练习 5-19】   使用"特性"选项板，将图 5-52（a）所示图形中的圆改为粗实线层，圆的半径改为"60"。

（1）选中图中的虚线圆，右键单击并在弹击菜单中选择"特性"选项，打开如图 5-52（b）所示"特性"选项板。

（2）单击"图层"一栏，在下拉列表中选择粗实线层。

（3）单击"半径"一栏，将"50"改为"60"，结果如图 5-52（c）所示。

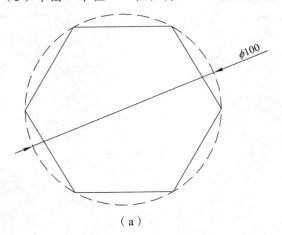

（a）   （b）

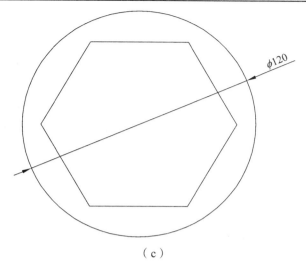

（c）

图 5-52　"特性"选项板编辑实例

5.12　使用"特性匹配"复制对象特性

在绘图过程中，我们经常会遇到画错图层的问题，每次都要选中对象并通过"图层"工具栏中"图层"下拉列表框去更改图层。这种方法太麻烦，效率也低，我们可以使用"特性匹配"命令快速匹配对象特性。

5.12.1　功　能

利用"特性匹配"命令，可以将一个对象的部分或全部特性复制传递给其他对象，快速方便地改变对象的属性。

可以复制传递特性的类型包含颜色、图层、线型、线型比例、线宽、打印样式、透明度和其他指定的特性。

5.12.2　命令的执行方式

（1）菜单栏："修改"→"特性匹配"。
（2）工具栏：单击"标准"工具栏按钮 。
（3）命令行：输入"matchprop✓"。
（4）快捷键："ma"。

5.12.3　命令行提示

命令：matchprop✓　　　　　　　　　//激活命令

选择源对象：　　　　　　　　　　//选择要复制的特性的源对象

当前活动设置：颜色 图层 线型 线型比例 线宽 透明度 厚度 标注 文字 图案填充 多段线 视口 表格 材质 阴影显示 多重引线

　　　　　　　　　　　　　　　　//系统提示当前可以复制传递的特性类型

选择目标对象或[设置(S)]：s

　　　　　　　　　　　　　　　　//选择要进行特性匹配的对象，或输入 S 进入设置选项，更改可以匹配的特性类型，进入设置选项后，系统打开"特性设置"对话框，如图 5-53 所示。对话框内，勾选的选项为可以匹配的特性类型，此处取消勾选"材质""阴影显示"选项

当前活动设置：颜色 图层 线型 线型比例 线宽 透明度 厚度 标注 文字 图案填充 多段线 视口 表格 多重引线

　　　　　　　　　　　　　　　　//系统提示当前可以匹配的特性类型

选择目标对象或[设置(S)]：　　　//选择要进行的特性匹配的对象

选择目标对象或[设置(S)]：　　　//继续选择要进行的特性匹配的对象，或"↙"，结束命令

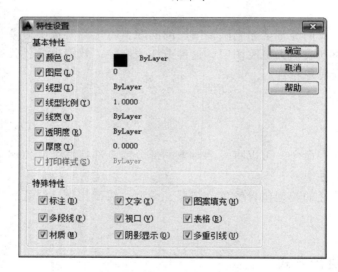

图 5-53　"特性设置"对话框

【练习 5-20】　使用"特性匹配"功能，将图 5-54（a）所示图形中的虚线圆和正六边形图层与线型更改为相同。

（1）单击"标准"工具栏按钮🖳，激活"特性匹配"命令；

（2）选择图中的正六边形作为源对象；

（3）选择图中的虚线圆作为要进行特性匹配的对象，按"Enter"键，结束命令。结果如图 5-54（b）所示。

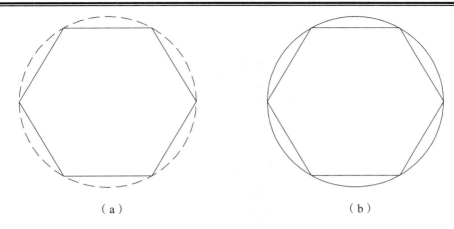

（a）　　　　　　　　　　　（b）

图 5-54　"特性匹配"编辑实例

本章小结

AutoCAD 2014 图形编辑功能是提高绘图速度和效率的主要途径，用户应熟练掌握复制、镜像、平移、阵列、修剪、延伸等多种编辑操作，以降低绘图形度，提高绘图效率。

思考练习

1. 绘制如图 5-55 所示的图形。

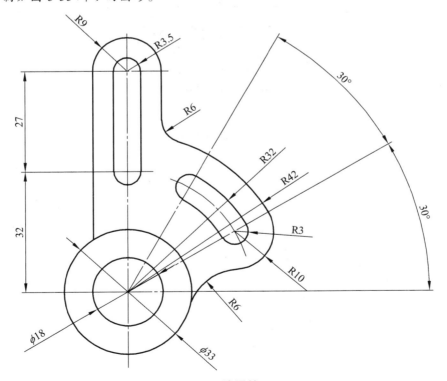

图 5-55　绘图练习 1

2. 绘制如图 5-56 所示图形。

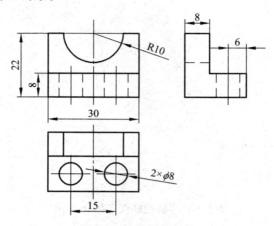

图 5-56 绘图练习 2

3. 绘制如图 5-57 所示图形。

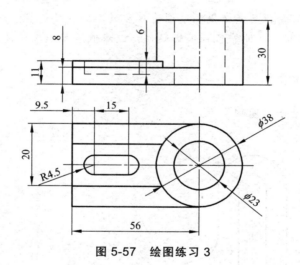

图 5-57 绘图练习 3

第 6 章 创建文字和表格

◢ 本章导读

在工程图的设计中，经常需要添加一些注释性的说明文字，方便阅读图形，如注释说明、技术要求、标题栏等图形结合文字、表格、标注等说明形式将更好地表述设计者的设计思想，AutoCAD 2014 提供了强大的文字输入编辑、表格设置等功能，本章将介绍文本的注释和编辑功能。

◢ 本章要点

创建文字样式；
创建和编辑单行文字；
创建和编辑多行文字；
创建表格样式和表格。

6.1 创建文字样式

对于一张完整的工程图样，除了图形的绘制，文字的输入也是必不可少的，它是生产、施工的重要依据。

在 AutoCAD 图形中输入文字时，用户使用 AutoCAD 提供的文字样式或自定义的文字样式进行输入。在输入文字之前，用户应该先创建一个或多个文字样式，用于输入不同类型的文字。

6.1.1 文字样式

文字样式控制了文字的大多数特征，决定了文字的外观形式。文字样式用于设置字体、字体高度、倾斜角度、方向和其他文字特征。图形中的所有文字都具有与之相关联的文字样式。

文字样式可以通过“文字样式”对话框进行相关设置，包括显示文字样式的名称、创建新的文字样式、重命名已有的文字样式以及删除文字样式。

默认情况下，系统内置了“Standard”和“Annotative”两种文字样式，且“Standard”文字样式为默认样式，如图 6-1 所示。用户也可根据需要创建新的文字样式。

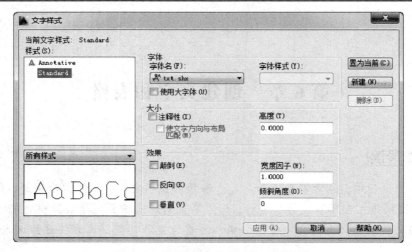

图 6-1　默认"文字样式"对话框

6.1.2 "文字样式"对话框启动方式

（1）菜单栏："格式"→"文字样式"。
（2）工具栏：单击"样式"工具栏按键**A**。
（3）工具栏：单击"文字"工具栏按键**A**。
（4）命令行：输入"STYLE╱"。
（5）快捷键："ST"。

6.1.3 AutoCAD 字体

AutoCAD 2014 中有两大类字体，一类是 Windows 标准的"TrueType"字体；另一类是 AutoCAD 特有的矢量字体，后缀名为".shx"，两者特点如图 6-2 所示。

TrueType字体　　SHX字体

图 6-2　True Type 字体和 AutoCAD 字体

1．TrueType 字体

1）兼容性

TrueType 字体是 Windows 系统支持的字体，在各种应用软件中得到广泛的支持。Windows 系统提供了大量的 TrueType 字体，采用这些字体，更换电脑后字体可以正常显示。

2）美观性

汉字、英文、数字位于同一个字体文件中，字体大小统一规范，字体具有填充效果，且放大时边界光滑清晰，字体美观。

3）中英文支持

TrueType 字体同时支持中英文。

4）占用系统资源

TrueType 字体占用系统资源（CPU、内存）较多，如果大量使用，文件显示、编辑和打印速度会变慢。

2．SHX 字体

SHX 字体分两种：小字形和大字形。小字形用于标注西文，也称常规字体文件，如 txt.shx、gbenor.shx（正体）、gbeitc.shx（斜体）等；大字形字体用于标注双字节的亚洲文字（如中文、韩文、日文等），也称大字体文件。AutoCAD 2014 中共有 13 种大字体文件，其中"gbcbig.shx"为支持简体中文的大字体文件。另外，网上也可以找到其他常用的支持简体中文的大字体文件，如"hztxt.shx""hzfs.shx"等。

1）兼容性

AutoCAD 2014 提供的支持简体中文的大字体文件只有"gbcbig.shx"，该字体不够美观，并且个别对齐方式也有不足之处。由于 SHX 字体可以自定义，网上可以找到相当多的 SHX 字体。部分用户喜欢使用网上下载的一些 SHX 字体文件，但因为不是 AutoCAD 2014 自带的字体文件，同样的图形文件，换台电脑图中文字可能无法正常显示。

2）美观性

SHX 字体是 AutoCAD 2014 特有的矢量字体，字体由线条构成（线字体），不填充。SHX 字体不够美观，但在工程中尚可满足需要。

3）中英文支持

在 AutoCAD 2014 的文字样式中，默认的字体文件为小字形文件"txt.shx"，用户需要将其更改为支持简体中文的大字体文件"gbcbig.shx"才能支持中文。

4）占用系统资源

SHX 字体占用系统资源较少，具有较高的显示、编辑、打印速度。

6.1.4　定义文字样式

"文字样式"对话框各部分选项功能如下：

1．"样式"列表

显示图形中的样式列表。样式名前的 ⚖ 图标指示样式为"注释性"。

2．"样式列表过滤器"下拉列表

指定"样式"列表显示图形中的所有样式，还是仅显示正在使用中的样式。

3．文字样式预览框

该预览框动态显示字体更改和效果修改后的文字显示效果。

4．"字体"选项区域

用于更改样式的字体。如果更改现有文字样式的方向或字体文件，当图形重生成时，所有具有该样式的文字对象都将应用新的设置。该选项区域中各部分功能如下：

1）"字体名"下拉列表框

此下拉列表列出了所有已注册的 TrueType 字体和支持西文字体的小字形 SHX 字体的清单。带有双"T"图标的字体是 Windows 系统提供的 TrueType 字体，其他字体是 AutoCAD 2014 特有的 SHX 字体。

2）"字体样式"下拉列表框

"字体样式"用于选择字体格式，如粗体、粗斜体、斜体和常规等。不同的 TrueType 字体出现的样式是不同的，有的只有"常规"一种样式。

3）"使用大字体"复选项

只有在"字体名"下拉列表框中指定了 SHX 字体时，此选项才能使用。勾选"使用大字体"后，"字体样式"下拉列表框将变为"大字体"下拉列表框，可以从下拉列表框中选中一种大字体。

5. "大小"选项区域

1）"注释性"复选项

选择此项，该文字样式将具有"注释性"，从而能通过调整注释比例使文字以正确的大小在图纸上显示或打印。

2）"使文字方向与布局匹配"复选项

指定图纸空间视口中的文字方向与布局方向匹配。如果未选择"注释性"选项，则该选项不可用。

3）"文字高度"文本框

用于指定文字的高度。如果将文字的高度设为"0"，在创建文字时就会提示设置文字高度。用户可以根据要求设置不同高度，但如果用户指定了大于"0"的字体高度，使用此文字样式创建文字时，将不再提示设置文字高度，其高度将固定为在文字样式中设定的高度。

在相同的高度设置下，TrueType 字体显示的高度可能会大于 SHX 字体显示的高度。

6. "效果"选项区域

该区域可以设置文字的显示效果，如图 6-3 所示。具体功能如下：

1）"颠倒"复选框

设置文字上下翻转显示。

2）"反向"复选框

设置文字左右翻转显示。

3）"垂直"复选框

设置文字垂直书写。

只有在选定字体支持双向时，"垂直"才可用。TrueType 字体的垂直定位不可用。

4）"宽度因子"文本框

设置文字字符的宽度和高度之比。当宽度因子为 1 时，系统将按照默认的宽高比显示文字；如果宽度因子小于"1"，字符将会变窄；如果宽度因子大于 1，字符将会变宽。

5）"倾斜角度"文本框

设置文字的倾斜角度。

图 6-3　文字的各种效果

7. "置为当前"按钮

将"样式"列表中选定的样式设定为当前文字样式。

8. "新建"按钮

点击该按钮，将打开"新建文字样式"对话框，用户可以自定义样式名称也可以默认名称，如图 6-4 所示。样式名最长可达 255 个字符。名称中可包含字母、数字和特殊字符，如美元符号（$）、下划线（_）和连字符（-）等。

图 6-4　"新建文字样式"对话框

9. "删除"按钮

删除未使用文字样式。

10. "应用"按钮

将对话框中样式更改应用到"样式"列表中选中的文字样式和图形中使用该样式的文字。

6.1.5　创建文字样式的步骤和字体的选择

1. 创建文字样式的步骤

（1）单击"样式"工具栏按键 **A**，打开"文字样式"对话框；
（2）单击"新建"按钮，打开"新建文字样式"对话框；
（3）输入文字样式名，单击"确定"按钮，返回"文字样式"对话框；
（4）选择相应的字体；
（5）勾选"注释性"复选框，采用默认字体高度，即设置"图纸文字高度"为"0"；
（6）设定相应的宽度因子；
（7）单击"应用"按钮，完成文字样式创建。

2. 字体的选择

1）使用 SHX 字体

如果使用 SHX 字体，小字形文件建议选择"gbenor.shx"（正体）或者"gbeitc.shx"（斜体），这两种西文字体与汉字字高比例适当。

小字形字体用于标注西文，若要支持中文，我们可以勾选"使用大字体"复选项，在"大字体"下拉列表框中选择合适的大字体文件。建议选择"gbcbig.shx"字体文件，尽量不要选择网上下载的字体文件，以避免更换电脑后图中文字无法正常显示。

2）使用 TrueType 字体

因为 TrueType 字体文件同时支持中英文，因此如果使用 TrueType 字体，只需在"字体名"下拉列表框中选择合适的 TrueType 字体即可。

按照国家标准，工程制图中所用汉字应为长仿宋体，因此可以选择"仿宋-GB2312"字体，但 windows 系统从 windows VISTA 开始只集成"仿宋"字体，不再集成"仿宋-GB2312"字体。考虑到兼容性，如果需要使用 TrueType 字体，我们建议选择"宋体"，该字体在不同 Windows 操作系统中都存在，可以有效保证兼容性。

3）"宽度因子"设置

在使用"宋体"字体文件时，建议将"宽度因子"改为"0.7"，字体效果类似长仿宋效果。而 SHX 字体中，"gbenor.shx""gbeitc.shx""gbcbig.shx"这些字体均为国标字体，在设计时已经考虑了字体宽高比的因素，因此"宽度因子"设为"1"。

3. 文字样式的数量

一般文字样式创建 3 种即可，分别是"Standard""宋体"和"标注"（名称可自行定义）。

"Standard"文字样式务必保留，以保证其他图形拷贝过来之后的兼容性，同时可按照图 6-5（a）所示参数进行相关设置。

使用 SHX 字体时，中英文文字高度不统一，且美观效果不够理想，因此标题栏、明细表、参数表等文字集中的区域，建议使用 TrueType 字体，为此我们需要创建"宋体"文字样式，同时可按照图 6-5（b）所示参数进行相关设置。

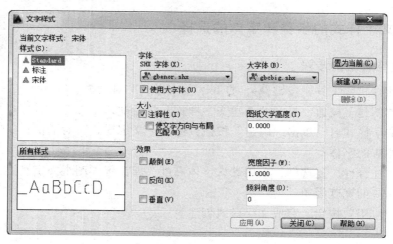

（a）"Standard"文字样式

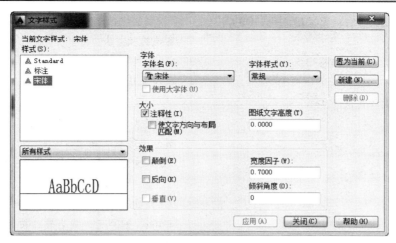

（b）"宋体"文字样式

图 6-5　文字样式参数设置

除标题栏、明细表、参数表等区域外，图中部分均采用 SHX 字体，为此我们还建立了"标注"文字样式，其相关设置与"Standard"文字样式完全相同。

6.2　创建和编辑单行文字

"单行文字"是指一次命令中输入的文字。"单行文字"具有一样的字体和高度，且每行都是独立的对象，对于不需要多种字体或多行显示的内容，我们可以考虑创建单行文字。单行文字对于标签比较方便，主要用于创建简短的文字内容，并且可以对每行文字单独进行编辑。

6.2.1　创建单行文字

1. 命令的执行方式

（1）菜单栏："绘图"→"文字"→"单行文字"。
（2）工具栏：单击"文字"工具栏（见图 6-6）按键 **A**。
（3）命令行：输入"text↙"。

图 6-6　"文字"工具条

2. 命令行提示

命令：text↙	//激活命令
当前文字样式："标注"　文字高度：2.5000	注释性：是对正：左
	//显示当前文字样式、文字高度、对齐方式等
	信息

指定文字的起点 或[对正（J）/样式（S）]：	//指定文字的起点，或键入相应的字母，进入备选选项
指定图纸高度 <2.5000>：3.5	//指定文字的高度，或↙，选择显示在尖括号中的默认选项
指定文字的旋转角度 <0>：	//指定文本的旋转角度，或↙，选择显示在尖括号中的默认选项
输入文字： 输入文字：	//输入文字。在每一行结尾按 ENTER 键换行
	//继续输入另一行文字。在每一行结尾按"Enter"键换行，或者连续按两次"Enter"键，结束命令

3．选　项

1）文字的起点

AutoCAD 2014 对文字设定了 4 条假想的定位线：顶线、中线、基线、底线，用于确定文字行的位置，如图 6-7 所示。默认情况下，通过指定单行文字的基线的起点位置（左对齐点）创建文字。

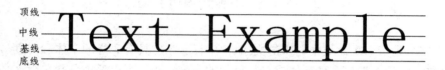

图 6-7　文字定位线

2）对　正

在"指定文字的起点或[对正(J)/样式(s)]："提示后输入"j"，进入对正选项，即可设置文字的排列方式，此时命令行提示如下：

输入选项[左(L)/中心(C)/右(R)/对齐(A)/中间(M)/调整(F)/左上(TL)/中上(TC)/右上(TR)/左中(ML)/正中(MC)/右中(MR)/左下(BL)/中下(BC)/右下(BR)]：

（1）AutoCAD 为文字提供了多种对正方式，其对齐点如图 6-8 所示。

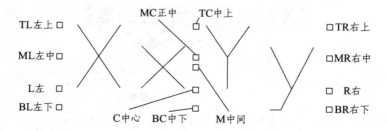

图 6-8　文字的对齐方式

（2）"左"。

在基线上左对正，"左"是系统默认的对齐方式。

（3）对齐。

通过指定基线的两个端点来确定每行文本的宽度和文字方向。两点间的距离将确定每行文本的宽度，每行文本的字数不同时，系统将自动按比例调整文字高度。文字字符串越长，字符越矮。

（4）调整。

通过指定基线的两个端点和文字高度来确定每行文本的宽度（仅适用于水平方向的文字）。两点间的距离将确定每行文本的宽度，每行文本的字数不同时，系统将自动按比例调整文字的宽度因子。文字字符串越长，字符越细长，在不改变文字高度的情况下保证按指定的文字高度布满一个区域。

（5）中心。

从基线的水平中心位置对齐。

（6）中间。

在基线的水平中点和文字高度的垂直中点上（即文本的正中间）对齐。

3）样　式

用户可以直接输入样式名称。当不清楚有哪些样式或样式名称是什么时，也可以输入"？"进行查询。

4．文字控制符

在实际绘图设计中，往往需要标注一些特殊的字符，如为文字加上划线和下划线，在文字中插入特殊符号如角度符号（°）、±、φ等。这些符号无法直接输入，AutoCAD 2014 为我们提供了通过在文字字符串中插入控制符的方式来输入特殊字符。每个控制符由两个百分号（%%）及后面的一个字符构成，详细参考表 6-1。

表 6-1　常用控制符

控 制 符	功　　能
%%O	打开或关闭文字上划线
%%U	打开或关闭文字下划线
%%D	角度符号（°）
%%C	直径符号（φ）
%%P	正负公差符号（±）

6.2.2　编辑单行文字

单行文本的编辑方式如下：

（1）选择菜单栏"修改"→"对象"→"文字"，弹出命令可以对单行文本的内容、字体高度、对正方式进行重新编辑。

（2）打开"特性"选项板进行修改编辑。

（3）如果只对单行文本的内容进行编辑，可以直接双击该文本进入文字编辑状态，然后重新输入新的文本。

6.3　创建和编辑多行文字

多行文字也称为"段落文字"，整个段落就是一个对象。多行文字中的文字可以是不同的高度、字体、倾斜、加粗等等，与 Windows 的文字处理程序类似，用户可以灵活方便地输入文字。不同的文字可以采用不同的字体和文字样式，而且支持字符格式（如粗体、斜体、下划线等）和特殊字符，还可以实现堆叠效果以及查找和替换功能等。多行文字编辑性更强，对于较长、较为复杂的内容，可以创建多行或段落文字。

多行文字的宽度由用户在屏幕上划定一个矩形框来确定，也可以在多行文本编辑器中进行精确设置，文字书写到该宽度后自动换行。

6.3.1　创建多行文字

1.　命令的执行方式

（1）菜单栏："修改"→"文字"→"多行文字"。
（2）工具栏：单击"修改"工具栏按键 **A**。
（3）工具栏：单击"文字"工具栏按键 **A**。
（4）命令行：输入"MTEXT↙"。
（5）快捷键："MT"。

2.　命令行提示

命令：mtext↙　　　　　　　　　　　　　//激活命令
当前文字样式："宋体"　文字高度：　2.5　注释性：是
　　　　　　　　　　　　　　　　　　//显示当前文字样式中的部分设置
指定第一角点：　　　　　　　　　　　　//指定文字输入框的第一个角点
指定对角点或[高度(H)/对正(J)/行距(L)/旋转(R)/样式(S)/宽度(W)/栏(C)]：
　　　　　　　　　　　　　　　　　　//指定文字输入框的第二个角点，从而打开"文字
　　　　　　　　　　　　　　　　　　格式"工具栏和文字输入窗口。或键入相应的字母，
　　　　　　　　　　　　　　　　　　进入备选选项

3.　选　项

1）"高度"
设置文本的高度。
2）"对正"
设置多行文本的排列形式。选择该选项后，AutoCAD 将提示：

输入对正方式[左上(TL)/中上(TC)/右上(TR)/左中(ML)/正中(MC)/右中(MR)/左下(BL)/中下(BC)/右下(BR)]<左上(TL)>：

3）"行距"

设置多行文字的行间距。选择该选项后，AutoCAD 将提示：

输入行距类型[至少(A)/精确(E)] <至少(A)>：

4）"旋转"

设置文字旋转角度。

5）"样式"

设置多行文字的字体样式。

6）"宽度"

设置多行文字行的宽度。

7）"栏"

显示栏的选项。

上述 7 项设置大部分可以在"文字格式"工具栏和文字输入窗口中完成，方便快捷，无需在命令行中设置这些选项，如图 6-9 所示。

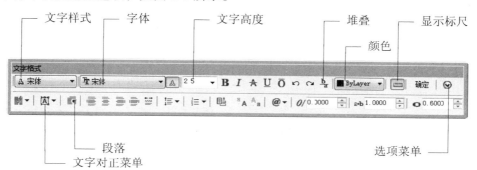

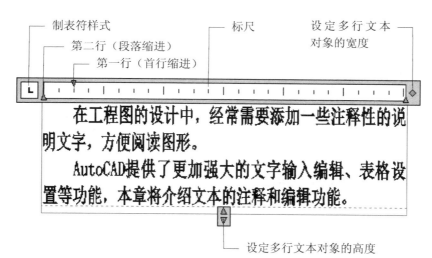

图 6-9　多行文字"文字格式"工具栏和输入窗口

6.3.2 "文字格式"工具栏

使用"文字格式"工具栏可以设置多行文字的文字样式、文字字体、文字高度、加粗、倾斜、加下划线、文字颜色、分栏、对正等效果。其含义与 Word 编辑软件类似，在此不再详述，个别选项及功能如下：

1. "样式"下拉列表框

设置文本的字体样式。如果将新样式应用到现有的多行文字对象中，字体、高度、粗体或斜体属性等字符格式将被替代，堆叠、下划线和颜色属性将保留在应用了新样式的字符中。

2. "注释性"按钮

打开或关闭当前多行文字对象的"注释性"。

3. "文字高度"文本框

设定新文字的字符高度或更改选定文字的高度。多行文字对象可以包含不同高度的字符。

4. "堆叠"

"堆叠"可以创建出分数或者上下偏差的表达效果，如图 6-10（a）所示。创建方法为：将需要作为分子与分母的文本用堆叠符号（/、#、^）隔开，然后选中这部分内容单击"堆叠"按钮，堆叠符号前面的选中内容放在分子位置，后面的选中内容放在分母的位置，完成效果如图 6-10（b）所示。

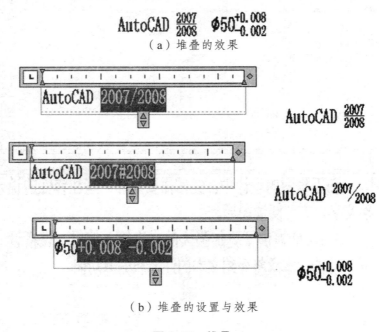

（b）堆叠的设置与效果

图 6-10　堆叠

6.3.3　文字输入窗口

1．文字输入方式

在多行文字的文字输入窗口中，可以直接输入多行文字，也可以在文字输入窗口中右键单击，从弹出的快捷菜单中选择"输入文字"命令，将已经在其他文字编辑器中创建的文字内容直接导入到当前图形中。

2．换行或换段落

在文字输入窗口中输入文字，按"<Enter>"键即可另起一段，按"<Shift>+<Enter>"可以强制换行。

3．退出多行文字输入

如果要退出多行文字输入，单击"文字格式"工具栏中的"确定"按钮，或在绘图区空白处单击鼠标左键，即可完成多行文字输入。

4．标　尺

可以通过标尺设置首行文字及段落文字的缩进，还可设置制表位。

5．第一行（首行缩进）

拖动标尺上第一行的缩进滑块，可改变所选段落第一行的缩进位置。

6．第二行（段落缩进）

拖动标尺上第二行的缩进滑块，可改变所选段落其余行的缩进位置。

7．调整多行文本的宽度

通过拖动文本输入窗口最左侧的滑块，可以动态调整多行文本的宽度，已经录入的文本将自动调整以适应新的文本宽度。

6.3.4　"文字格式"工具栏选项菜单

在"文字格式"工具栏中单击"选项"按钮，打开多行文字的选项菜单，可以对多行文本进行更多的设置。在文字输入窗口中右键单击，弹出一个快捷菜单，该快捷菜单与"文字格式"工具栏中"选项"菜单功能相同，如图 6-11 所示。

6.3.5　编辑多行文本

编辑多行文本可以采取以下几种方式：

（1）直接双击多行文字，可以打开"文字格式"工具栏和文字输入窗口，进入文字编辑状态。

（a）"文字格式"工具栏选项菜单   （b）文字输入窗口右键菜单

图 6-11 "文字格式"工具栏选项菜单

（2）选择菜单栏"修改"→"对象"→"文字"，菜单中的命令可以对多行文本的内容、字体高度、对正方式等进行编辑。

（3）打开"特性"选项板进行修改编辑。

6.4 创建表格样式

在实际工作中，往往需要在 AutoCAD 2014 中制作各种表格，如工程数量表。如何高效制作表格，是一个很现实的问题。在 AutoCAD 2005 之前的版本中，尽管也有强大的图形功能，但表格处理功能相对较弱，只能在 AutoCAD 环境下用画线的方法绘制表格，然后在表格中填写文字。这种方式不仅操作过程繁琐、效率低下，而且很难精确控制文字的书写位置，文字排版也很成问题。自 AutoCAD 2005 开始，AutoCAD 增加了表格功能，使得创建和编辑表格像在 Excel 中操作一样自由、灵活。

从 AutoCAD 2005 版本开始新增的创建表格的命令，可自动生成数据表格，还可以将表格链接至 Excel 电子表格中的数据。表格创建完成后，用户可以单击该表格上的任意网格线以选中该表格，然后通过使用"特性"选项板或夹点来修改该表格。用户也可以通过表格周围的各种控制点来调整表格外形。

6.4.1 表格样式

表格对象的外观由"表格样式"控制。通过"表格样式"的创建和设置可以确定所有新表格的外观，表格样式包括表格的背景颜色、页边距、边界、文字以及其他表格特征。默认情况下，系统内置了"Standard"表格样式，用户可以根据需要创建新的表格样式。AutoCAD 2014 的表格分为三个部分：标题、表头、数据，如图 6-12 所示。使用表格样式可以对三者分别进行编辑修改。

标题			
表头	表头	表头	表头
数据	数据	数据	数据
数据	数据	数据	数据

图 6-12 "Standard"样式表格

6.4.2 "表格样式"对话框启动方式

（1）菜单栏："格式"→"表格样式"。
（2）工具栏：单击"样式"工具栏按钮 ▨。
（3）命令行：输入"TABLESTYLE↙"。
执行上述命令后，可以打开如图 6-13 所示的"表格样式"对话框。

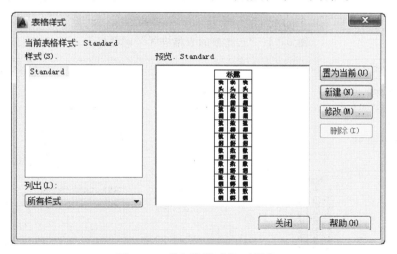

图 6-13 "表格样式"对话框

6.4.3 "表格样式"对话框

"表格样式"对话框各部分选项功能如下：

1."样式"列表

显示表格样式列表。

2. "列出"选项区域

指定"样式列表"中显示图形中所有样式还是仅显示图形中正在使用中的样式。

3. "预览"区域

显示"样式"列表中选定样式的预览图像。

4. "置为当前"按钮

将"样式"列表中选定的表格样式设定为当前样式。所有新表格都将使用此表格样式创建。

5. "新建"按钮

单击"新建"按钮后，系统弹出"创建新的表格样式"对话框，从中可以定义新的表格样式名称，如图 6-14 所示。在定义新的表格样式名称后，单击"继续"按钮，进入"新建表格样式"对话框，如图 6-15 所示。

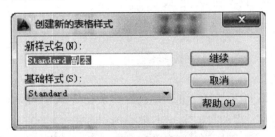

图 6-14 "创建新的表格样式"对话框

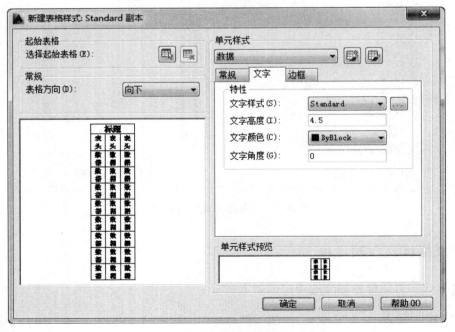

图 6-15 "新建表格样式"对话框

6.　"修改"按钮

单击"修改"按钮后，系统弹出"修改表格样式"对话框。"修改表格祥式"对话框与"新建表格样式"对话框基本相同，从中可以修改表格样式。

7.　"删除"按钮

删除"样式"列表中选定的表格样式。不能删除图形中正在使用的样式。

6.4.4　新建和修改表格样式

"修改表格祥式"对话框与"新建表格样式"对话框基本相同。对话框中各部分选项功能如下：

1.　"起始表格"选项区域

用户可以在图形中指定一个表格，并以此为样例来设置表格样式的格式。选择表格后，可以指定要从该表格复制到表格样式的结构和内容。

使用"删除表格"图标，可以将表格从当前指定的表格样式中删除。

2.　"常规选项"区域

1）"表格方向"下拉列表

设置表格方向。

（1）"向下"选项。

创建由上而下读取的表格。标题行和列标题行位于表格的顶部。单击"插入行"并单击"下"时，将在当前行的下面插入新行。创建标题栏表格时可以采用此方式。

（2）"向上"选项。

创建由下而上读取的表格。标题行和列标题行位于表格的底部。单击"插入行"并单击"上"时，将在当前行的上面插入新行。创建明细表表格时可以采用此方式。

2）"预览"区域

显示当前表格样式设置效果。

3.　"单元样式"选项区域

用于定义新的单元样式或修改现有单元样式。

1）"单元样式"下拉列表

显示表格中的单元样式。

2）"创建单元样式"按钮

启动"创建新单元样式"对话框。

3）"管理单元样式"按钮

启动"管理单元样式"对话框。

4）"单元样式"选项卡

该选项卡分为"常规"选项卡、"文字"选项卡和"边框"选项卡，用于设置数据单元、单元文字和单元边框的外观，如图 6-16 所示。

（a）"常规"选项卡   （b）"文字"选项卡   （c）"边框"选项卡

图 6-16 "单元样式"选项卡

4．单元样式预览

显示当前表格样式设置效果的样例。

6.5 创建表格

6.5.1 "创建表格"命令的启动方式

（1）菜单栏："绘图"→"表格"。
（2）工具栏：单击"绘图"工具栏按钮 。
（3）命令行：输入"TABLE↙"。
（4）快捷键："TA"。
启动命令后将弹出"插入表格"对话框，如图 6-17 所示。

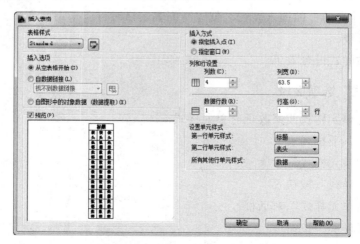

图 6-17 "插入表格"对话框

6.5.2　"插入表格"对话框

1. "表格样式"选项区域

1）"表格样式"下拉列表

选择所需要的表格样式作为当前使用样式。

2）"启动表格样式对话框"按钮

通过单击下拉列表旁边的按钮，用户可以创建新的表格样式。

2. "插入选项"选项区域

用于指定插入表格的方式，各复选框功能如下：

1）"从空表格开始"

创建可以手动填充数据的空表格。

2）"从数据链接开始"

从外部电子表格中的数据创建表格。

3）"从数据提取开始"

启动"数据提取"向导。

3. "预览"选项区域

1）"预览"复选项

控制是否显示预览。

2）"预览"区域

如果从空表格开始，则该区域将显示表格样式的样例；如果创建表格链接，则该区域将显示结果表格。

4. "插入方式"选项区域

指定表格位置，各复选框功能如下：

1）"指定插入点"选项

指定表格左上角的位置。用户可以使用定点设备指定位置，也可以在命令行提示下输入坐标值来指定位置。如果表格样式将表格的方向设定为由下而上读取，则插入点位于表格的左下角。

2）"指定窗口"选项

指定表格的大小和位置。用户可以使用定点设备指定位置，也可以在命令行提示下输入坐标值来指定位置。选定此选项时，行数、列数、列宽和行高取决于窗口的大小以及列和行的设置。

5. "列和行设置"选项区域

用于设置列和行的数目和大小，各选项功能如下：

1）"列"选项

指定列数。选定"指定窗口"选项并指定列宽时，"自动"选项将被选定，且列数由表格的宽度控制。如果已指定包含起始表格的表格样式，则可以选择要添加到此起始表格的其他列的数量。

2）"列宽"选项

指定列的宽度。选定"指定窗口"选项并指定列数时，"自动"选项将被选定，且列宽由表格的宽度控制。最小列宽为一个字符。

3）"数据行数"选项

指定行数。选定"指定窗口"选项并指定行高时，"自动"选项将被选定，且行数由表格的高度控制。带有标题行和表格头行的表格样式最少应有 3 行。最小行高为一个文字行。如果已指定包含起始表格的表格样式，则可以选择要添加到此起始表格的其他数据行的数量。

4）"行高"选项

按照行数指定行高。文字行高基于文字高度和单元边距，这两项均在表格样式中设置。选定"指定窗口"选项并指定行数时，"自动"选项将被选定，且行高由表格的高度控制。

6. "设置单元样式"选项区域

用于确定表格各行的单元样式采用数据、标题、表头三种中的哪一种。

以上选项设置完后，点击"确定"按钮，系统返回模型空间绘图窗口。此时，用户需要在图中指定一点作为表格位置（默认为表格左上角），或指定作为表格大小的矩形区域的两个对角点，系统会弹出如图 6-18 所示的窗口，其设置与创建多行文本类似，这时就可以向单元格输入文字了。

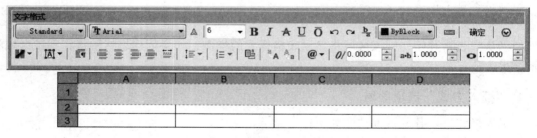

图 6-18　表格的文字输入窗口

6.6　编辑表格

在实际工作中，我们还需要对插入的表格进行相应编辑，才能满足实际需要。可以对表格进行的编辑包括修改行和列的大小、更改表格外观、合并和取消合并单元以及创建表格打断等。

6.6.1　编辑表格文字

1. 表格、单元格的选择

当十字光标中的拾取框位于所选表格的边框线上时，单击鼠标左键即可选中该表格；当十字光标的拾取框没有位于表格线上，而是在某个单元格内部时，单击鼠标左键即可选中该单元格。

2．编辑表格文字

可以使用下列几种方式编辑表格文字：

（1）命令行：输入"tabledit↙"。

命令行提示为：

命令：tabledit↙　　　　　　　　　　　//激活命令

拾取表格单元：

　　　　　　　　　　　　　　　　　　//拾取单元格，编写文字。此时直接单击单元格内部区域
　　　　　　　　　　　　　　　　　　即可选中该单元格，而不用先选中表格，单元格选中之
　　　　　　　　　　　　　　　　　　后就进入文本输入状态，可以输入或编辑文本

（2）定点设备：鼠标双击单元格。

鼠标双击单元格直接进入文本输入、编辑状态。

（3）"快捷菜单"。

选中某个单元格后，右键单击并在快捷菜单中选择"编辑文字"即可进行表格文字编辑。

（4）"特性"选项面板。

选中某个单元格后，右键单击并在快捷菜单中选择"特性"，在"特性"选项板中即可编辑文本内容。

6.6.2　编辑表格和单元格

1．使用夹点编辑表格和单元格

使用夹点，不仅可以调整表格的大小，也可以用来修改表格中的单元格大小。

点击所要修改的表格边框，在表格四周和中间某些区域就会出现一些不同类型的夹点，可以通过拖动这些夹点来改变表格大小、单元格大小，如图 6-19 所示。

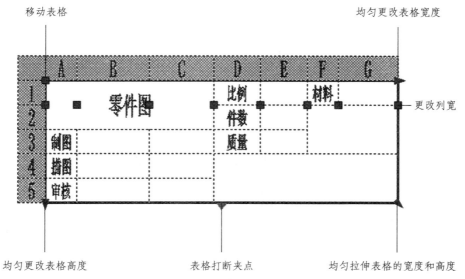

图 6-19　表格和夹点

2. 通过快捷菜单编辑表格和单元格

选中表格或单元格后，通过右键快捷菜单可以对表格进行相应的编辑。用户可以设置选中单元格的单元样式、背景填充，也可以对它的对齐、边框、锁定等内容进行更改，还可以选择编辑文字、删除单元格内容、合并单元格、在选定的单元格一侧插入整行或整列等，像处理 Excel 表格一样，具体菜单如图 6-20 所示。

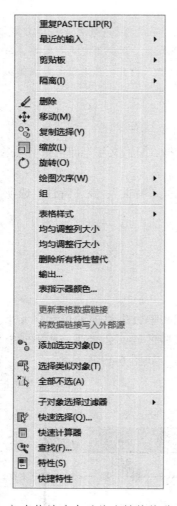

（a）表格被选中后的右键快捷菜单   （b）单元格被选中后的右键快捷菜单

图 6-20 表格和单元格右键快捷菜单

3. 通过"特性"选项板编辑表格和单元格

选中某个表格或单元格后，右键单击并在快捷菜单中选择"特性"，在"特性"选项板中可以进行表格和单元格编辑，如图 6-21 所示。

（a）表格"特性"选项面板　　　　　　　　（b）单元格"特性"选项面板

图 6-21　表格和单元格"特性"选项面板

【练习 6-1】　创建如图 6-22 所示的标题栏。

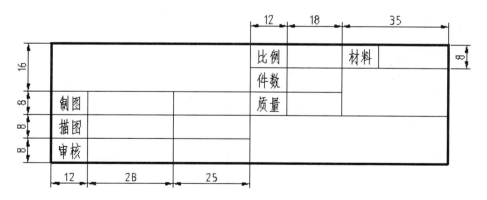

图 6-22　标题栏表格

1. 设置表格中所需的文字样式

此处设置的文字样式名为"标注"，具体设置如图 6-23 所示；

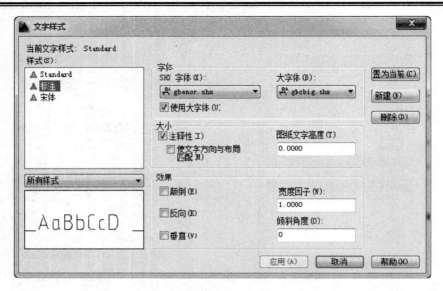

图 6-23　创建文字样式

2. 创建所需的表格样式

此处设置的表格样式名为"标题栏"，其中"表格方向"选择"向下"，"单元样式"下拉列表中无论是"数据""表头"，还是"标题"，他们在"常规"选项中对齐方式都选择"正中"，页边距调整小一些，如图 6-24 所示。

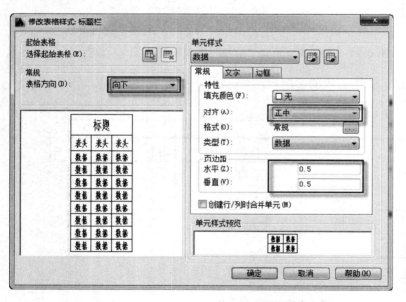

图 6-24　创建表格样式 1

在"文字"选项卡中，无论是"数据""表头"，还是"标题"，"文字样式"都选"标注"文字样式，字体高度分别设置为 5、5、7，如图 6-25 所示。

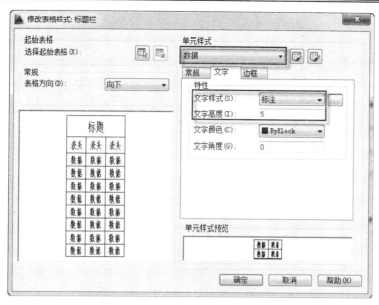

图 6-25　创建表格样式 2

3.　创建表格

单击"绘图"工具栏按钮，激活"表格"命令，弹出"插入表格"对话框，具体设置如图 6-26 所示。

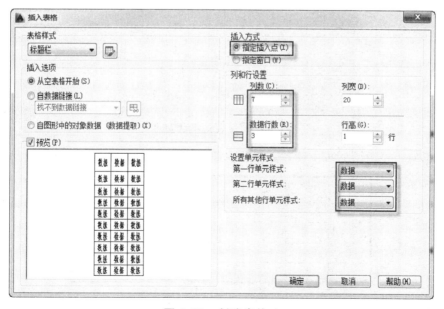

图 6-26　创建表格 1

特别注意，需要创建的表格为 5 行，但是"数据行数"只能设置为 3，因为还有"表头"和"标题"对应的行。设置完成后，单击"确定"按钮，系统返回绘图界面，在合适的位置确定一点作为表格的左上角点。系统生成表格如图 6-27 所示。

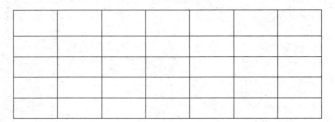

图 6-27　创建表格 2

4. 设置外框线宽

使用"窗口"选择方式框选表格内部全部单元格，单击表格上方"表格"工具栏中的"单元边框"按钮，系统弹出"单元边框特性"对话框，其具体设置如图 6-28 所示。

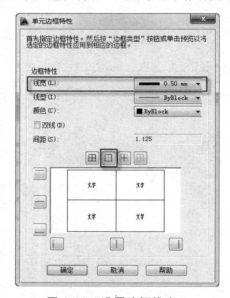

图 6-28　设置边框线宽 1

设置完成后，单击"确定"按钮，系统返回绘图窗口，设置结果如图 6-29 所示。

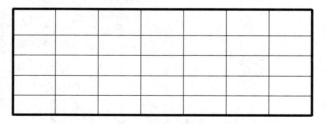

图 6-29　设置边框线宽 2

5. 设置单元格尺寸

单击表格中某个单元格，在"特性"选项板中设置"单元宽度"和"单元高度"的尺寸，具体尺寸参考图 6-30 所示。设置的同时单元格自动调整尺寸，用同样的方法设置其他所有单元格尺寸。

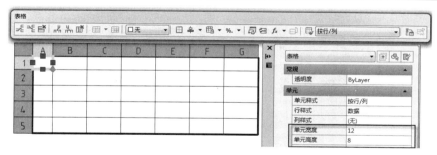

图 6-30 设置单元格尺寸

6. 合并单元格

选择需要合并的单元格，单击表格上方"表格"工具栏中的"合并"按钮 ⊞，合并表格，如图 6-31 所示。

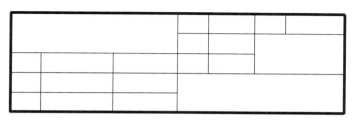

图 6-31 合并单元格

7. 填写文字

在相应的单元格填写相关文字。

◼ 本章小结

文字对象是 AutoCAD 图形中很重要的图形元素，是机械制图和工程制图中不可缺少的组成部分。各种设计中除了图形之外，还需要标注一些文字，如技术要求、注释说明等。AutoCAD 提供了多种文字输入方法，本章详细介绍了文本的注释和编辑以及表格的创建和编辑功能。

◼ 思考练习

创建如图 6-32 所示的表格。

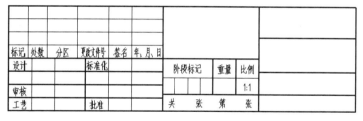

图 6-32 绘图练习 1

第 7 章　尺寸标注与编辑

▰▰ 本章导读

尺寸标注是绘图设计过程中非常重要的一个环节。在机械制图中，绘制的图样只反映图形对象的形状，并不能清楚表达图形真正的设计意图，而图样中各个图形对象真实大小及相互位置依靠标注尺寸来确定的。因此，尺寸标注是机械制图中一项必不可少的内容，是将图形进行参数化的最直接表现，也是构图中最重要的操作环节。在 AutoCAD 2014 中，系统为此提供了一套完整、快速的尺寸标注方法和命令。本章将介绍尺寸标注命令的使用方法。

▰▰ 本章要点

掌握尺寸标注的规则与组成；
掌握创建与设置标准样式；
掌握长度型尺寸标注；
掌握半径、直径和圆心标注；
角度标注及其他类型的标注；
掌握形位公差标注；
编辑标注对象。

7.1　尺寸标注的规则与组成

标注尺寸是制图中的一项重要内容，机械制图中的尺寸标注必须符合国家相应的制图标准。各行业制图标准对尺寸标注的要求各不相同，而 AutoCAD 是一个通用的绘图软件包，用户可以依据行业标准，创建所需的标注样式。因此，我们必须首先了解尺寸标注的规则与组成，才能设置符合行业标准的尺寸样式。

7.1.1　尺寸标注的组成

在工程制图中，一个完整的尺寸标注通常由 4 部分组成，分别是尺寸线、尺寸界限、箭头（尺寸线端点的符号）和标注文字，每部分都是一个独立的实体，如图 7-1 所示。

（1）"标注文字"：表明图形的实际测量值。该值可以是 AutoCAD 系统自动计算的测量值，也可以是用户指定的值，并可附加公差、前缀和后缀等。

图 7-1　尺寸标注的组成

（2）"尺寸线"：表明标注的范围。AutoCAD 通常将尺寸线放置在测量区域中，如果空间不足，则将尺寸线或文字移到测量区域的外部，这取决于标注样式的放置规则。在机械制图中，通常使用箭头来指代尺寸线的起点和端点。尺寸线应使用细实线绘制。

（3）"尺寸线端点符号（即箭头）"：箭头显示在尺寸线的首尾端，用于指出测量的开始和结束位置，默认使用闭合的填充箭头符号。此外，AutoCAD 还提供了多种箭头符号，以满足不同的行业标注，如建筑标记、小斜线箭头、点、斜杠等。

（4）"尺寸界限"：表明尺寸线的开始和结束位置，从标注物体的两个端点处引出两条线段表示尺寸标注范围的界限，尺寸界限应使用细实线绘制。

7.1.2　尺寸标注的规则

在 AutoCAD 2014 中对图形尺寸进行标注时，应遵循以下规则：

（1）标注的尺寸为图样对象的真实大小，以尺寸标注的数值为准，而与图形的大小及绘图的准确度无关。尺寸标注示例如图 7-2 所示。

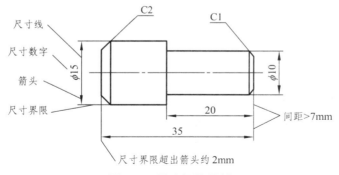

图 7-2　尺寸标注示例

（2）默认情况下，图样中的尺寸以毫米（mm）为单位，此时不需要标注计量单位的代号或名称。如果采用其他单位，则必须注明相应计量单位的代号或名称，如 "°" "cm" "m" 等。

（3）图样中所标注的尺寸，默认为该图样所示机件的最后完工尺寸，否则应另加说明。

（4）图样中的每一个对象尺寸一般只标注一次．并清晰地显示在图形上。

7.1.3　创建尺寸标注的步骤

在 AutoCAD 2014 中，对图形进行尺寸标注应遵循以下步骤：

1. 创建尺寸标注图层

在 AutoCAD 2014 中，为了便于编辑、修改图形尺寸，控制尺寸标注对象的显示与隐藏，避免各种图线与尺寸混杂，使得尺寸操作方便，我们应为尺寸标注创建独立的图层。选择"格式"→"图层"命令，在打开的"图层特性管理器"对话框中创建一个"尺寸标注"图层。

2. 创建用于尺寸标注的文字样式

在 AutoCAD 2014 中，为了方便修改所标注的各种文字，应建立专门用于尺寸标注的文字样式。选择"格式"→"文字样式"命令，在打开的"文字样式"对话框中创建一个"尺寸标注"文字样式。

3. 设置尺寸标注样式

标注样式是尺寸标注对象的组成方式，如标注文字的位置、大小、箭头的形状等。设置尺寸标注样式可以有效控制尺寸标注的格式和外观，有利于执行相关的绘图标准。选择"格式"→"标注样式"命令，在打开的"标注样式管理器"对话框中，创建一系列"尺寸标注"标注样式，以满足相应的国家标准。

4. 尺寸标注

在 AutoCAD 2014 中，我们可在弹出"标注"菜单和"标注"工具栏中，使用对象捕捉功能，对图形中的元素进行标注。

7.2　创建和设置标注样式

在 AutoCAD 2014 中，如果没有预先对尺寸样式进行设置，则标注尺寸为系统默认的标准样式。但工程制图应用领域的不同，标注的尺寸样式也不同。按照国家标准设置尺寸样式，确定标注尺寸 4 个基本元素的大小和相互之间的基本关系，然后再用这个格式对图形进行标注，以满足机械行业的要求。

7.2.1　新建标注样式

在菜单中选择"格式"→"标注样式"命令（DIMSTYLE），或单击"样式"工具栏按钮 ，或单击"标注"工具栏按钮 ，打开"标注样式管理器"对话框，用以创建、修改、替代、比较标注样式，如图 7-3 所示。

在"标注样式管理器"对话框中，"置为当前"按钮用于将建立好的标注样式置为当前应用样式，"修改"按钮用于修改已有的尺寸标注样式，"替代"按钮用于替代当前尺寸标注类型，"比较"按钮用于对已创建的两个标注样式进行比较。

在"标注样式管理器"对话框中，单击"新建"按钮将打开"创建新标注样式"对话框，用于创建新的标注样式，如图 7-4 所示。该对话框中各选项意义如下：

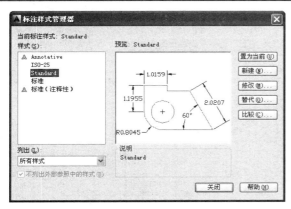 

图 7-3　"标注样式管理器"对话框　　　　图 7-4　"创建新标注样式"对话框

（1）"新样式名"文本框：输入新的尺寸样式名称。

（2）"基础样式"下拉列表框：选择相应的标注标准。系统内置了"ISO-25"和"Standard"两种基础样式，在绘制新图时使用的是英制的单位，则缺省选项为"Standard（美国国家标准协会）"，在绘制新图时使用的是公制的单位，则系统缺省选项为"ISO-25（美国国家标准协会）"。新样式也可在已有尺寸样式中进行创建。

（3）"用于"下拉列表框：用于指定新建标注样式的适用范围。

设置了新样式的名称、基础样式和适用范围后，单击该对话框中的"继续"按钮，将打开"新建标注样式"对话框，可以设置标注中的直线、符号、箭头、文字、单位等内容，如图 7-5 所示。

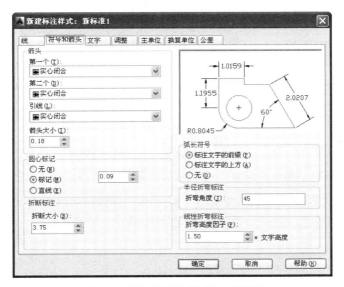

图 7-5　"新建标注样式"对话框

7.2.2　设置线

在"新建标注样式"对话框的"线"选项卡中，可以设置标注内尺寸线和尺寸界线的格式与特性，如图 7-6 所示。

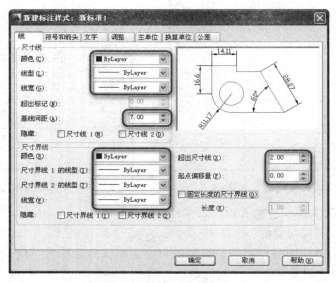

图 7-6　设置"线"选项卡

1. 设置尺寸线

在"尺寸线"选项区域中，可以设置尺寸线的颜色、线宽、超出标记以及基线间距等属性。

（1）"颜色"下拉列表框：在"颜色"下拉列表框选择某种颜色作为尺寸线的颜色。

（2）"线型"下拉列表框：在"线型"下拉列表框中选择某种线型作为尺寸线的线型。

（3）"线宽"下拉列表框：在"线宽"下拉列表框中选择某种线宽来作为尺寸线的线宽。

（4）"超出标记"文本框：当尺寸线的箭头采用倾斜、建筑标记、小点、积分或无标记等样式时，使用该文本框可以设置尺寸线超出尺寸界线的长度，如图 7-7 所示。

（a）超出标记为"0"　　　　　　　　（b）超出标记为"5"

图 7-7　超出标记为"0"与超出标记为"5"时的效果对比

（5）"基线间距"文本框：进行基线尺寸标注时，可以设置各尺寸线之间的距离，如图 7-8 所示。这个值要视字高来确定，例如，机械类推荐为 5～7 mm。

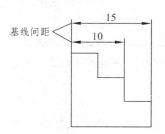

图 7-8　设置基线间距

（6）"隐藏"选项：通过选择"尺寸线 1"或"尺寸线 2"复选框，可以隐藏第 1 段或第 2 段尺寸线及其相应的箭头，如图 7-9 所示。

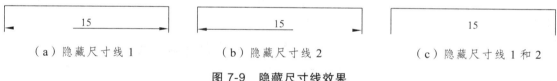

（a）隐藏尺寸线 1　　　　　（b）隐藏尺寸线 2　　　　　（c）隐藏尺寸线 1 和 2

图 7-9　隐藏尺寸线效果

2．设置尺寸界线

在"尺寸界线"选项区域中，可以设置尺寸线的颜色、线宽、超出尺寸线长度以及起点偏移量等属性。

（1）"颜色"下拉列表框：在"颜色"下拉列表框选择某种颜色作为尺寸线的颜色。

（2）"尺寸界线 1"和"尺寸界线 2"下拉列表框：在"线型"下拉列表框中选择某种线型作为尺寸线的线型。

（3）"线宽"下拉列表框：在"线宽"下拉列表框中选择某种线宽作为尺寸线的线宽。

（4）"隐藏"选项：通过选择"尺寸线 1"或"尺寸线 2"复选框，可以隐藏第 1 段或第 2 段尺寸线及其相应的箭头，如图 7-10 所示。

隐藏尺寸界线 1　　　　　　　　　　隐藏尺寸界线 2

图 7-10　隐藏尺寸界线效果

（5）"超出尺寸线长度"文本框：用于控制尺寸延伸线超出尺寸线的距离，一般按制图标准规定设为 2～3 mm，如图 7-11 所示。

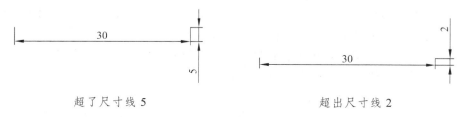

超了尺寸线 5　　　　　　　　　　　超出尺寸线 2

图 7-11　超出尺寸线长度

（6）"起点偏移量"文本框：设置尺寸界线的起点到标注定义点的距离，绘制机械图时将该值设为 0 mm，如图 7-12 所示。

起点偏移量为 0.6　　　　　　　　　起点偏移量为 5

图 7-12　起点偏移量

（7）"固定长度的尺寸界线"复选框：选中该复选框，可以使用具有特定长度的尺寸界线标注图形，其中在"长度"文本框中可以输入尺寸界线的数值。

7.2.3　设置符号和箭头

在"新建标注样式"对话框的"线符号和箭头"选项卡中，可以设置箭头、圆心标记、弧长符号和半径标注折弯的格式与位置，如图 7-13 所示。

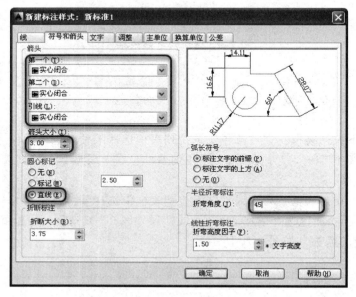

图 7-13　设置"符号和箭头"选项卡

1．设置箭头

在"箭头"选项区域中，可以设置尺寸线和引线箭头的类型及箭头尺寸的大小。

为了适应不同类型的图形标注需要，AutoCAD 内置了 20 多种箭头样式。用户也可以在下拉列表框中选择"用户箭头"选项，自定义箭头样式。通常情况下，尺寸线的两个箭头应相同。用户还可以选择不显示箭头，或仅使用一个箭头。

（1）"第一个"下拉列表框：用于设置第一条尺寸线的箭头外观。当改变第一个箭头外观时，第二个箭头将自动改变成与第一个箭头相同的外观。

（2）"第二个"下拉列表框：用于设置第二条尺寸线的箭头外观。

（3）"引线"下拉列表框：用于确定进行引线尺寸标注时，引线在起始点处的样式，用户可从对应的下拉列表中选择即可。

（4）"箭头大小"文本框：用于设置尺寸箭头的外观大小。机械制图国标中规定，箭头大小为 2 ~ 4 mm。

2．圆心标记

在"圆心标记"选项区域中，用户可以设置圆或圆弧的圆心标记类型及大小。

（1）"无"单选按钮：选中此单选按钮，系统不创建圆心标记或中心线，即没有任何标记，如图 7-14（a）所示。

（2）"标记"单选按钮：选中此单选按钮，系统将创建圆心标记，如图 7-14（b）所示。"标记"后面的文本框用于设置圆心标记的大小。

（3）"直线"单选按钮：选中此单选按钮，系统将创建中心线，如图 7-14（c）所示。

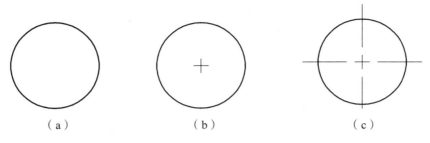

（a）　　　　　　　　　　（b）　　　　　　　　　　（c）

图 7-14　设置"圆心标记"

3. 弧长符号

在"弧长符号"选项区域中，用户可以设置弧长符号中圆弧符号的显示方式。

（1）"标注文字的前缀"单选按钮：选中后弧长符号将置于标注文字的前面，如图 7-15（a）所示。

（2）"标注文字的上方"单选按钮：选中后弧长符号将置于标注文字的上方，如图 7-15（b）所示。

（3）"无"单选按钮：选中后系统将不显示弧长符号，如图 7-15（c）所示。

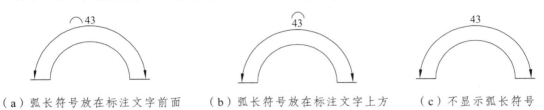

（a）弧长符号放在标注文字前面　　　（b）弧长符号放在标注文字上方　　　（c）不显示弧长符号

图 7-15　设置"弧长符号"

4. 折断标注

AutoCAD 2014 允许在尺寸线或延伸线与其他线重叠处打断尺寸线或延伸线，如图 7-16 所示。

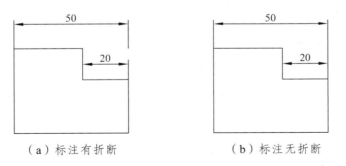

（a）标注有折断　　　　　　　　　　（b）标注无折断

图 7-16　设置"折断标记"

5. 半径折弯标注

在"半径折弯标注"选项组中的"折弯角度"文本框中，用户可以设置标注圆弧半径时标注线的折弯角度大小。

　　"半径折弯标注"通常用于标注尺寸圆弧的中心点位于较远位置的情况，如图 7-17 所示。其中"折弯角度"文本框用于确定连接半径标注的延伸线和尺寸线之间的横向直线的折弯角度。

6. 线性折弯标记

　　AutoCAD 2014 允许用户使用线性折弯标注，如图 7-18 所示。该标注的折弯高度为折弯高度因子与尺寸文字高度的乘积，用户可以在"折弯高度因子"文本框中输入折弯高度因子值。

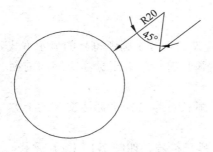

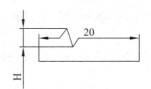

图 7-17　半径转弯标记示例　　　　　　图 7-18　线型折弯标记示例

7.2.4　设置文字

　　在"新建标注样式"对话框"文字"选项卡中，可以设置文字的样式、颜色、高度和分数高度比例，以及控制是否绘制文字边框等，如图 7-19 所示。该选项卡中部分选项的功能说明如下：

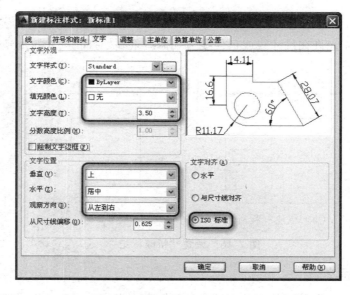

图 7-19　设置"文字"选项卡

1. 设置文字外观

在"文字外观"选项区域中，用户可以设置文字的样式、颜色、填充颜色、高度、分数高度比例等。

（1）"文字样式"下拉列表框：用于设置当前尺寸标注的文字样式，系统默认为标准样式。如果已经创建多种文字样式，则可以从下拉列表框中选择所需文字样式，也可以单击其后的█按钮，打开"文字样式"对话框，创建和修改尺寸标注的文字样式，如图 7-20 所示。

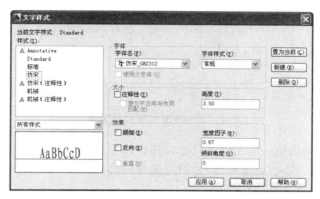

图 7-20 新建"文字样式"

（2）"文字颜色"下拉列表框：用于设置尺寸标注的文字颜色。

（3）"填充颜色"下拉列表框：用于设置尺寸标注的文字背景颜色。

（4）"文字高度"文本框：用于设置尺寸标注的文字样式的高度。文字高度与图纸幅面大小有关，机械制图中我们一般使用"3.5""5"或"7"。

（5）"分数高度比例"文本框：用于设置尺寸标注中文字的分数相对于其他标注文字的比例，AutoCAD 2014 将该比例值与标注文字高度的乘积作为分数的高度。例如，在公差标注中，当公差样式有效时，可以设置公差上下偏差的高度比例值。

（6）"绘制文字边框"复选框：用于设置是否为尺寸标注的文字绘制边框，如图 7-21 所示。

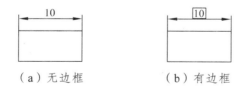

（a）无边框   （b）有边框

图 7-21 尺寸标注中文字有无边框效果示例

2. 设置文字位置

在"文字位置"选项区域中，用户可以在"文字位置"选项组中设置文字的垂直、水平、观察方向以及从尺寸线的偏移量。

（1）"垂直"下拉列表框：用于设置标注文字相对于尺寸线在垂直方向的位置，包括"居中""上""外部""下"和"JIS"。其中，选择"居中"选项可以把标注文字放在尺寸线中间；"上"选项将把标注文字放在尺寸线的上方；"外部"选项可以把标注文字放在远离第一定义点的尺寸线一侧；"下"选项将把标注文字放在尺寸线的下方；JIS 选项则按"JIS"（日本工业标准）规则放置标注文字，如图 7-22 所示。

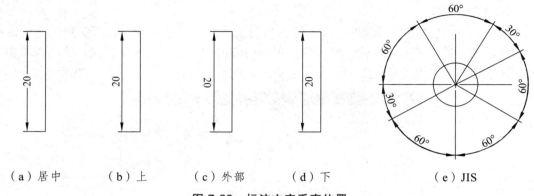

（a）居中   （b）上   （c）外部   （d）下   （e）JIS

图 7-22　标注文字垂直位置

（2）"水平"下拉列表框：用于设置尺寸标注中文字相对于尺寸线和尺寸界线在水平方向的位置，包括"居中""第一条延伸线""第二条延伸线""第一条延伸线上方""第二条延伸线上方"5 种形式，如图 7-23 所示。

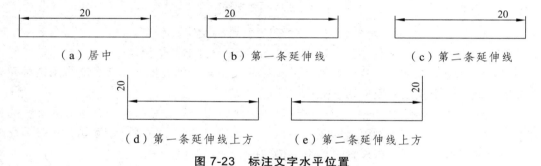

（a）居中   （b）第一条延伸线   （c）第二条延伸线

（d）第一条延伸线上方   （e）第二条延伸线上方

图 7-23　标注文字水平位置

（3）"观察方向"下拉列表框：用于设置尺寸文字观察方向，即控制从左向右书写尺寸文字，还是从右向左书写尺寸文字。

（4）"从尺寸线偏移"文本框：用于设置尺寸标注中文字与尺寸线之间的距离。如果文字位于尺寸线的中间，则表示断开处尺寸线端点与标注文字之间的间距；如果文字带有边框，则可以控制文字边框与文字的间距，一般设置为 0.6 ~ 1 mm。

3. 设置文字对齐

在"文字对齐"选项区域中，用户可以设置标注文字是保持水平还是与尺寸线平行，如图 7-24 所示。其中 3 个选项的意义如下：

（1）"水平"单选按钮：使标注文字水平放置。

（2）"与尺寸线对齐"单选按钮：使标注文字方向与尺寸线方向一致。

（3）"ISO 标准"单选按钮：使标注文字按"ISO 标准"放置。当标注文字在尺寸界线之内时，它的方向与尺寸线方向一致；而在尺寸界线之外时，它将水平放置。默认情况下，我们应选中"ISO 标准"。

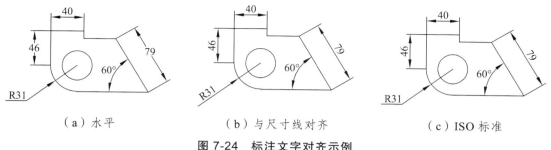

　（a）水平　　　　　　　　　（b）与尺寸线对齐　　　　　　　（c）ISO 标准

图 7-24　标注文字对齐示例

7.2.5　设置调整

　　在"新建标注样式"对话框的"调整"选项卡中，可以设置标注文字、尺寸线以及尺寸箭头的位置，如图 7-25 所示。

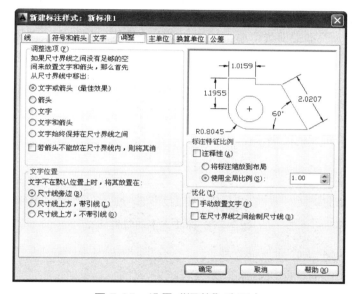

图 7-25　设置"调整"选项卡

1．调整选项

　　在"调整选项"选项区域中，如果尺寸界线之间没有足够的空间来放置标注文字和箭头时，应将文字或是箭头从尺寸界线之间移出，如图 7-26 所示。其各选项功能如下：

　（1）"文字或箭头（最佳效果）"单选按钮：按最佳效果自动移出文本或箭头。

　（2）"箭头"单选按钮：将箭头移出。

　（3）"文字"单选按钮：将文字移出。

　（4）"文字和箭头"单选按钮：将文字和箭头同时移出。

　（5）"文字始终保持在尺寸界线之间"单选按钮：将文本始终保持在尺寸界线之内。

　（6）"若箭头不能放在尺寸界线内，则将其消除"复选框：选中该复选框，可以抑制箭头显示。

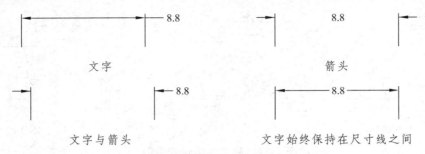

图 7-26   标注文字和箭头在尺寸界线间的放置

2. 文字位置

"文字位置"选项区域用于指定当文字不在默认位置时，将其放置的位置，如图 7-27 所示。其各选项功能如下：

（1）"尺寸线旁边"单选按钮：选中该按钮，将文本放在尺寸线旁边。

（2）"尺寸线上方，带引线"单选按钮：选中该按钮将文本放在尺寸的上方，并带上引线。

（3）"尺寸线上方，不带引线"单选按钮：选中该按钮，将文本放在尺寸的上方，但不带引线。

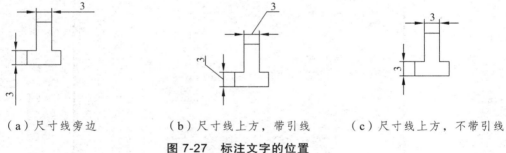

（a）尺寸线旁边　　　（b）尺寸线上方，带引线　　　（c）尺寸线上方，不带引线

图 7-27   标注文字的位置

3. 标注特征比例

在"标注特征比例"选项区域中，通过设置全局比例或图纸空间比例，来调整各标注的大小。

（1）"将标注缩放到布局"单选按钮：选择该按钮，用户可以根据当前模型空间视口与图纸空间之间的缩放关系设置比例，一般使用默认值"1"。

（2）"使用全局比例"单选按钮：选择该按钮，用户可以对全部尺寸标注设置缩放比例，该比例不改变尺寸的测量值，如图 7-28 所示。

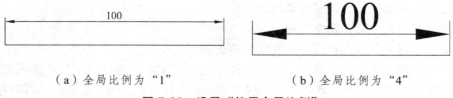

（a）全局比例为"1"　　　　　　　（b）全局比例为"4"

图 7-28   设置"使用全局比例"

4.优　　化

在"优化"选项区域中，用户可对标注文字和尺寸线进行微调。

（1）"手动放置文字"复选框：选中该复选框，用户每次标注时都需要设置放置文字的位置。

（2）"在尺寸界限之间绘制尺寸线"复选框：选中该复选框，当尺寸界限距离比较近（即尺寸箭头放置在尺寸界限之外）时，也可在尺寸界限之内绘制出尺寸线。

7.2.6　设置主单位

在"新建标注样式"对话框的"主单位"选项卡中，可以设置主单位的格式与精度等属性，如图 7-29 所示。

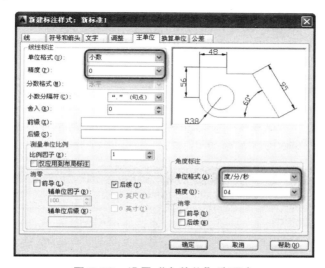

图 7-29　设置"主单位"选项卡

1.线性标注

在"线性标注"选项区域中，可以设置线性标注的格式和精度。

（1）"单位格式"下拉列表框：设置除角度标注之外的其余各标注类型的尺寸单位，包括"科学""小数""工程""建筑""分数"和"Windows 桌面"6 种单位格式。

（2）"精度"下拉列表框：设置线性标注基本尺寸数字中保留的小数位数。

（3）"分数格式"下拉列表框：当单位格式是分数时，可以设置分数的格式包括"水平""对角"和"非堆叠"3 种方式。

（4）"小数分隔符"下拉列表框：设置小数的分隔符，包括"逗点""句点"和"空格"3 种方式。

（5）"舍入"文本框：设置除角度标注外，所有尺寸测量值的四舍五入的位数及具体数值。

（6）"前缀"和"后缀"文本框：设置标注文字的前缀和后缀。用户在相应的文本框中输入字符即可。

2．测量单位比例

在"测量单位比例"选项区域中，使用"比例因子"文本框可以设置测量尺寸的缩放比例。AutoCAD 的实际标注值为测量值与该比例的乘积，选中"仅应用到布局标注"复选框，可以设置该比例关系仅适用于布局。

3．消　零

在"消零"选项区域中，用户可以设置是否显示尺寸标注中的"前导"或"后续"的零。

4．角度标注

在"角度标注"选项区域中，可以设置角度标注的角度格式。

（1）"单位格式"下拉列表框：用于设置标注角度时的单位格式，包括"十进制度数""度/分/秒""百分度"和"弧度"4 种格式。

（2）"精度"下拉列表框：设置标注角度的尺寸精度。

（3）"消零"选项区域：设置是否消除角度尺寸的"前导"或"后续"的零。

7.2.7　设置换算单位

在"新建标注样式"对话框的"换算单位"选项卡中，可以设置标注测量值中换算单位的显示，并设置其格式和精度，如图 7-30 所示。

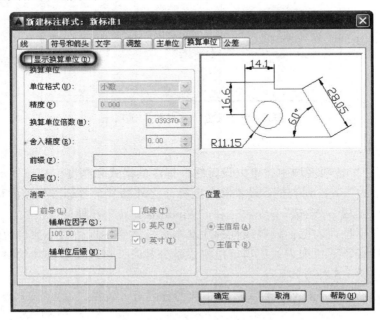

图 7-30　设置"换算单位"选项卡

通过换算标注单位，可以转换使用不同测量单位制的标注。系统默认显示的是英制标注的等效公制标注，或公制标注的等效英制标注。在标注文字中，换算标注单位显示在主单位旁边的方括号中，如图 7-31 所示。

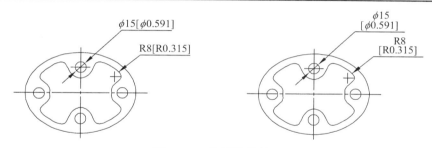

图 7-31　使用换算单位

选中"显示换算单位"复选框后，"换算单位"选项卡中的一些选项才可用。可以在"换算单位"选项区域中设置换算单位的"单位格式""精度""换算单位乘数""舍入精度""前缀"及"后缀"等参数，其方法与设置主单位的方法相同。

在"位置"选项区域中，用户可以设置换算单位的位置为"主值后"或"主值下"。

7.2.8　设置公差

在"新建标注样式"对话框的"公差"选项卡中，可以设置公差格式及换算单位公差等，如图 7-32 所示。

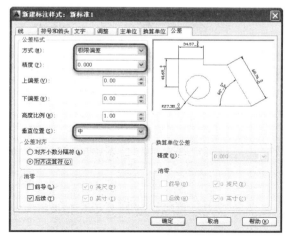

图 7-32　设置"公差"选项卡

1. 公差格式

在"公差格式"选项区域中，可以设置线性标注的格式和精度。

（1）"方式"下拉列表框：设置标注公差的方式，如图 7-33 所示。

（2）"精度"下拉列表框：设置公差的小数位数。

（3）"上偏差""下偏差"文本框：设置尺寸的上偏差、下偏差。上偏差默认为正值，如果是负值应在数字前输入"-"号；下偏差默认为负值，如果是正值应在数字前输入"-"号。

（4）"高度比例"文本框：确定公差文字的高度比例因子，并且以该因子与尺寸文字高度之积作为公差文字的高度。

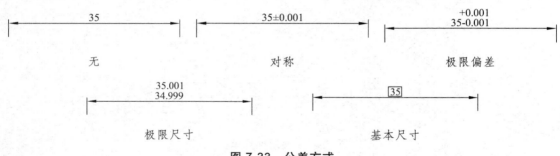

图 7-33   公差方式

（5）"垂直位置"下拉列表框：控制公差文字相对于尺寸文字的位置，包括"上""中""下"3 种方式，如图 7-34 所示。

图 7-34   公差垂直位置

2. 公差对齐

在"公差对齐"选项区域中，可以设置公差堆叠时上偏差值和下偏差值的对齐方式。
（1）"对齐小数分隔符"单选按钮：通过值的小数分隔符堆叠值。
（2）"对齐运算符"单选按钮：通过值的运算符堆叠值。

3. 消　零

在"消零"选项区域中，可以确定是否消除公差值的前导或后续的零。

4. 换算单位公差

在"换算单位公差"选项区域中，可以设置换算单位精度和是否消零。

7.3　长度型尺寸标注

长度型尺寸标注用于标注图形中两点间的长度标注，可以是端点、交点、圆弧弦线端点或能够识别的任意两个点。在 AutoCAD 2014 中，长度型尺寸标注包括多种类型，如线性标注、对齐标注、弧长标注、基线标注和连续标注等。

7.3.1　线性标注

创建线性标注，可在菜单中选择"标注"→"线型"命令（DIMLINER），或单击"标注"

工具栏按钮 ⊢┥ ，创建用于标注用户坐标系 XY 平面中的两个点之间的距离测量值，并通过指定点或选择一个对象来实现。此时命令行将提示如下信息：

指定第一个尺寸界线原点或 <选择对象>：　　　　　　//指定第一条尺寸界限的端点

指定第二条尺寸界线原点：　　　　　　　　　　　　//指定第二条尺寸界限的端点

指定尺寸线位置或

[多行文字(M)/文字(T)/角度(A)/水平(H)/垂直(V)/旋转(R)]：

//拖动鼠标指定尺寸线的位置或选择其他命令选项

标注文字　　　　　　　　　　　　　　　　　　　　//系统提示测量数据 如图 7-35 所示

在执行线性标注的过程中，命令行中一些选项的含义如下：

（1）"指定尺寸线位置"：拖动鼠标确定尺寸线位置。

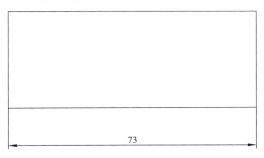

图 7-35　线型标注

（2）"多行文字（M）"：用户可以利用该项编辑标注文字。选择"多行文字"选项后系统将打开"文字格式"工具栏（见图 7-36），并通过自动测量将得到的尺寸值显示在方框内，并处于编辑状态。

图 7-36　"文字格式"工具栏

（3）"文字（T）"：用户可以在命令行的提示下以单行文字的形式输入标注文字内容。

（4）"角度（A）"：设置标注文字的倾斜角度。例如，将文字倾斜 30°，如图 7-37 所示。

（5）"水平（H）"：标注水平方向距离尺寸，即沿水平方向的尺寸。

（6）"垂直（V）"：标注垂直方向距离尺寸，即沿垂直方向的尺寸。

（7）"旋转（R）"：标注旋转对象的尺寸线，尺寸线与坐标轴正方向形成一定的倾斜角度。例如，创建一个倾斜角度为 30° 的线性标注，如图 7-38 所示。

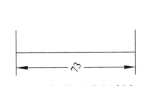

图 7-37　标注文字倾斜角度

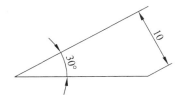

图 7-38　标注文字旋转角度

◢◤ **经验交流**

　　当两个尺寸界线的起点不位于同一水平线或同一垂直线上时，可以通过拖动来确定是创建水平标注或垂直标注。使光标位于两尺寸界线的起始点之间，上下拖动可引出水平尺寸线，左右拖动则可引出垂直尺寸线。

7.3.2　对齐标注

　　对齐标注是线性标注尺寸的一种特殊形式。在对直线段进行标注时，如果该直线的倾斜角度未知，那么使用线性标注方法将无法得到准确的测量结果，这时可以使用对齐标注。

　　要创建对齐标注，可在菜单中选择"标注"→"对齐"命令（DIMLIGNED），或单击"标注"工具栏按钮，对对象进行对齐标注，此时命令行提示如下信息：

　　指定第一个尺寸线原点或 <选择对象>：　　　　　　//指定第一条尺寸界限的端点
　　指定第二条尺寸界线原点：　　　　　　　　　　　　//指定第二条尺寸界限的端点
　　指定尺寸线位置或
　　[多行文字(M)/文字(T)/角度(A)]：
　　//拖动鼠标指定尺寸线的位置或选择其他命令选项
　　标注文字 ＝ 90　　　　　　　　　　　　　　　　//系统提示测量数据，如图 7-39 所示

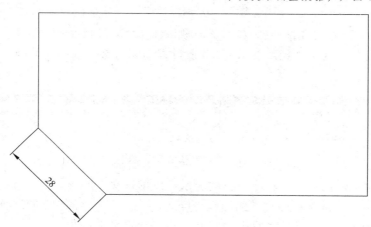

图 7-39　对齐标注

　　对齐标注与线性标注的区别在于线性标注只能标注两点之间的水平或垂直距离，而对齐标注则可以直接测量两点之间的直线的长度。

7.3.3　弧长标注

　　创建弧长标注，可在弹出菜单中选择"标注"→"弧长"命令（DIMARC），或单击"标注"工具栏按钮，创建位于坐标系 XY 平面中两个点之间的距离测量值，并通过指定点或选择一个对象来实现。此时命令行提示如下信息：

选择弧线段或多段线圆弧段：　　　　　　　　　　　　　　　　//选择弧线

指定弧长标注位置或[多行文字(M)/文字(T)/角度(A)/部分(P)/引线(L)]：

//拖动鼠标指定尺寸线的位置或选择其他命令选项

标注文字 = 90　　　　　　　　　　　　　　　　　　//系统提示测量数据，如图 7-40 所示

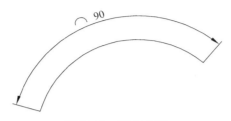

图 7-40　弧长标注

在执行弧长标注的过程中，命令中一些选项的含义如下：

（1）"指定弧长标注位置"：拖动鼠标弧长标注位置。

（2）"多行文字（M）""文字（T）""角度（A）"：与线性标注方法相同。

（3）部分（P）：表示对指定对象的部分进行弧长标注，如图 7-41 所示。

（4）引线（L）：表示用一个指引箭头来表示弧长标注的对象，如图 7-42 所示。

图 7-41　标注部分弧长

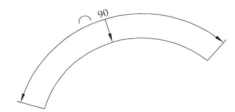

图 7-42　使用引线标注弧长

7.3.4　基线标注

在进行尺寸标注时，不但要把各种尺寸表达准确，还要考虑零件加工的顺序。零件加工时都有一个基准，各种加工的定位尺寸要根据基准确定，所以在标注时经常会遇到有共同尺寸界限的情况。采用基线标注，将使用户可以很方便创建尺寸基准。

在创建基线标注之前，必须先创建一个线性、坐标或角度标注，作为基线标注的基准，然后调用"基线"标注命令，根据命令行的提示连续选择第二条尺寸界限的原点即可。

在菜单中选择"标注"→"基线"命令（DIMBASELINE），或单击"标注"工具栏按钮 ⊢┤，可以创建一系列由相同的标注原点测量出来的标注。

【练习 7-1】　标注如图 7-43 所示的图形。

案例分析：在创建基线标注之前，必须先创建一个线性标注，用作基线标注的基准，然后才能使用基线标注。

（1）单击"标注"工具栏按钮 ⊢┤，先创建一个"20"线性标注，如图 7-44 所示。

（2）单击"标注"工具栏按钮 ⊨，可以创建一系列由相同的标注原点测量出来的标注。此时命令行提示如下信息：

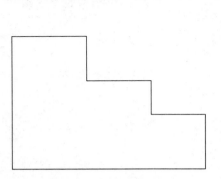

图 7-43   使用基线标注

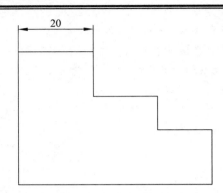

图 7-44   使用线型标注 20

选择连续标注：	//选择已有标注的左尺寸界线
指定第二条尺寸界线原点或[放弃(U)/选择(S)] <选择>：	//指定下一个标注原点
标注文字 = 37	//系统提示测量数据
指定第二条尺寸界线原点或[放弃(U)/选择(S)] <选择>：	//指定下一个标注原点
标注文字 = 51	//系统提示测量数据
指定第二条尺寸界线原点或[放弃(U)/选择(S)] <选择>：	//按 Enter 键结束，结果如图 7-45 所示

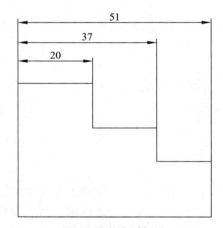

图 7-45   线型标注

7.3.5   连续标注

连续标注是首尾相连的多个尺寸标注。与创建基线标注类似，用户在创建连续标注之前，必须创建线性、对齐或角度标注。

创建对齐标注，可在菜单中选择"标注"→"连续"命令（DIMCONTINUE），或单击"标注"工具栏按钮 ，对对象进行连续标注，此时命令行提示如下信息：

选择连续标注：	//选择已有标注的右尺寸界线
指定第二条尺寸界线原点或[放弃(U)/选择(S)] <选择>：	//指定下一个标注原点
标注文字 =17	//系统提示测量数据

指定第二条尺寸界线原点或[放弃(U)/选择(S)] <选择>： //指定下一个标注原点

标注文字 =14 //系统提示测量数据

指定第二条尺寸界线原点或[放弃(U)/选择(S)] <选择>： //按 Enter 键结束，结果如图 7-46 所示

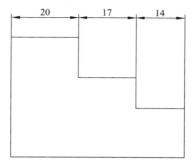

图 7-46 连续标注

7.4 半径、直径和圆心标注

半径标注用于标注圆和圆弧的半径尺寸，直径标注主要用于标注圆的直径尺寸，圆心标注是对图形中的圆和圆弧标注出它的圆心位置，用户可以在"标注样式管理器"中设置圆心标记线段的大小。在进行图形标注的时候，如果标注的对象是一段圆弧曲线，可使用半径标注；如果标注的对象是一个圆，可使用直径标注。使用直径标注时，系统会在尺寸前生成一个直径符"ϕ"与其他标注进行区分。

7.4.1 半径标注

创建半径标注，可在菜单中选择"标注"→"半径"命令（DIMRADIUS），或单击"标注"工具栏按钮 ⊙ ，标注圆或圆弧的半径尺寸。此时命令行将提示如下信息：

选择圆弧或圆： //用拾取框指定要测量的圆弧或圆

标注文字 = 37 //系统提示测量数据

指定尺寸线位置或[多行文字(M)/文字(T)/角度(A)]：或[放弃(U)/选择(S)] <选择>：

//拖动鼠标确定尺寸线位置或选择其他命令选项，

结果如图 7-47 所示

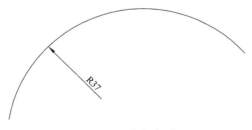

图 7-47 半径标注

当指定了尺寸线的位置后，系统将按实际测量值标注出圆或圆弧的半径。用户也可利用"多行文字（M）""文字（T）"或"角度（A）"选项，设置尺寸文字或尺寸文字的旋转角度。其中，通过"多行文字（M）"和"文字（T）"选项重新确定尺寸文字时，只有给输入的尺寸文字加前缀 R，才能使标出的半径尺寸有半径符号"R"，否则没有该符号。

7.4.2 折弯标注

创建折弯标注，可在菜单中选择"标注"→"折弯"命令（DIMRADIUS），或单击"标注"工具栏按钮 ，可以折弯标注圆和圆弧的半径。该标注方式与半径标注方法基本相同，但需要指定一个位置代替圆或圆弧的圆心。

【练习 7-2】 标注如图 7-48 所示的图形。

案例分析：要创建折弯标注，我们必须指定一个位置代替圆或圆弧的圆心位置。

图 7-48　使用折弯标注

单击"标注"工具栏按钮 ，此时命令行将提示如下信息：

选择圆弧或圆：　　　　　　　　//用拾取框指定要测量的圆弧或圆，如图 7-49 所示

指定图示中心位置：　　　　　　//指定一个位置代替圆或圆弧的圆心，如图 7-50 所示

标注文字 ＝37　　　　　　　　//系统提示测量数据

指定尺寸线位置或[多行文字(M)/文字(T)/角度(A)]：

//拖动鼠标确定尺寸线位置或选择其他命令选项，结果如图 7-51 所示

指定折弯位置：　　　　　　　　//指定折弯位置，如图 7-52 所示，按"Enter"键结束

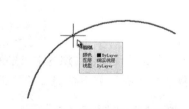

图 7-49　拾取要标注的圆弧

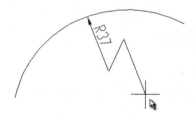

图 7-50　指定代替圆心位置

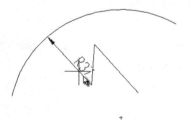

图 7-51　指定尺寸线位置

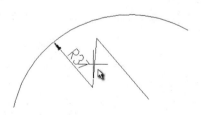

图 7-52　指定折弯位置

7.4.3 直径标注

创建直径标注，可在菜单中选择"标注"→"直径"命令（DIMDIAMETER），或单击

"标注"工具栏按钮 ◎，标注圆或圆弧的直径尺寸。此时命令行将提示如下信息：

选择圆弧或圆：　　　　　　　　　　　　 //用拾取框指定要测量的圆弧或圆

标注文字 = 35　　　　　　　　　　　　 //系统提示测量数据

指定尺寸线位置或[多行文字(M)/文字(T)/角度(A)]：或[放弃(U)/选择(S)] <选择>：

　　　　　　　　　　　　　　　　　 //拖动鼠标确定尺寸线位置或选择其他命令选项，结

　　　　　　　　　　　　　　　　　 果如图 7-53 所示

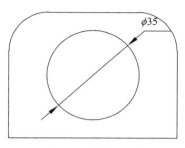

图 7-53　直径标注

直径标注的方法与半径标注的方法相同。当选择了需要标注直径的圆或圆弧后，直接确定尺寸线的位置，系统将按实际测量值标注出圆或圆弧的直径。也可以利用"多行文字（M）""文字（T）"或"角度（A）"选项，确定尺寸文字或尺寸文字的旋转角度。其中，通过"多行文字(M)"和"文字(T)"选项重新确定尺寸文字时，只有给输入的尺寸文字加前缀"%%C"，才能使标出的半径尺寸显示半径符号"Φ"。

7.4.4　圆心标注

创建圆心标注，可在菜单中选择"标注"→"圆心标注"命令（DIMCENTER），或单击"标注"工具栏按钮 ⊙，标注圆或圆弧的圆心。此时，用户只需要选择待标注圆心的圆弧或圆即可，如图 7-54 所示。

圆心标记的样式有 3 种，如图 7-55 所示。该样式可以通过"新建标注样式"对话框中的"直线和箭头"选项卡中的"圆心标记"选项组对其类型和大小进行设置。

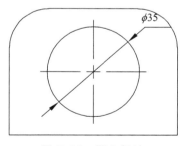

图 7-54　圆心标注

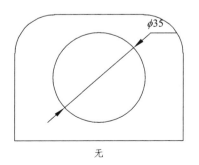

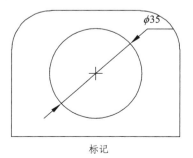

无　　　　　　　　　　　　　　　 标记　　　　　　　　　　　　　　 直线

图 7-55　圆心标记样式

7.5 角度标注及其他类型的标注

在 AutoCAD 2014 中，除了前面介绍的几种常用尺寸标注外，还可以使用角度标注及其他类型的标注功能，对图形中的角度、坐标等元素进行标注。

7.5.1 角度标注

创建角度标注，可在菜单中选择"标注"→"角度"命令（DIMSNHULAR），或单击"标注"工具栏按钮 ◢，测量圆和圆弧的角度、两条直线之间的角度以及三点间的角度，如图 7-56 所示。此时命令行将提示如下信息：

选择圆弧、圆、直线或 ＜指定顶点＞：　　　//用拾取框指定要测量的圆弧、圆、直线
指定角的第二个端点：　　　　　　　　　　//用拾取框指定要测量的圆弧、圆、直线
指定标注弧线位置或[多行文字(M)/文字(T)/角度(A)/象限点(Q)]：
　　　　　　　　　　　　　　　　　　　//拖动鼠标确定尺寸线位置或选择其他命令选项。
标注文字 ＝ 209　　　　　　　　　　　　//系统提示测量数据

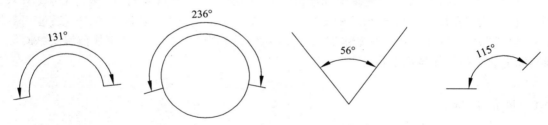

（a）标注圆弧角度　　　（b）标注圆角度　　　（c）标注直线组成角度　　　（d）指定定点标注角度

图 7-56　角度标注

根据选择对象的不同，标注的方法也有所不同，具体介绍如下：

（1）圆弧：将使用选定圆弧上的点作为角度标注的定义点。圆弧的圆心是角度的顶点，圆弧端点成为尺寸界线的原点，如图 7-56（a）所示。

（2）圆：拾取圆的第一点作为第一条尺寸界线的原点，圆的圆心作为角度的顶点，第二个角度顶点是第二条尺寸界线的原点，且无须位于圆上，如图 7-56（b）所示。

（3）直线：将测量由两条直线组成的角的角度，如图 7-56（c）所示。

（4）顶点：执行角度标注命令后，直接按回车键，可选择此命令选项。系统将创建基于指定三点的标注，角度顶点可以同时为一个角度端点。如果需要尺寸界线，则角度端点可用作尺寸界线的起点，在尺寸界线之间绘制一条圆弧作为尺寸线。尺寸界线从角度端点绘制到尺寸线交点，如图 7-56（d）所示。

当指定了尺寸线的位置后，系统将按实际测量值标注出圆或圆弧的半径。通过"多行文字（M）"和"文字（T）"选项重新确定尺寸文字时，只有给输入的尺寸文字加后缀"%%D"，才能显示出角度符号"°"，否则将不显示该符号。

7.5.2　多重引线标注

引线对象是一条线或者样条曲线，其一端带有箭头，另一端带有多行文字对象或块。一般情况下，有一条短水平线（又称为基线）将文字（或块）和特征控制框连接到引线上，如图 7-57 所示。

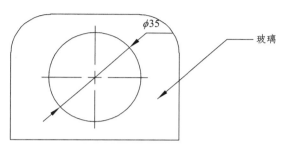

图 7-57　"多重引线"示例

在菜单中选择"标注"→"多重引线标注"命令（MLEADER），或在"多重引线"工具栏中（见图 7-58）单击"多重引线"按钮 ，都可以创建引线和注释，并设置引线和注释的样式。

图 7-58　"多重引线"工具栏

1．创建多重引线标注

执行"MLEADER"，命令行提示如下信息：

指定引线箭头的位置或[引线基线优先（L）/内容优先（C）/选项（O）] <选项>：

//指定第一引线点

指定引线基线的位置：

//指定引线基线的位置，同时弹出"文字格式"工具栏（见图 7-59），输入对应的文字

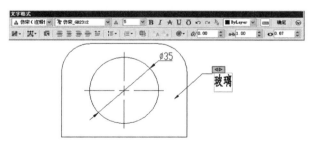

图 7-59　"多重引线"文字输入

2．管理多量引线样式

在菜单中选择"格式"→"多重引线样式"命令（MLEADERSTYLE），或单击"多重引线"工具栏按钮 ，打开"多重引线样式管理器"对话框，设置多重引线样式，如图 7-60 所示。单击"新建"按钮，将打开"创建新标注样式"对话框，用于创建新的标注样式，如图 7-61 所示。

图 7-60 "多重引线样式管理器"对话框

图 7-61 "创新多重引线样式"对话框

设置"新样式名"和"基础样式"后，单击该对话框中的"继续"按钮，将打开"修改多重引线样式"对话框。该对话框包含"引线格式""引线结构""内容"3 个选项卡（默认为"引线格式"选项卡），如图 7-62 所示。

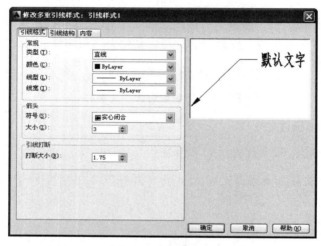

图 7-62 "修改多重引线样式"对话框

1）引线格式

在"引线格式"选项卡中，包含"常规""箭头""引线打断"3 个选项组。其中，"常规"选项组主要用于设置引线的类型、颜色、线型及线宽；"箭头"选项组主要用于设置引线箭头的符号与大小；"引线打断"选项组主要用于设置引线打断时的距离值。

2）引线结构

"引线结构"选项卡主要用于设置引线的结构，如图 7-63 所示。其中，"约束"选项组主要用于控制多重引线的结构；"基线设置"选项组用于设置多重引线中的基线；"比例"选项组用于设置多重引线的缩放关系。

3）内　容

"内容"选项卡用于设置引线标注的内容，如图 7-64 所示。

该选项卡中，"多重引线类型"下拉列表框用于设置多重引线标注的类型，列表中有"多行文字""块"和"无"3 个选项。当选中"多行文字"选项时，系统将显示"文字选项"选项组。

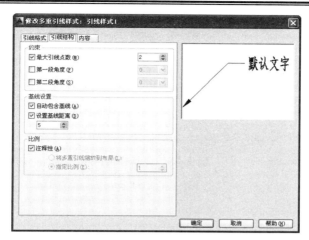

图 7-63 设置"引线结构"

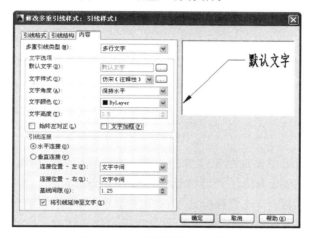

图 7-64 设置引线"内容"

"文字选项"选项组用于设置多重引线标注的文字内容。

"引线连接"选项组用于设置标注出的对象沿垂直方向相对于引线基线的位置。

用户自定义多重引线样式后，单击"确定"按钮，然后在"多重引线样式管理器"对话框将新样式置为当前样式即可。

7.5.3 坐标标注

在菜单中选择"标注"→"坐标"命令（DIMORDINATE），或单击"标注"工具栏按钮 ，可以创建相对于用户坐标原点的坐标标注。命令行提示如下信息：

指定点坐标：　　　　　　　　　　　　　　　　//指定要测量点坐标

指定引线端点或[X 基准(X)/Y 基准(Y)/多行文字(M)/文字(T)/角度(A)]:

//指定引线端点或选择其他命令选项

标注文字 = 820　　　　　　　　　　　　//系统提示测量数据，结果如图 7-65 所示

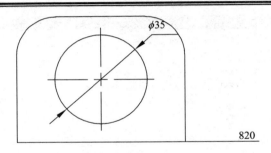

图 7-65　坐标标注

经验交流

在"指定点坐标："提示下确定引线的端点位置之前，应首先确定标注点坐标是 X 坐标还是 Y 坐标。如果提示下相对于标注点上下移动光标，将标注点的 X 坐标；若相对于标注点左右移动光标，则标注点的 Y 坐标。

在命令提示中，"X 基准（X）""Y 基准（Y）"选项分别用来标注指定点的 X、Y 坐标；"多行文字（M）"选项用于在当前文本输入窗口输入标注的内容；"文字（T）"选项要求输入标注的内容；"角度（A）"选项则用于确定标注内容的旋转角度。

7.5.4　快速标注

"快速标注"是向图形中添加测量注释的过程，用户可以为各种对象沿各个方向快速创建标注。可用于快速标注的基本标注类型包括线性标注、坐标标注、半径和直径标注等。

在菜单中选择"标注"→"快速标注"命令（QDIM），或单击"标注"工具栏按钮，执行"QDIM"命令，可以创建快速标注。命令行提示如下信息：

选择要标注的几何图形：　　　　　//指定要测量图形对象

指定尺寸线位置或[连续(C)/并列(S)/基线(B)/坐标(O)/半径(R)/直径(D)/基准点(P)/编辑(E)/设置(T)]

<连续>：　　　　　　　　　　　　//在当前默认选项下指定尺寸线位置，也可选择相应的选项进
　　　　　　　　　　　　　　　　　　　行设置

命令行中各命令选项功能如下：

（1）"指定尺寸线位置"：通过拖动鼠标指定尺寸线的位置。

（2）"连续（C）"：指定多个标注对象，即可创建连续标注。

（3）"并列（S）"：指定多个标注对象，即可创建并列标注。

（4）"基线（B）"：指定多个标注对象，即可创建基线标注。

（5）"坐标（O）"：指定多个标注对象，即可创建坐标标注。

（6）"半径（R）"：指定多个标注对象，即可创建半径标注。

（7）"直径（D）"：指定多个标注对象，即可创建标注直径。

（8）"基准点（P）"：为基线和坐标标注设置新的基准点。选择此选项，命令行将提示"选择新的基准点："，指定新基准点后，系统返回到上一提示。

（9）"编辑（E）"：编辑一系列标注。选择此选项，命令行将提示："指定要删除的标注点或[添加(A)/退出(X)] <退出>:"，根据实际情况选择命令选项，然后按回车键返回到上一提示。

（10）"设置（T）"：为指定尺寸界线原点设置默认捕捉对象。选择此选项，命令行将提示"关联标注优先级[端点(e)/交点(i)] <端点>:"，根据实际情况选择命令选项，然后按回车键返回到上一提示。

7.5.5　标注间距和标注打断

1．标注间距

在菜单中选择"标注"→"标注间距"命令（DIMSPACE），或单击"标注"工具栏按钮，可以修改已经标注的图形中标注线的位置间距大小。

执行"DIMSPACE"命令，命令行提示如下信息：

选择基准标注：	//在图形中选择第一个标注线
选择要产生间距的标注：找到 1 个	//选择第二个标注线
选择要产生间距的标注：找到 1 个，总计 2 个	//选择第三个标注线
选择要产生间距的标注：	//按 Enter 键结束选择
输入值或[自动(A)] <自动>：12	//输入标注线的间距数值，如图 7-66 所示

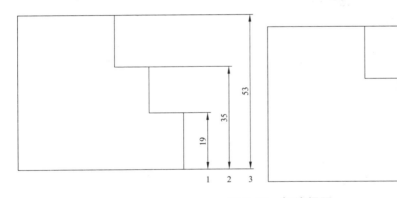

图 7-66　标注间距

2．标注打断

在菜单中选择"标注"→"标注打断"命令（DIMBREAK），或单击"标注"工具栏按钮，可以在标注线和图形之间产生一个隔断。

执行"DIMBREAK"命令，命令行提示如下信息：

选择要添加/删除折断的标注或[多个(M)]：	//在图形中选择需要打断的标注线
选择要折断标注的对象或[自动(A)/手动(M)/删除(R)] <自动>：	//选择该标注对应的选段，按 Enter 键完成标注打断，如图 7-67 所示

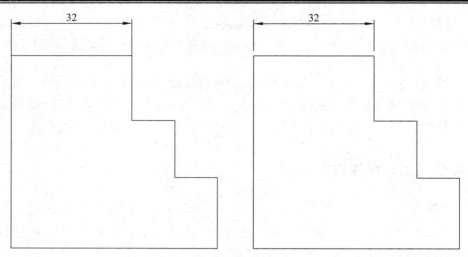

图 7-67　标注打断

7.5.6　折弯线性

在菜单中选择"标注"→"折弯线性"命令（DIMJOGLINE），或单击"标注"工具栏按钮 ∿，表示所标注的对象中的折断。标注值表示实际距离，而不是图形距离。

执行"DIMJOGLINE"命令，命令行提示如下信息：

选择要添加折弯的标注或[删除(R)]：　　　　　　　//选择要折弯标注线型尺寸

指定折弯位置（或按 Enter 键）：　　　　　　　//指定折弯位置，如图 7-68 所示

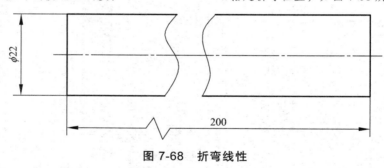

图 7-68　折弯线性

7.6　形位公差与尺寸公差标注

在机械制图中，形位公差与尺寸公差是极为重要的，它们是机械产品进行加工和装配的依据，是实现功能和互换性的保证。AutoCAD 2014 为用户提供了形位公差与尺寸公差标注方法。

7.6.1　形位公差标注

形位公差（又称几何公差）主要用于机械图形，分为形状公差、方向公差、位置公差和

跳动公差四种类型。用户可以通过特征控制框来添加形位公差，这些特征控制框中包含单个标注的所有公差信息。不过在大多数建筑制图中，一般不使用形位公差。

1. 形位公差的构成

形位公差可以通过特征控制框来显示形位公差信息，如图 7-69 所示。

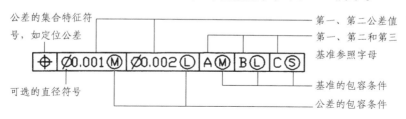

图 7-69　特征控制框架

2. 标注形位公差

在菜单中选择"标注"→"公差"命令（TOLERANCE），或单击"标注"工具栏按钮 圆，打开"形位公差"对话框，设置公差的符号、值及基准等参数，如图 7-70 所示。

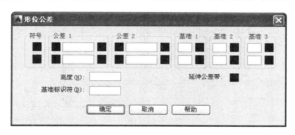

图 7-70　"形位公差"对话框

"形位公差"对话框中各个选项说明如下：

（1）"符号"选项：单击该列的 ■ 框，将打开"符号"对话框，用户可以为第 1 个或第 2 个公差选择几何特征符号，如图 7-71 所示。

（2）"公差 1"和"公差 2"选项区域：单击该列前面的 ■ 框，可以插入一个直径符号；中间的文本框可以输入公差值；单击该列后面的 ■ 框，将打开"附加符号"对话框，可以为公差选择"包容条件"符号，如图 7-72 所示。

图 7-71　"符号"对话框

图 7-72　"附加符号"对话框

（3）"基准 1""基准 2"和"基准"选项区域：这些选项组中的文本框用于创建基准参照值，用户直接在文本框中输入数值即可。单击文本框右边的 ■ 图标，同样将打开"附加符号"对话框，选择"包容条件"符号。

（4）"高度"文本框：在文本框中输入数值，指定公差带的高度。

（5）"延伸公差带"选项：单击该■框，可在延伸公差带值的后面插入延伸公差带符号。

（6）"基准标识符"文本框：创建由参照字母组成的基准标识符号。

■■■经验交流

在标注形位公差时，系统不能自动生成引出形位公差的引线，需使用"多重引线标注"才能添加引线。此外，AutoCAD 2014 没有提供标注"基准符号"的功能，用户需要单独绘制此类符号，或利用块功能创建和插入"基准符号"。

【练习 7-3】 标注如图 7-73 所示图形。

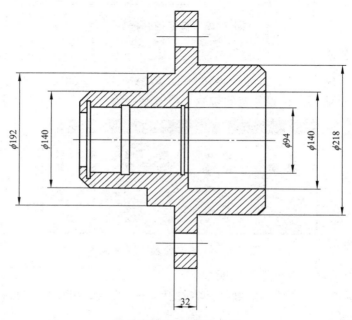

图 7-73　标注形位公差

案例分析：AutoCAD 2014 没有提供标注"基准符号"的功能，用户需要利用块功能创建并插入"基准符号"。具体操作如下：

（1）利用块功能创建"基准符号"，并插入图样中，如图 7-74 所示。

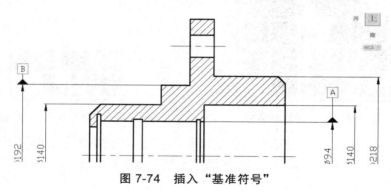

图 7-74　插入"基准符号"

（2）选择"标注"→"多重引线标注"命令（MLEADER），或在"多重引线"工具栏中单击"多重引线"按钮，创建引线并确定引线的位置，在打开的文字编辑窗口中不要输入文字，按 Esc 键取消，如图 7-75 所示。

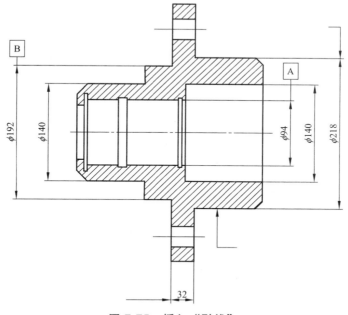

图 7-75　插入"引线"

（3）在菜单中选择"标注"→"公差"命令（TOLERANCE），或单击"标注"工具栏按钮，插入"形位公差"，如图 7-76 所示。

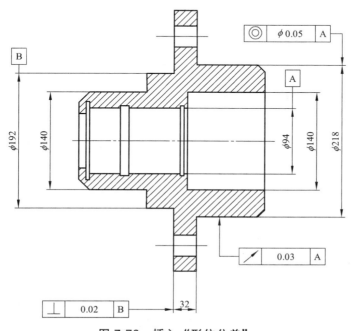

图 7-76　插入"形位公差"

7.6.2　尺寸公差标注

　　机械零件图上经常要求标注尺寸公差，它的标注形式是通过标注样式中的"公差"来设置的。下面我们以图 7-77 所示的图形为例来讲解尺寸公差标注的步骤。

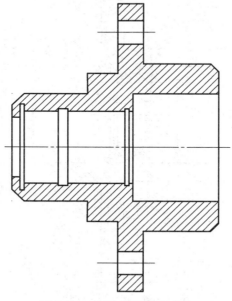

图 7-77　标注"极限公差"

1. 标注极限偏差

　　（1）在菜单中选择"格式"→"标注样式"命令（DIMSTYLE），或单击"标注"工具栏按钮，打开"标注样式管理器"对话框，并在"样式（S）"选项区域选择已创建的标注样式"新标准 1"，如图 7-78 所示。接下来单击"新建"按钮，打开"新建新标注样式"对话框，新建"尺寸公差（直径）"新样式，如图 7-79 所示。

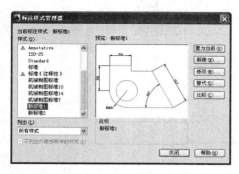

图 7-78　选择"新标准 1"样式　　　　图 7-79　新建"尺寸公差（直径）1"新样式

　　（2）在"创建新标注样式"对话框中，切换至"主单位"选项卡，并在"前缀"文本框中输入"%%C"，以便于在标注尺寸前面生成一个直径符"Φ"，如图 7-80 所示。

　　（3）在"创建新标注样式"对话框中，切换至"公差"选项卡，在"公差格式"选项组中设置公差方式及上下偏差值，如图 7-81 所示。完成后单击"确定"按钮退出。

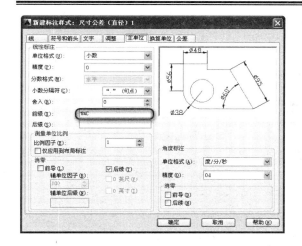

图 7-80 生成直径符 "∅"

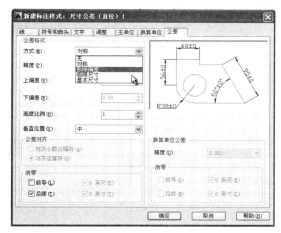

图 7-81 设置 "尺寸公差" 标注方式

（4）选择 "标注" → "线型" 命令（DIMLINER），或单击 "标注" 工具栏按钮 $\Box$，在绘图工作区中标注图形的总长度，标注结果如图 7-82 所示。

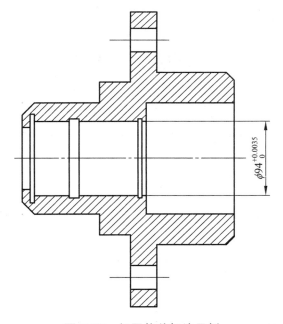

图 7-82 极限偏差标注示例

2. 标注对称偏差

（1）在菜单中选择 "格式" → "标注样式" 命令（DIMSTYLE），或单击 "标注" 工具栏按钮 $\angle$，打开 "标注样式管理器" 对话框，并在 "样式（S）" 选项区域选择已创建标注样式 "尺寸公差（直径）1"，单击 "替代" 按钮，在弹出对话框中对公差格式进行设置。

（2）选择 "标注" → "线型" 命令（DIMLINER），或单击 "标注" 工具栏按钮 $\Box$，在绘图工作区中标注图形的总长度，标注结果如图 7-83 所示。

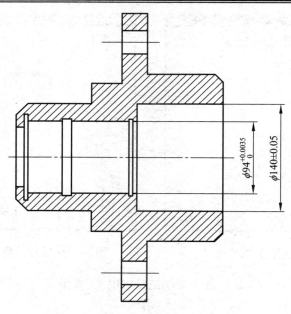

图 7-83   对称偏差标注示例

7.7   编辑标注对象

在 AutoCAD 2014 中，对已标注文字内容、位置及样式等标注特征，可以使用相应的标注编辑命令进行编辑，而不必删除所标注的尺寸对象再重新进行标注。

7.7.1   编辑标注

在"标注"工具栏中，单击"编辑标注"按钮 ，或在命令行输入"DIMEDIT"，即可编辑已有标注的标注文字内容和位置。此时命令行提示如下：

输入标注编辑类型[默认(H)/新建(N)/旋转(R)/倾斜(O)] <默认>：

命令行中各选项含义如下：

（1）"默认（H）"选项：将指定对象中的标注文字按默认位置和方向放置。

（2）"新建（N）"选项：选择该选项可以修改尺寸文字，此时系统将显示"文字格式"工具栏和文字输入窗口。修改或输入尺寸文字后，再选择要修改的标注文字对象，单击鼠标右键即可完成更新。

（3）"旋转（R）"选项：指定旋转角度用以将标注文字旋转相应角度。

（4）"倾斜（O）"选项：选定尺寸对象并设置倾斜角度值，可以非角度标注的尺寸界线倾斜一定的角度，如图 7-84 所示。

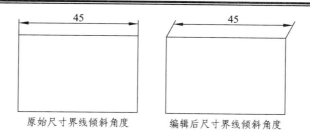

原始尺寸界线倾斜角度　　　编辑后尺寸界线倾斜角度

图 7-84　编辑尺寸界线倾斜角度

7.7.2　编辑标注文字的位置

在菜单中选择"标注"→"对齐文字"子菜单中其他命令，或在 "标注"工具栏中单击"编辑标注文字"按钮 🔺，或在命令行输入"DIMTEDIT"，可以编辑已有标注的标注文字内容和位置。此时命令行提示如下：

输入标注编辑类型[默认(H)/新建(N)/旋转(R)/倾斜(O)] <默认>:

默认情况下，可以通过拖动光标来确定尺寸文字的新位置。用户也可以输入相应的选项指定标注文字的新位置，如图 7-85 所示。

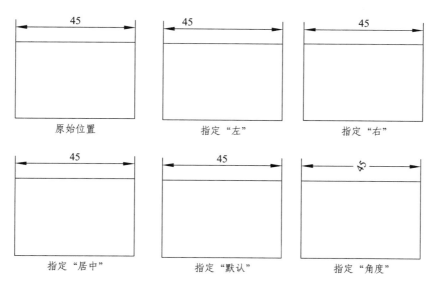

原始位置　　　　　指定"左"　　　　　指定"右"

指定"居中"　　　　指定"默认"　　　　指定"角度"

图 7-85　编辑标注文字位置

7.7.3　替代标注

在菜单中选择"标注"→"替代"命令，或在命令行输入"DIMOVERRIDE"，可以临时修改尺寸标注的系统变量设置，并按新的设置修改尺寸标注。该操作只对指定的尺寸对象作修改，并且修改后不影响原来的系统变量设置。此时，命令行提示如下：

输入要替代的标注变量名或[清除替代(C)]:

　　默认情况下，输入要修改的系统变量名并为该变量指定一个新值，然后选择需要修改的对象，这时指定的尺寸对象将按新的变量设置进行相应更改。如果在命令提示下输入"C"并选择需要修改的对象，可以取消用户已作出的修改，并将尺寸对象恢复成在当前系统变量设置下的标注形式。

7.7.4　更新标注

　　在菜单中选择"标注"→"更新"子菜单中其他命令，或在 "标注"工具栏中单击"标注更新"按钮 📧，或在命令行输入"DIMSTYLE"，可以使某个已标注的尺寸按当前尺寸标注样式所定义的形式进行更新。此时命令行提示如下：

输入标注样式选项

[注释性(AN)/保存(S)/恢复(R)/状态(ST)/变量(V)/应用(A)/?] <恢复>:

　　命令行中各选项含义如下：

　　（1）"注释性（AN）"选项：用于创建注释性标注样式。

　　（2）"保存（S）"选项：将当前尺寸系统变量的设置作为一种尺寸标注样式来命名保存。

　　（3）"恢复（R）"选项：将用户保存的某一尺寸标注样式恢复为当前样式。

　　（4）"状态（ST）"选项：查看当前各尺寸系统变量的状态。选择该选项，系统将切换到文本窗口，并显示各尺寸系统变量及其当前设置。

　　（5）"变量（V）"选项：显示指定标注样式或对象的全部（或部分）尺寸系统变量及其设置。

　　（6）"应用（A）"选项：根据当前尺寸系统变量的设置更新指定的尺寸对象。

　　（7）"?"选项：显示当前图形中命名的尺寸标注样式。

　　【练习 7-3】　练习更新标注。

　　（1）单击"标注"工具栏按钮 📧，打开"标注样式管理器"对话框。在"样式（S）"选项区域中选择已创建的标注样式"机械制图标准"，单击"替代"按钮，打开"替代当前样式"对话框，在"公差"选项卡中进行相应设置。

　　（2）在"标注样式管理器"对话框的"样式（S）"选项区域中，选择已创建的标注样式"机械制图标准"，单击"替代"按钮，打开"替代当前样式"对话框。

　　（3）在"替代当前样式"对话框中选择"文字"选项卡，在"文字对齐"选项组把"ISO标注"改成"与尺寸线对齐"单选项，单击"确定"按钮，返回 AutoCAD 2014 主界面。

　　（4）在"标注"工具栏中，单击"标注更新"按钮 📧，选择"*Φ32*"尺寸线，按 Enter键，完成更新，如图 7-86 所示。

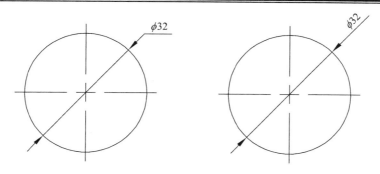

图 7-86 更新尺寸标注

7.7.5 关联标注

尺寸关联指所标注尺寸与被标注对象有关联关系。如果标注的尺寸值是按自动测量值进行标注的，且尺寸标注是按尺寸关联模式标注的，那么改变被标注对象的大小后，相应的标注尺寸也将发生改变，即尺寸界线、尺寸线的位置都将改变到相应的新位置，尺寸值也将改变成新测量值。反之，改变尺寸界线起始点的位置，尺寸值也会发生相应的变化。

例如，在如图 7-87（a）所示图形中，矩形中标注出了矩形边的长度和宽度尺寸，且该标注是按尺寸关联模式标注的，那么改变矩形右上角的点位置后，相应的标注尺寸也会自动改变，且尺寸值也会自动变为新长度值，如图 7-87（b）所示。

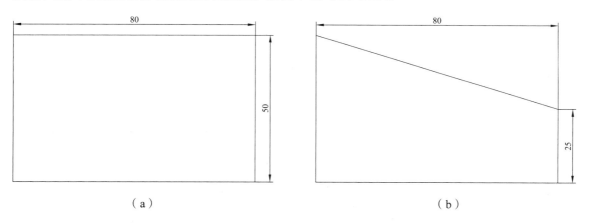

（a） （b）

图 7-87 尺寸关联标注

7.7.6 利用快捷键改变标注

在 AutoCAD 2014 中，用户可以使用标注快捷菜单修改标注，如图 7-88 所示。在快捷菜单中，可以对尺寸线进行"拉伸"，对箭头的方向进行翻转（见图 7-89），也可以对图样进行连续标注和基线标注。

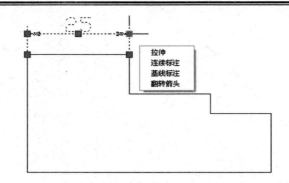

图 7-88   利用快捷键修改标注

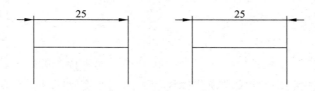

图 7-89   翻转箭头效果示例

■■ 本章小结

本章介绍了 AutoCAD 2014 中尺寸标注的基本方法和技巧，包括尺寸标注的组成、标注的基本规则与步骤、标注样式的创建、各种类型尺寸标注的方法、标注形位公差与尺寸公差的方法、尺寸标注的编辑等。通过本章的学习，用户应该熟练各种尺寸标注方法，重点掌握编辑标注，创建标注样式及标注对象尺寸的方法。

■■ 思考练习

一、简述题

1. 在机械制图或其他工程绘图时，一个完整的尺寸标注由哪些组成？应该遵循哪些尺寸标注的规则？

2. 在 AutoCAD 2014 中，创建尺寸标注的步骤有哪些？

3. 在 AutoCAD 2014 中，尺寸标注类型有哪些，各有什么特点？

4. 在 AutoCAD 2014 中，如何创建引线标注？

5. 在 AutoCAD 2014 中，如何创建形位公差？

6. 在 AutoCAD 2014 中，如何创建尺寸公差？

二、上机操作

1. 定义一个新的标注样式，具体要求如下：样式名称为"机械标注"，基线标注时基线之间距离为"7"，尺寸界线超出尺寸线的距离为"2"，起点偏移量为"0"，箭头大小为"5"，圆心标记为"直线"，文字高度为"3.5"，尺寸文字从尺寸线偏移的距离为"0.825"，文字对齐为"ISO 标准"，其余设置采用系统默认设置。

2. 绘制如图 7-90 所示的图形并标注尺寸。

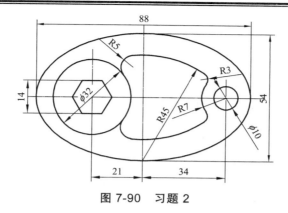

图 7-90　习题 2

3. 绘制如图 7-91 所示的图形并标注尺寸。

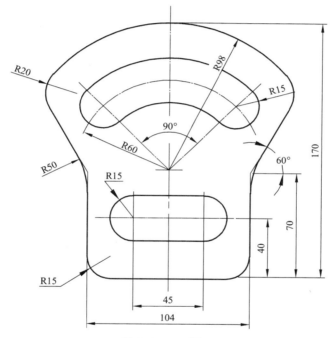

图 7-91　习题 3

4. 绘制如图 7-92 所示的图形并标注尺寸。

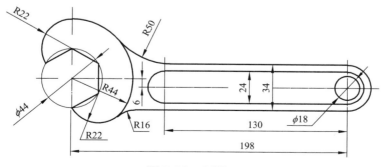

图 7-92　习题 4

5. 绘制如图 7-93 所示的图形并标注尺寸。

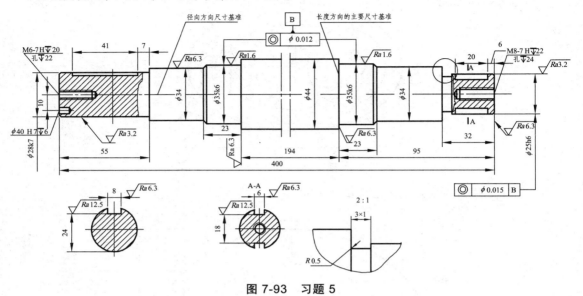

图 7-93 习题 5

第8章 图块、图案填充

◤◢ 本章导读

在绘图过程中，常常会碰到一些重复使用的图形，比如建筑制图中的家具图例、轴标号与标高符号等。机械制图中的一些常用件或标准件可利用 AutoCAD 2014 的复制和修改功能来实现图形的绘制，但对于图形的多次复制，不但操作繁琐，而且一旦发现源图形错误，所有复制的对象都要修改，效率非常低下。

AutoCAD 2014 为用户提供了图块功能，图块可以是绘制在几个图层上的不同颜色、线型和线宽特性的对象的组合，即图形中的多个图形对象组合成一个整体，给它命名并存储在图中的一个整体图形。

图块功能可以将重复使用的图形定义成块，可以将图块看成一个单一的对象插入到图形中，可以在插入图块的过程中进行比例缩放和旋转等操作，还可以将块分解为组成对象。引入图块可以大大提高绘图效率。

图案填充用于绘制剖面符号或剖面线，表示纹理或涂色等，广泛地应用于机械图、建筑图、地质构造图等各类图样中。AutoCAD 2014 提供了"图案填充"和"渐变色"两个命令来进行图案填充，其中"渐变色"命令属于"图案填充"命令的一部分。

◤◢ 本章要点

定义块（定义内部图块）；
插入块；
写块；
定义块属性；
编辑图块属性；
块的编辑和管理；
图案填充。

图块的创建、使用和编辑以及图案填充的菜单命令主要集中在"绘图"菜单栏中，其工具栏命令主要集中在"绘图"工具栏中。

8.1 定义块（定义内部图块）

"定义块"命令用于创建块并将块对象保存在当前图形文件中，以备重复使用。

8.1.1　命令的执行方式

（1）菜单栏："绘图"→"块"→"创建块"。
（2）工具栏：单击"绘图"工具栏按钮 。
（3）命令行：输入"BLOCK✓"。
（4）快捷键："B"。

执行此命令后，系统将打开"块定义"对话框，如图 8-1 所示。需要特别说明的是，利用该方式创建的图块仅保存在当前图形中。

图 8-1　"块定义"对话框

8.1.2　"块定义"对话框

"块定义"对话框中各选项含义介绍如下：

1．"名称"下拉列表

指定块的名称，块名称及块定义将仅保存在当前图形中。

2．"基点"选项区域

指定块的插入基点。可以利用以下几种方式指定块的插入基点：

1）"在屏幕上指定"复选框

勾选此选项并关闭对话框时，系统将提示用户指定基点。

2）"拾取点"按钮

暂时关闭对话框以使用户能在当前图形中拾取插入基点。

3）输入坐标选项

（1）"X"：

指定 X 坐标值。

（2）"Y"：

指定 Y 坐标值。

（3）"Z"：

指定 Z 坐标值。

3. "对象"选项区域

指定新块中要包含的对象，以及创建块之后如何处理这些对象（保留或删除选定的对象或者是将它们转换成块实例）。

1）"在屏幕上指定"复选项

勾选此选项并关闭对话框时，系统将提示用户指定对象。

2）"选择对象"按钮

单击该按钮，系统将暂时关闭"块定义"对话框，并提示用户选择组成块的源对象。选择完对象后，按 Enter 键可返回到该对话框。

3）"快速选择"按钮

显示"快速选择"对话框并使用该对话框定义选择集。

4）"保留"复选项

创建块以后，将选定对象仍保留在图形中。

5）"转换为块"复选项

创建块以后，将选定对象转换成图形中的块实例。此选项为系统默认选项，一般常用此选项选择对象。

6）"删除"复选项

创建块以后，从图形中删除选定的对象。

7）"选定的对象"显示区域

显示选定对象的数目。

4. "方式"选项区域

"方式"选项区域用于指定块的行为，各选项功能如下：

1）"注释性"复选项

指定块为注释性。

2）"使块方向与布局匹配"复选项

指定在图纸空间视口中，块参照的方向与布局的方向匹配。如果未选择"注释性"选项，则该选项不可用。

3）"按统一比例缩放"复选项

指定块参照是否按统一比例缩放。

4）"允许分解"复选项

指定块参照是否可以被分解。

5. "设置"选项区域

1）"块单位"下拉列表框

设置块参照的插入单位。

2）"超链接"按钮

单击"超链接"按钮，将打开"插入超链接"对话框，使用该对话框可以将某个超链接与块定义相关联。

6. "说明"文本区域

用户可在"说明"文本区域中指定块的说明信息。

7. "在块编辑器中打开"复选项

选中"在块编辑器中打开"复选框并单击"确定"，系统将在块编辑器中打开当前的块定义。

【练习 8-1】　创建如图 8-2（a）所示粗糙度符号，具体尺寸参数如图 8-2（b）所示。

解析：可以参照以下步骤创建粗糙度符号：

（1）使用"多边形"命令，创建如图 8-2（c）所示等边三角形，尺寸大小不限。

（2）使用"直线"命令，设置极轴追踪为"60°"，作出右侧 60°斜线，如图 8-2（d）所示。

（3）使用"直线"命令，连接直线 AB，如图 8-2（e）所示。

（4）使用"缩放"命令，将直线 AB 放大两倍（B 点为基点（缩放中心），比例因子为"2"），如图 8-2（f）所示。

（5）使用"构造线"命令，通过 C 点作水平构造线，如图 8-2（g）所示。

（6）使用"修剪"命令，修剪右侧 60°斜线中处于构造线上侧的部分，如图 8-2（h）所示。

（7）使用"缩放"命令，选择整个图形进行缩放，按下列命令提示进行操作：

命令：scale	//激活命令
选择对象：	//选择如图 8-2（h）所示图形进行缩放。
选择对象：	//✓，结束选择
指定基点：	//指定 B 点缩放命令的基点（缩放中心）
指定比例因子或[复制（C）/参照（R）]：r	//输入 R 指定为参照方式
指定参照长度 <1.0000>：	//拾取 A、B 两点，指定 AB 线段的长度为参照长度
指定第二点：	//指定确定参照长度的第二点
指定新的长度或[点（P）] <1.0000>：5	//直接输入 5 作为新长度，系统按照比例因子=新长度/参照长度，对所选图形进行缩放

（8）创建粗糙度图块

① 单击"绘图"工具栏按键 ，打开"块定义"对话框。

② 在"名称"下拉列表中，输入要创建的图块的名称，如"去除材料用粗糙度"。

③ 单击"拾取插入基点"按钮，系统暂时关闭对话框，回到绘图窗口，从图中选择 B 点作为基点（即图块插入点），系统返回"块定义"对话框。

④ 在"对象"选项区域中，单击"选择对象"按钮，系统暂时关闭对话框，回到绘图窗口，从图中选择要做成粗糙度的图形，如图 8-2（i）所示，随后系统将返回"块定义"对话框。

⑤ 如果要在控制打印时使用"注释比例"功能，可在"方式"选项区域勾选"注释性"复选项。

⑥ 点击"确定"按钮完成粗糙度图块的创建，最终结果如图 8-2（i）所示。

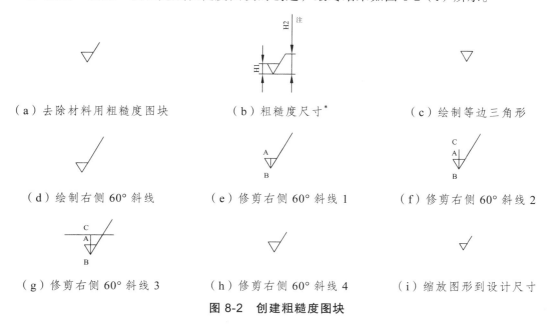

图 8-2　创建粗糙度图块

8.2　写块（定义外部图块）

写块也是创建块的一种，又叫块存盘。写块是把我们定义的块永久地保存成单独的文件，随时可插入到任何一个图形中使用。

由于内部图块只能在当前图形文件中定义和使用，而不能插入在其他图形文件中，因而给绘图过程带来了不便。为了弥补这种不足，AutoCAD 2014 提供了"WBLOCK"命令，它可以将块作为一个图形文件存储，也可以将选择集或整个图形定义为图块并作为一个独立的图形文件存盘，以后该图形文件就可以作为一个块插入到其他图形文件中。这种能作为单独文件存盘的图块称为外部图块。实际上，用"WBLOCK"命令将块保存到磁盘后，该块将以".dwg"格式保存，也就是以 AutoCAD 图形文件格式保存，图形文件中保存的并不是图块，而是定义块之前的源对象。

注：* H1 为尺寸标注字体高度的大一号字体高度，一般零件图上尺寸标注的字体高度为 3.5，则此处 H1 为 5。
　　H2≈2H1，此处为 10。

8.2.1　命令的执行方式

（1）命令行：输入"WBLOCK↙"。
（2）快捷键："W"。

8.2.2　"写块"对话框

执行"WBLOCK"命令后，系统将打开"写块"对话框，如图8-3所示。该对话框各选项功能如下：

图 8-3　"写块"对话框

1．"源"选项区域

确定组成图块的图形对象的来源。

1）"块"复选项

将"BLOCK"命令定义好的内部块作为外部图块存盘。选中该选项，其右侧的下拉列表框中会列出当前图形中所有图块的名称。

2）"整个图形"复选项

将整个图形文件作为一个外部图块存盘。

3）"对象"复选项

将用户选择的图形对象作为外部图块存盘。

①"基点"选项区域。

与"块定义"对话框功能相同，在此不再介绍。

②"对象"选项区域。

与"块定义"对话框功能相同，在此不再介绍。

2.“目标”选项区域

指定文件的新名称和新位置以及插入块时所用的测量单位。

1）“文件名和路径”文本框

在此文本框中，用户可以指定图块文件的名称和保存位置。

2）“插入单位”下拉列表

在此下拉列表中，用户可以设定插入图块时使用的测量单位。

【练习 8-2】　将练习 8-1 中创建的粗糙度图块存盘，以便其他图形调用。

（1）在命令行输入“WBLOCK✓”，打开“写块”对话框。

（2）在“源”选项区域中，选择“块”复选项，其右侧的下拉列表框中选择“去除材料用粗糙度”图块。

（3）单击“目标”选项区域 “文件名和路径”文本框右侧的“…”按钮，在打开的对话框中选择合适的目录，并定义存盘的图块名称（也可不重新定义，系统仍延续源图块的名称）。

（4）单击“确定”按钮，完成图块的存盘。

8.3　插入块

定义和保存图块的目的都是为了重复使用图块，将其放置到图形文件上指定的位置，这就需要调用图块。调用图块是通过“插入块”命令实现的，利用该命令既可以调用内部块，也可以调用外部块。

“插入块”命令用于在当前图形文件中插入已定义的内部图块，或将已存盘的“.dwg”格式文件作为图块插入到当前图形中。

8.3.1　命令的执行方式

（1）工具栏：单击“绘图”工具栏按钮 。

（2）命令行：输入“INSERT✓”。

（3）快捷键：“I”。

8.3.2　“插入”对话框

执行“INSERT”命令后，系统将打开“插入”对话框，如图 8-4 所示。该对话框中各选项区域功能如下：

1.“名称”下拉列表

指定要插入内部块的名称。

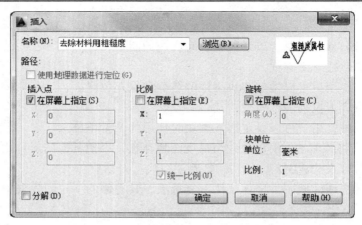

图 8-4　"插入"对话框

2. "浏览"按钮

指定要作为块进行插入的外部文件的名称。点击该按钮，系统将打开"选择图形文件"对话框，从中可选择要插入的块或图形文件。

3. "预览"区域

显示要插入的块的预览。"预览"区域右下角的闪电图标表示该块为动态块，灠图标表示该块为注释性。

4. "插入点"选项区域

当插入块时，应根据需要指定在图形中块的基点的位置（称为插入点）。

1）"在屏幕上指定"复选项

选中该复选项，用户需在绘图区域指定插入点。

2）"X""Y""Z"选项

为块的插入点手动输入 X、Y 和 Z 坐标值。只有当不勾选"在屏幕上指定"复选项时，才可以输入坐标。

5. "比例"选项区域

当插入块时，用户可以根据需要对块进行缩放。缩放时，在 X、Y、Z 三个方向的缩放比例可以相同，也可以不同。如果指定负的 X、Y 和 Z 缩放比例因子，系统将插入块的镜像图像。

1）"在屏幕上指定"复选项

通过使用十字光标来指定插入图块的比例。

2）"X""Y""Z"选项

设定 X、Y、Z 轴方向的比例因子。

3）"统一比例"复选项

如果勾选"统一比例"复选项，插入的图块在 X、Y、Z 轴方向上都采用统一的比例。

6."旋转"选项区域

当插入块时，用户可以根据需要对块进行旋转。

1）"在屏幕上指定"复选项

如果选择"在屏幕上指定"复选项，用户可以使用十字光标来指定插入图块的旋转角度。

2）"角度"文本框

手动输入块的旋转角度。只有当不选中"在屏幕上指定"复选项时，才可以输入旋转角度。

7."块单位"选项区域

1）"单位"文本框

在此栏中系统将显示有关块单位的信息。

2）"比例"文本框

在此栏中系统将显示有关块比例的信息。

8."分解"复选项

前面已经介绍，块是一个整体。但是勾选此复选项时，图块在插入时将会自动分解。

8.3.3　说　明

（1）当块被插入到图形中时，块仍将保持它原图层的定义。假如一个块中的对象最初位于名为"A"的层中，当它被插入时，它仍在"A"层上。但若图形文件的图层中存在与块中图层同名的图层时，则块中该图层的线型与颜色应按图形的同名的图层所确定的线型与颜色绘图。

（2）如果块的组成对象位于图层 0，并且对象的颜色、线型和线宽都设置为"随层"，那么把此块插入当前图层时，系统将设置指定该块的特性与当前图层的特性相同。

（3）如果组成块的对象的颜色、线型或线宽都设置为"随块"，那么在插入此块时，这些对象特性将被设置为系统的当前值。

（4）块定义中可包含其他嵌套的块。

8.4　定义块属性

绘制图形时，我们经常需要插入多个带有不同名称或附加文本信息的图块。如果依次对各个图块进行标注，必将浪费很多时间。此时，我们可以考虑为图块定义属性，在插入图块的时候为图块指定相应的属性值，这样可以大大提高绘图效率，此时就需要用到块属性的功能。块属性实质上就是图块中附加的一些已经定义好的文字样式、对齐方式、文字高度、旋转角度和位置的文本信息。

属性是块中的文本对象，它是块的一个组成部分。属性从属于块，当利用删除命令删除块时，属性也被删除了。

一个具有属性的块，由图形的实体与属性两部分组成。一个块可以含有多个属性，在每次块插入时，属性可以隐藏也可以显示出来，还可以根据需要改变属性值。

属性具有以下特点：

（1）属性包括属性标记和属性值。

（2）定义块前，需先定义属性的标记、提示、默认值、显示格式、插入点等。

（3）属性用"ATTEXT"命令进行数据提取。

8.4.1　命令的执行方式

（1）菜单栏："绘图"→"块"→"定义属性"。

（2）命令行：输入"ATTDEF↙"。

（3）快捷键："ATT"。

8.4.2　"属性定义"对话框

执行"ATTDEF"命令后，系统将打开"属性定义"对话框，如图 8-5 所示。该对话框各选项区域功能如下：

图 8-5　"属性定义"对话框

1. "模式"选项区域

设定属性文字的显示模式。

1）"不可见"复选项

插入块并输入该属性值后，属性值在图中不显示。

2）"固定"复选项

将块的属性设为恒定值，块插入时不再提示属性信息，也不能修改该属性值，即该属性保持不变。

3）"验证"复选项

插入块时，每出现一个属性值，命令行均出现提示，要求验证该属性输入是否正确，若发现错误，可在该提示下重新输入正确的值。

4）"预置"复选项

插入块时，指定属性设为缺省值，在以后插入块时，系统将不再提示输入属性值，而是自动填写缺省值。

5）"锁定位置"复选项

锁定块参照中属性的位置。锁定后，属性将无法相对于使用夹点编辑的块的其他部分进行移动，也不能调整多行文字属性的大小。

6）"多行"复选项

指定属性值可以包含多行文字，并且允许用户指定属性的边界宽度。

2. "属性"选项区域

设置图块属性的相关数据。

1）"标记"文本框

指定用来标识属性的名称。用户可使用任何字符组合（空格除外）输入属性标记，字母默认为大写格式（小写字母会自动转换为大写字母）。

2）"提示"文本框

指定在插入包含该属性定义的块时系统显示的提示。如果不输入提示，系统将以属性标记作为提示。如果在"模式"选项区域选择"固定"模式，"属性提示"选项将不可用。

3）"默认"文本框

指定默认属性值。

3. "插入点"选项区域

确定属性值在块中的插入点。用户可以分别在 X、Y、Z 文本框中直接输入相应的坐标值，也可以单击"在屏幕上指定"按钮，切换到绘图窗口，在命令提示行中输入插入点坐标，或用光标在绘图区拾取一点来确定属性值的插入点。

4. "文字设置"选项区域

确定属性文本的字体、对齐方式、字体高度及旋转角度等。

1）"对正"下拉列表

指定属性文字的对正方式。

2）"文字样式"下拉列表

指定属性文字的文字样式。

3）"注释性"复选项

指定属性为注释性。如果块是注释性的，则属性将与块的方向相匹配。

4）"文字高度"文本框

指定属性文字的高度，此高度为从原点到指定的位置的测量值。用户可以在该文本框中直接输入值，也可以选择文本框右侧的"文字高度"按钮用定点设备指定高度。

如果选择有固定高度（任何非 0 值）的文字样式，或者在"对正"列表中选择了"对齐"，则"高度"选项将不可用。

5）"旋转"文本框

指定属性文字的旋转角度，此旋转角度为从原点到指定的位置的测量值。用户可以在该文本框中直接输入值，也可以选择文本框右侧的"旋转"按钮用定点设备指定旋转角度。

如果在"对正"列表中选择了"对齐"或"调整"，则"旋转"选项不可用。

6）边界宽度

换行至下一行前，指定多行文字属性中一行文字的最大长度。值为"0"，表示对文字行的长度没有限制。

5. "在上一个属性定义下对齐"复选项

选择该选项，系统会将属性标记直接置于之前定义的属性的下面。如果之前没有创建属性定义，则此选项不可用。

【练习 8-3】   创建如图 8-6（a）所示的具有属性值的粗糙度符号。

（1）使用【练习 8-1】的方法作出如图 8-6（b）所示图形。

（2）选择菜单栏"绘图"→"块"→"定义属性"命令，系统将打开"属性定义"对话框，按照图 8-6（c）所示的参数设置该对话框。

（3）单击"确定"按钮，系统返回绘图窗口。通过对象捕捉功能捕捉到如图 8-6（d）所示的中点，则块属性对象显示为块属性"标记"（即块属性名称），同时块属性对象的中间对齐点和捕捉到的中点位置重合，如图 8-6（e）所示。

（4）使用"移动"命令，把块属性对象向正上方移动到合适的位置，如图 8-6（f）所示。

（5）使用"创建块"命令，把如图 8-6（f）所示图形的块属性对象和图形对象创建成一个图块。在创建块的同时，该图中选定的块属性对象和图形对象将转换成图形中的块实例，如图 8-6（g）所示。因已和图形对象转化为块，成为一个整体，块属性对象此处不再显示为块属性"标记"（即块属性名称），而是显示为默认值"6.3"。

（a）带属性去除材料用粗糙度图块

（b）粗糙度图形

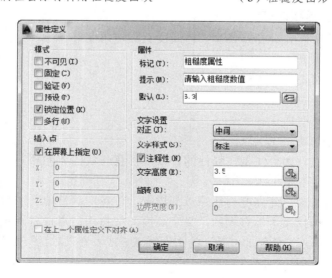

（c）定义粗糙度属性

（d）放置粗糙度属性 1　　　　　　　　（e）放置粗糙度属性 2

（f）放置粗糙度属性 3　　　　　（g）定义带属性去除材料用粗糙度图块

图 8-6　创建带属性的粗糙度图块

【练习 8-4】　将【练习 8-3】中创建的带属性的粗糙度图块插入零件图中，如图 8-7（a）所示。

（1）单击"绘图"工具栏按键 ，打开"插入"对话框，设置合适的比例（此处设置为 1），"插入点"和"旋转"选项均选择"在屏幕上指定"选项，设置参数如图 8-7（b）所示。

（2）单击"确定"按钮，系统将弹出"选择注释比例"对话框以确认注释比例，如图 8-7（c）所示。此处涉及的注释比例与打印出图有关，将在后面章节详述，此处不作说明，单击"确定"按钮即可。

（3）此时，命令栏提示如下：

命令：insert

指定插入点或[基点(B)/比例(S)/X/Y/Z/旋转(R)]：

> //选择图块基点在图中的位置，其中，基点（B）选项可以重新设置图块的基点，比例选项在"插入"对话框中已经设置，旋转角度将通过光标在屏幕上指定

通过"对象捕捉"功能选择如图 8-7（d）所示的"中点"。

（4）通过"极轴追踪"功能，合理选择旋转角度，如图 8-7（e）所示。

（5）确定旋转角度后，单击鼠标左键，系统将弹出"编辑属性"对话框，如图 8-7（f）所示。此处显示为默认值，我们可以更改为需要的属性值，并单击"确定"按钮完成插入带属性粗糙度图块。

（6）使用同样的方法插入图中属性值为 3.2 的粗糙度图块，注意图中的插入点不是直线的中点和端点。要保证插入点在直线上，需要用到"对象捕捉"中的"最近点"命令。

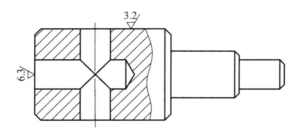

（a）原图形

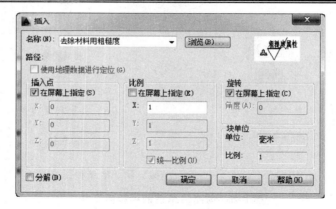

（b）"插入"对话框设置

（c）"选择注释比例"对话框

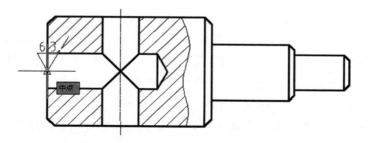

（d）插入粗糙度图块

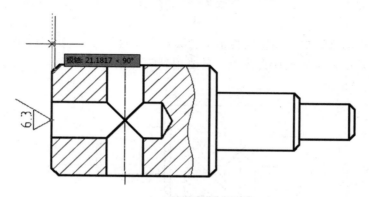

（e）确定粗糙度图块旋转角度

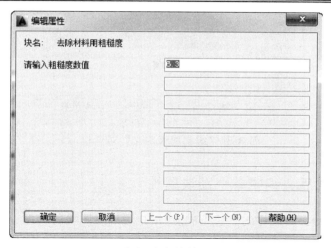

（f）确定属性值

图 8-7　插入带属性粗糙度图块

8.5　编辑图块属性

"编辑文字"（DDEDIT）命令用于修改未合并成块之前的属性的标记名称、提示符或默认值，而"增强属性编辑器"可以修改单个属性块的属性值、文字样式、对正方式、文字的高度、倾斜角度以及图层特性等参数。

8.5.1　未合并成块之前，编辑图块属性

当用户定义了块属性对象，还没有和图形合并成块时，如果发现需要修改属性标记名称、提示符或默认值等，可以使用"编辑文字"命令对属性的各参数值进行修改。

1.　命令的执行方式

（1）菜单栏："修改"→"对象"→"文字"。
（2）命令行："DDEDIT✓"。
（3）快捷键："ED✓"。
（4）双击左键：在所定义的属性文本上双击鼠标左键。

2.　命令行提示

命令：_ddedit　　　　　　　　　　　//激活命令
选择注释对象或[放弃(U)]：

　　　　　　　　　　　　　　　//选择要编辑的块属性对象，系统将打开"编辑属性
　　　　　　　　　　　　　　　　定义"对话框，如图 8-8 所示。在对话框中可以修
　　　　　　　　　　　　　　　　改属性标记名称、提示符或默认值

图 8-8 "编辑属性定义"对话框

8.5.2 合并成块之后，编辑单个图块属性

如果对已经插入的具有属性的图块不满意,用户可以对图块的属性进行编辑。"编辑属性"命令用于对已含有属性的图块进行属性编辑,可以修改属性块的属性值、文字样式、对正方式、文字的高度、倾斜角度以及图层特性等参数,但是不能修改属性的标记名称和提示说明。

执行此命令的前提条件是在当前图形中必须存在带有属性的图块。

1. 命令的执行方式

（1）菜单栏："修改"→"对象"→"属性"→"单个"。

（2）工具栏：单击"修改Ⅱ"工具栏按键 。

（3）命令行：输入"EATTEDIT√"。

（4）双击左键：在带属性的图块上双击鼠标左键。

2. "增强属性编辑器"选项卡

激活"编辑属性"命令后选择需要编辑的带属性的块,系统将打开"增强属性编辑器"对话框,如图 8-9 所示。该对话框有"属性""文字选项"和"特性"3 个选项卡,用户可以在这 3 个选项卡中修改属性块的各种参数。

（1）"属性"选项卡：修改和显示图块的标记、提示和值。

（2）"文字选项"选项卡：显示和修改属性文字的字体、对齐方式、高度、旋转角度、字体效果等。

（3）"特性"选项卡：显示和修改属性文字的图层、线宽、线型、颜色和打印样式。

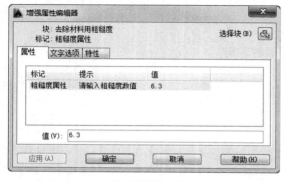

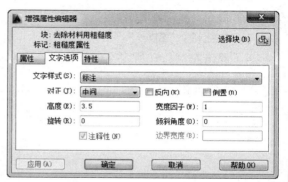

（a）"属性"选项卡   （b）"文字选项"选项卡

（c）"特性"选项卡

图 8-9　"增强属性编辑器"对话框

【**练习 8-5**】　将如图 8-10（a）所示图形中错误的粗糙度标注修改为如图 8-10（b）所示的正确标注。

（1）在如图 8-10（a）所示图形中的粗糙度上双击鼠标左键，打开"增强属性编辑器"对话框。

（2）在"属性"选项卡中，选择标记（属性名）为"粗糙度属性"一行，在最下方的"值"文本框一栏修改属性值为 3.2。

（3）切换到"文字选项"选项卡中，可以看到其中"旋转"文本框中值为"180"，如图 8-10（c）所示。将该值修改为"0"，单击"确定"按钮完成修改。

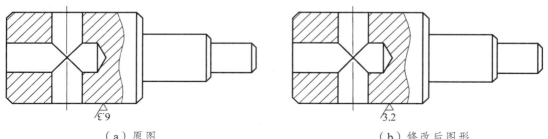

（a）原图　　　　　　　　　　　　　　　　　（b）修改后图形

（c）"增强属性编辑器"对话框

图 8-10　编辑图块属性实例

【练习 8-6】　创建如图 8-11（a）所示标题栏图块，并设置相应块属性，如图 8-11（b）所示。

（a）图块练习 1

（b）图块属性

图 8-11　带属性的标题栏图块

解析：如图 8-11（a）所示的标题栏中，表格的空白单元格需要填写图纸相关文字信息，这些文字的文字样式、文字高度、位置和对正方式在相关单元格中不变，但文字内容经常会根据具体情况改变，因此这些文字信息可以定义成块属性，与标题栏图形整体创建成一个图块。在需要输入这些相关信息时，只需双击图块，打开"增强属性编辑器"对话框，在对话框中填写相关信息即可。

1）创建构造线

将"细实线层"设为当前图层，然后绘制一条水平构造线"a"和一条竖直构造线"b"，如图 8-12 所示。

2）偏移构造线

激活"偏移"命令，命令行提示如下：

当前设置：删除源=否　图层=源　　OFFSETGAPTYPE=0

指定偏移距离或[通过(T)/删除(E)/图层(L)] <1.0000>：5

//指定对象偏移的距离为 5

选择要偏移的对象，或[退出(E)/放弃(U)] <退出>：

　　　　　　　　　　　　　　　　//选取水平构造线 a

指定要偏移的那一侧上的点，或[退出(E)/多个(M)/放弃(U)] <退出>：

　　　　　　　　　　　　　　　　//通过光标指定水平构造线 a 下方一点，从而
　　　　　　　　　　　　　　　　偏移复制出构造线 c

选择要偏移的对象，或[退出(E)/放弃(U)] <退出>：

　　　　　　　　　　　　　　　　//继续选取水平构造线 c

指定要偏移的那一侧上的点，或[退出(E)/多个(M)/放弃(U)] <退出>：

　　　　　　　　　　　　　　　　//通过光标指定水平构造线 c 下方一点，从而
　　　　　　　　　　　　　　　　偏移复制出构造线 d，整个"偏移"命令中，
　　　　　　　　　　　　　　　　偏移距离不变，即均为 5

使用同样的方法依次偏移出 6 条平行线（包含构造线 a），相邻两条平行线间的间距为
"5"，如图 8-13 所示。

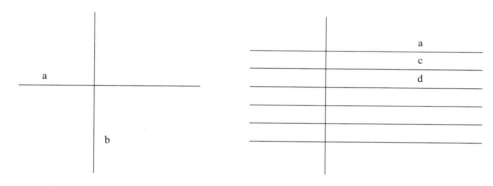

图 8-12　绘制构造线　　　　　　　　　　图 8-13　偏移构造线

3）复制构造线

除了"偏移"命令以外，"复制"命令同样可以作出现有线段的平行线（主要是水平或竖
直的平行线）。"偏移"命令一次命令中只能使用同一偏移距离，而"复制"命令一次命令中
可以指定多个偏移距离，有时更为方便快捷。

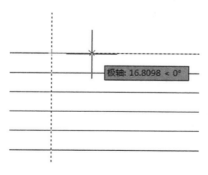

图 8-14　复制构造线

激活"复制"命令，在提示选择要复制的对象时，选择构造线 b，指定构造线 a 和构造

线 b 的交点作为复制的基点，在提示指定第二点（目标点）时，通过"极轴追踪"功能追踪 0° 方向（水平向右），然后输入"12↙"，系统将绘制出一条间距为"12"的平行线，如图 8-14 所示，保持追踪 0° 方向，依次输入"40↙""65↙""77↙""95↙""107↙""130↙"，从而构造出一系列竖直的平行线，如图 8-15 所示。

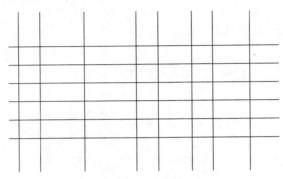

图 8-15　构造线

4）修剪构造线

使用"修剪"命令修剪多余线条，修剪后结果如图 8-16 所示。

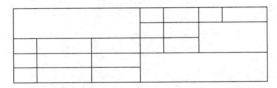

图 8-16　修剪构造线

5）更改图层

选择标题栏最外侧图线，将图线所在图层更改为"粗实线层"，如图 8-17 所示。

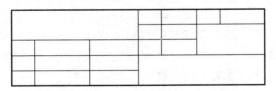

图 8-17　修剪构造线

6）填写文字

使用"多行文字"命令填写相应单元格。

设定当前文字样式后，激活"多行文字"命令，系统将提示指定两点作为多行文字文本框的对角点（此处务必选择需要填写文字的单元格的两个对角点）。

在指定两个对角点之后，系统将打开"文字格式"工具栏和文字输入窗口，在"文字格式"工具栏中指定文字高度，并在文字输入窗口中输入相关文字内容。

输入文字内容完毕后，单击"文字格式"工具栏中的"多行文字对正"按钮，弹出"多行文字对正"下拉菜单，选择"正中"选项，保证输入的文字内容在单元格中保持居中设置，如图 8-18 所示。

利用上述方法依次填写表格中相关内容，如图 8-19 所示。

7）绘制块属性定位辅助线

在"制图"单元格右侧的相邻单元格中绘制一条对角线，在后续操作中可以利用该对角线的中点作为块属性的插入点，如图 8-20 所示。

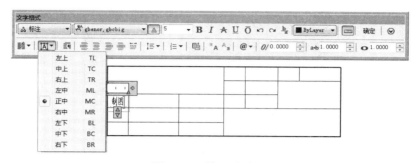

图 8-18　填写文字 1

			比例		材料		
			件数				
制图			质量				
描图							
审核							

图 8-19　填写文字 2

			比例		材料		
			件数				
制图			质量				
描图							
审核							

图 8-20　绘制块属性定位辅助线

8）定义块属性

单击"绘图"菜单栏→"块"→"定义属性"命令，打开"属性定义"对话框，按照如图 8-21 所示的参数设置该对话框。

图 8-21　定义块属性

单击"确定"按钮，系统将返回绘图窗口，通过"对象捕捉"功能捕捉到如图 8-21 所示单元格对角线的中点。此时块属性对象显示为块属性"标记"（即块属性名称），同时块属性对象的"中间"对齐点和捕捉到的中点位置重合，如图 8-22 所示。删除用于块属性定位的单元格对角线。

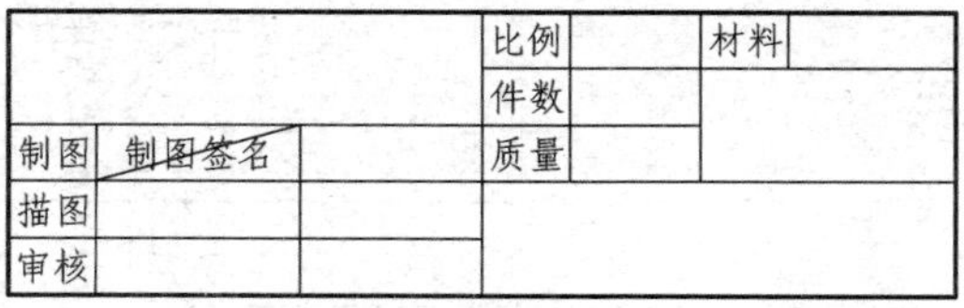

		比例		材料	
		件数			
制图	制图签名	质量			
描图					
审核					

图 8-22　定位块属性位置

9）定义其他块属性

使用同样的方法创建如图 8-23 所示的块属性。

图样名称			比例	比例	材料	材料
			件数	件数	图样代号	
制图	制图签名	制图日期	质量	质量		
描图	描图签名	描图日期	学校名称			
审核	审核签名	审核日期				

图 8-23　设置其他块属性

10）创建标题栏图块

使用"创建块"命令，将图 8-23 的块属性对象和标题栏图形对象创建成一个图块。基点选在图框的右下角点。在创建块的同时，该图中选定的块属性对象和图形对象将转换成图形中的块实例，如图 8-24 所示。因已和图形对象转化为块，成为一个整体，块属性对象此处不再显示为块属性"标记"（即块属性名称），而是显示为默认值（即空白内容）。

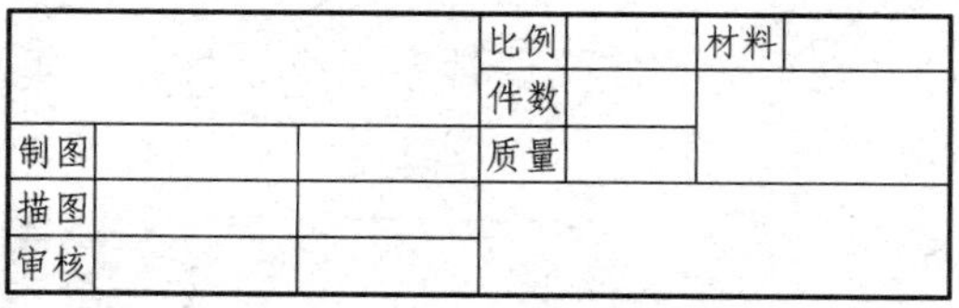

		比例		材料	
		件数			
制图		质量			
描图					
审核					

图 8-24　创建图块

8.6　块的编辑和管理

使用 AutoCAD 2014 中的"块编辑器"可以打开块定义并对块定义进行修改，一旦修改完成，将立即更新图形中所有被调用的该块。

对块可以使用复制、镜像、旋转等编辑命令，但不能直接使用修剪、延伸、偏移、拉伸、拉长、倒角、倒圆等命令对块的内部图形进行编辑。

要对图块的内部图形编辑，可以使用下列方法修改块定义。

8.6.1　在当前图形中修改块定义

1. 使用"块编辑器"命令修改图块

"块编辑器"提供了在当前图形中修改块的最简单方法。

1）"块编辑器"功能

"块编辑器"是一个独立的环境，用于为当前图形创建和更改块定义。"块编辑器"还可以向块中添加动态行为，从而创建动态块。

在"块编辑器"中所做的和保存的更改将替换现有块定义，而且将立即更新此图形中所有被调用的该块。

在"块编辑器"中，具体可以进行下列操作：

（1）绘制和编辑图形；

（2）进行尺寸标注；

（3）定义块；

（4）添加动作参数；

（5）添加几何约束或标注约束；

（6）定义属性；

（7）管理可见性状态；

（8）测试和保存块定义；

2）"块编辑器"命令的执行方式

（1）工具栏：单击"标准"工具栏按键 。

（2）命令行：输入"BEDIT✓"。

（3）快捷键："BE"。

执行命令后，系统将打开"编辑块定义"对话框，如图 8-25（a）所示。

从列表中选择一个块定义（如果想打开的块定义为当前图形，请选择"<当前图形>"选项），单击"确定"按钮，系统将关闭"编辑块定义"对话框，并显示"块编辑器"界面。

"块编辑器"是一个独立的环境，在该环境中所有的操作只对该图块起作用。块编辑器提供了一个"块编辑器"工具栏和一个"块编写"选项板，如图 8-25（b）所示。

3）"块编辑器"工具栏

"块编辑器"工具栏提供了用于在"块编辑器"中创建动态块以及设置可见性状态的功能。

4）"块编写"选项板

"块编写"选项板中包含用于创建动态块的工具。"块编写"选项板窗口包含以下选项卡：

（1）"参数"。

（2）"动作"。

（3）"参数集"。

（4）"约束"。

5）"块编辑器"环境的退出

如果需要退出"块编辑器"环境，用户可以单击"块编辑器"工具栏上的"关闭块编辑器"按钮，此时系统将出现"块-未保存更改"对话框，如图 8-25（c）所示。在该对话框中，用户可以选择保存或不保存刚才的操作。使用"块编辑器"修改块之后，当前图形中插入的对应块均将自动进行更新。

6）说　明

（1）从列表中选择了某个块定义后，该块定义将显示在"块编辑器"中且可以编辑。

（2）在块编辑器中 UCS 命令将被禁用，UCS 图标的原点就是块的基点。

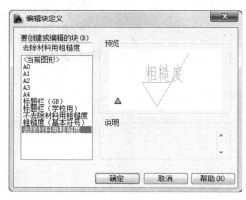

（a）"编辑块定义"对话框

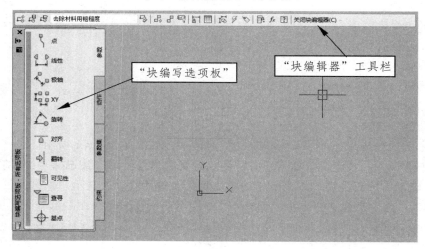

（b）"块编辑器"环境界面

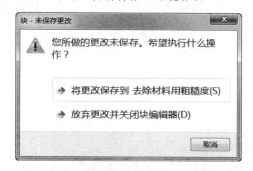

（c）"块-未保存更改"对话框

图 8-25　使用"块编辑器"命令修改图块

2．重新创建新的同名块定义

修改块定义的另一种方法是创建新的块定义，但要输入现有块定义的名称。下面以修改粗糙度图块为例介绍重新创建新的同名块定义的步骤：

（1）使用"插入块"命令，在图中插入已经创建好的"去除材料用粗糙度"图块，如图 8-26（a）所示。

（2）单击"修改"工具栏按键，激活"分解"命令，选择刚刚在图中插入的"去除材料用粗糙度"图块，图块分解为定义该图块之前的源对象。

（3）修改图形，使图形变为图 8-26（b）所示图形。

（4）单击"绘图"工具栏按键，激活"创建块"命令，系统将打开"块定义"对话框，在"名称"下拉列表中选择"去除材料用粗糙度"，如图 8-26（c）所示。

（5）按照【练习 8-3】的方法重新创建"去除材料用粗糙度"图块。

（6）单击"确定"按钮，打开"块-重定义块"对话框，如图 8-26（d）所示。系统提示原有的"去除材料用粗糙度""块定义已经更改，是否重新创建该名称的图块"。

（7）单击"重定义"按钮后，系统将重新定义该名称的图块，同时绘图区域中定义块的源对象已经转换成为块实体，如图 8-26（e）所示。通过"插入块"对话框可以看到，当在"名称"下拉列表中选择"去除材料用粗糙度"时，预览窗口将显示重新定义好的该名称图块，如图 8-26（f）所示。

（a）原"去除材料用粗糙度"图块　　　　　　　　　　（b）修改后图形

（c）重新定义"去除材料用粗糙度"图块

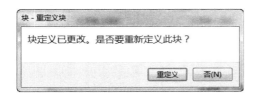

（d）"块-重定义块"对话框　　　　　　　　　（e）新"去除材料用粗糙度"图块

（f）新"去除材料用粗糙度"图块验证

图 8-26　重新创建新的同名块定义

8.6.2　在源图形中修改外部块定义

AutoCAD 2014 提供了"WBLOCK"命令，它可以将块作为一个图形文件存储，也可以将选择集或整个图形定义成图块并将其作为一个独立的图形文件存盘，该图形文件称为图块的源对象文件，以后源对象文件可以作为一个外部块插入到其他图形文件中。

用"WBLOCK"命令将块保存到磁盘后，该块将以".dwg"格式保存，即以 AutoCAD 图形文件格式保存，图形文件中保存的并不是图块，而是定义图块之前的源对象。修改源对象即可以修改外部块。

8.7　图案填充

在二维绘图应用中，常常要对图中的某些区域或者剖面填入各种图案，以表示构成这类物体的材料，或者区分它的各个组成部分，这一过程称为图案填充。图案填充经常用于在剖视图或断面图中表达对象的结构和材料类型，从而增加图形的可读性。图案填充广泛地应用于机械图、建筑图、地质构造图等各类图样中。

"图案填充"命令用于为所指定的填充边界按照一定的角度或比例填充一定样式的图案，也可进行渐变填充。所填充后的图案成为一个整体，它也是图形对象，具有对象的各种特性，如颜色、图层、线型、线型比例、线宽和打印样式等。

可以使用填充图案、纯色填充或渐变色来填充现有对象或封闭区域，也可以创建新的填充图案，如图 8-27 所示。

8.7.1　命令的执行方式

（1）菜单栏："绘图"→"图案填充"。

（2）工具栏：单击"绘图"工具栏按钮　。

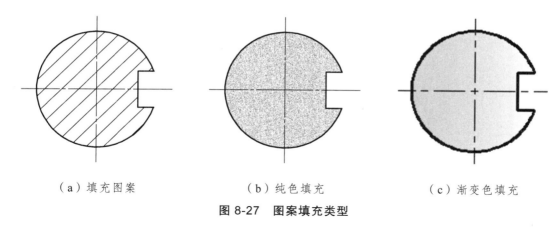

（a）填充图案　　　　　　（b）纯色填充　　　　　　（c）渐变色填充

图 8-27　图案填充类型

（3）命令行：输入"BHATCH✓"或"HATCH"。

（4）快捷键："BH"或"H"。

8.7.2　"图案填充和渐变色"对话框

执行命令后，系统将打开"图案填充和渐变色"对话框，该对话框有"图案填充"和"渐变色"两个选项卡，如图 8-28（a）所示。单击对话框右下角 ⊗ 图标，将展开对话框更多的选项，如图 8-28（b）所示。

（a）"图案填充和渐变色"对话框

（b）完整的对话框

图 8-28 "图案填充和渐变色"对话框

1. "图案填充"选项卡

该选项卡可以定义填充的图案，及其相关参数。

1）"类型和图案"选项区域

指定图案填充的类型、图案、颜色和背景色。

（1）"类型"下拉列表框。

设置图案的类型，该下拉列表框中包括"预定义""用户定义""自定义"三种填充类型。

◆ "预定义"图案

存储于 AutoCAD 2014 的"ACAD.PAT"或"ACADISO.PAT"文件中，是默认的图案类型，每一个文件中共包含 68 种预定义的填充图案，如图 8-29 所示。

◆ "用户定义"图案

用户定义的填充图案由一组平行线组成。要使用用户定义的填充图案，需先从"图案填充"选项卡的"类型"下拉列表中选择"用户定义"，然后使用该选项卡中的"角度"和"间距"选项，调整图案的角度与图案中直线间的距离，如图 8-30（a）和如图 8-30（b）所示。如果选择了"双向"复选项，则将同时使用与第一组直线垂直的另一组平行线，如图 8-31（a）、（b）所示。

◆ "自定义"图案

除了以上两类图案外，还可以使用"自定义"填充图案。

自定义的填充图案一般保存在单独的"*. PAT"填充图案文件中。要使用自定义的填充图案，需先从"类型"下拉列表中选择"自定义"选项，然后单击"自定义图案"下拉列表框右侧的"…"按钮，或者单击"样例"框以显示"填充图案选项板"对话框的"自定义"选项卡，如图 8-32 所示。AutoCAD 2014 将在它的支持文件搜索路径中查找"*. PAT"文件，并在选项卡的左部显示自定义填充图案文件的名称。

在选中自定义填充图案文件的名称之后，单击"确定"按钮，系统返回"图案填充和渐变色"对话框的"图案填充"选项卡,使用"角度"和"比例"选项,可以控制图案的尺寸和角度。

(2)"图案"下拉列表框。

"图案"下拉列表框显示了当前图案的名称。单击向下的小箭头会列出图案名称,列表框中显示选择的"ANSI""ISO"或其他行业标准填充图案,用户可以根据需要选择一种填充图案,如果希望的图案不在显示出的列表中,可以通过滑块上下搜索。

只有将"类型"下拉列表框设定为"预定义"选项,"图案"选项才可用。

(3)"…"按钮。

该按钮位于"图案"下拉列表框右侧,用于打开"填充图案选项板"对话框,在对话框中可以预览所有预定义的图案。

单击该按钮,系统将打开"填充图案选项板"对话框,如图 8-32 所示。该对话框有 4 个选项卡,其中"ANSI""ISO"和"其他预定义"3 个选项卡显示所有 AutoCAD 预定义图案,而"自定义"选项卡显示已添加到搜索路径的自定义图案。

(a)"ANSI"选项卡

(b)"ISO"选项卡

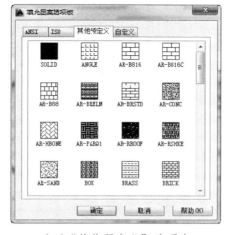
(c)"其他预定义"选项卡

图 8-29 "预定义"图案

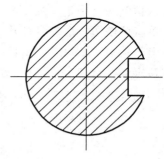

（a）对话框设置   （b）填充效果

图 8-30　"用户定义"图案 1

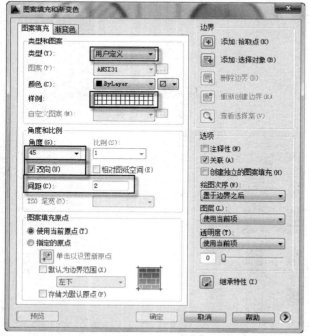

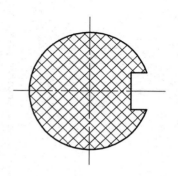

（a）对话框设置   （b）填充效果

图 8-31　"用户定义"图案 2

图 8-32　"自定义"选项卡

（4）"颜色"下拉列表框。

指定填充图案和实体填充的颜色。

（5）"背景色"按钮"。

指定新图案填充对象的背景色。选择"无"可关闭背景色。

（6）"样例"框。

显示选定图案的预览图像。单击"样例"框可打开"填充图案选项板"对话框。

（7）"自定义图案"框。

列出可用的自定义图案，最近使用的自定义图案将出现在列表顶部。只有将"类型"下拉列表框设定为"自定义"选项，"自定义图案"选项才可用。

（8）"…"按钮。

打开"填充图案选项板"对话框的"自定义"选项卡，在该选项卡中可以预览所有自定义的图案。

2）"角度和比例"选项区域

指定选定填充图案的角度和比例。

（1）"角度"组合框。

指定填充图案时图案的旋转角度（相对当前 UCS 坐标系的 X 轴）。用户可以直接输入角度值，也可以从下拉列表中直接选择。

（2）"比例"组合框。

指定填充图案时的图案比例值（填充图案密度），用于放大或缩小"预定义"或"自定义"的图案。用户可以输入比例值，也可以从下拉列表中直接选择。只有将"类型"下拉列表设定为"预定义"或"自定义"，此选项才可用。

（3）"双向"复选项。

对于"用户定义"的图案，绘制与原始直线成 90° 角的另一组直线，从而构成交叉线。只有将"类型"下拉列表框设定为"用户定义"，此选项才可用。

（4）"间距"文本框。

指定"用户定义"图案中的直线间距。只有将"类型"下拉列表框设定为"用户定义"，此选项才可用。

（5）"相对图纸空间"复选项。

相对于图纸空间单位缩放填充图案。使用此选项可以按适合于布局的比例显示填充图案。该选项仅适用于布局。

（6）"ISO 笔宽"下拉列表框。

基于选定笔宽缩放 ISO 预定义图案。只有将"类型"下拉列表框设定为"预定义"，并将"图案"选项设定为一种可用的 ISO 图案，此选项才可用。

3）"图案填充原点"选项区域

控制填充图案生成的起始位置。某些填充图案（如砖块图案），可能在边界处的填充效果并不理想，我们可以采用用户指定或填充边界的角点作为填充原点，即使填充原点与图案填充边界上的一点对齐。默认情况下，所有图案填充原点都对应于当前的 UCS 原点。

（1）"使用当前原点"复选项。

使用存储在"HPORIGIN"系统变量中的图案填充原点。

（2）"指定的原点"选项区域。

使用以下选项指定新的图案填充原点：

① "单击以设置新原点"按钮：直接指定新的图案填充原点。

② "默认为边界范围"下拉列表框：根据图案填充对象边界的矩形范围计算新原点（可以选择该范围的四个角点及其中心）。

③ "存储为默认原点"复选项：将新图案填充原点的值存储在"HPORIGIN"系统变量中。

2. 共有选项（"图案填充和渐变色"对话框）

共有选项包括了"图案填充"和"渐变色"两个选项卡中共有的边界和特性设置，这些选项在"图案填充和渐变色"对话框中的两个选项卡均能找到，如图 8-33 所示。

1）"边界"选项区域

AutoCAD 2014 允许通过选择要填充的对象或通过指定内部点自动判断边界来创建图案填充。图案填充边界可以是形成封闭区域的任意对象的组合，如直线、圆弧、圆和多段线等。

（1）"添加：拾取点"按钮。

根据围绕指定点构成封闭区域的现有对象来确定边界，从而填充该封闭区域。

单击该按钮，系统将暂时关闭"图案填充和渐变色"对话框，命令行将显示如下提示：

拾取内部点或[选择对象(S)/删除边界(B)]:

　　　　　　　　　　//鼠标左键单击要进行图案填充的封闭区域的内部，或键入相应的字母，进入备选选项，或↙，返回"图案填充和渐变色"对话框

拾取内部点或[选择对象(S)/删除边界(B)]:

　　　　　　　　　　//继续鼠标左键单击要进行图案填充的封闭区域的内部，或键入相应的字母，或↙，返回"图案填充和渐变色"对话框

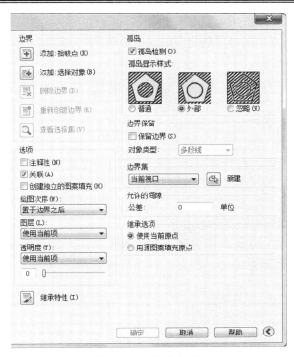

图 8-33 共有选项

在指定要进行图案填充的区域的内部点之后，AutoCAD 2014 将分析图形，根据已存在的对象组成的封闭区域确定填充的边界，并亮显边界对象。内部点可以选择多个，从而指定多个填充区域，若不需要再指定内部点，可按回车键返回到"图案填充和渐变色"对话框。

如果在边界内部有其他的封闭对象或文本对象，则这些被称为"孤岛"的对象也将亮显。当前的选项卡中，"孤岛"选项区域的设置决定了 AutoCAD 2014 将如何处理这些孤岛，这些内容将在本章的后面学习。

（2）"添加：选择对象"按钮。

根据选定构成封闭区域的对象确定边界。单击该按钮后，"图案填充和渐变色"对话框将临时关闭，系统将会提示用户选择对象。命令行提示如下：

选择对象或[拾取内部点(K)/删除边界(B)]：

//选择要进行图案填充的封闭区域的构成对象，或键入相应的字母，或↙，返回"图案填充和渐变色"对话框

选择对象或[拾取内部点(K)/删除边界(B)]：

//继续选择要进行图案填充的封闭区域的构成对象，或键入相应的字母，或↙，返回"图案填充和渐变色"对话框

在该方式下，命令不会自动检测包含在内部的对象，要使 AutoCAD 能够识别内部"孤岛"，必须清楚地选择这些对象。在选择对象结束后，按回车键返回到"图案填充和渐变色"对话框。

（3）"删除边界"按钮。

从边界定义中删除之前添加的所有对象。

（4）"重新创建边界"按钮。

围绕选定的图案填充或填充对象创建多段线或面域，并使其与图案填充对象相关联（可选）。

（5）"查看选择集"按钮。

使用当前图案填充或填充设置显示当前定义的边界。仅当定义了边界时，此选项才可用。

2）"选项"选项区域

控制几个常用的图案填充或填充选项。

（1）"注释性"复选项。

指定图案填充为注释性。此特性可以通过设定注释比例自动完成缩放注释过程，从而使图案填充能够以正确的大小在图纸上打印或显示。

（2）"关联"复选项。

指定图案填充或填充为关联图案填充。

"关联"是指 AutoCAD 2014 将填充图案和边界视为一个关联体看待，当边界变化时（如缩放、拉伸等），关联图案填充随边界的更改自动调整更新，"关联"选项为系统的缺省方式，如图 8-34 所示。

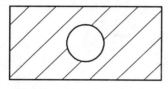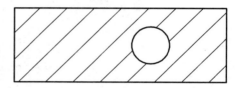

（a）原图形　　　　　　　　（b）"关联"图案填充边界拉伸后效果

图 8-34　"关联"图案填充

任何时候，用户都可以删除图案填充的关联性，或者使用"HATCH"创建无关联填充，如图 8-35 所示。

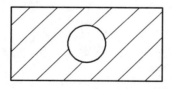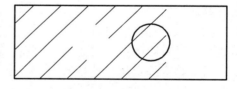

（a）原图形　　　　　　　　（b）"不关联"图案填充边界拉伸后效果

图 8-35　"不关联"图案填充 1

如果通过编辑创建了开放的边界（如删除了任一个边界对象），AutoCAD 2014 将自动删除关联性，从而也就失去了自动调整更新的能力，如图 8-36 所示。

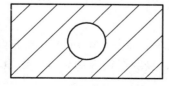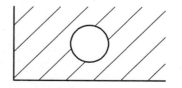

（a）原图形　　　　　　　　（b）创建开放边界后图案填充

图 8-36　"不关联"图案填充 2

（3）"创建独立的图案填充"复选项。

当指定了几个单独的闭合边界时，指定创建单个还是多个图案填充对象。

（4）"绘图次序"下拉列表框。

指定图案填充或渐变色填充的绘图次序。图案填充可以放在所有其他对象之后、所有其他对象之前、图案填充边界之后或图案填充边界之前。

（5）"图层"下拉列表框。

指定新的图案填充的图层。选择"使用当前值"可使用当前图层。

（6）"透明度"下拉列表框。

指定新图案填充或渐变色填充的透明度。选择"使用当前值"可使用当前对象的透明度设置。

3）"继承特性"按钮

使用选定图案填充对象的特性对指定的边界进行图案填充或渐变色填充。

4）"孤岛"选项区域

位于图案填充边界内的封闭区域或文字对象称为孤岛。"孤岛"选项区域主要用于指定当存在"孤岛"时图案填充的方式。

"孤岛"的填充方式有"普通""外部"和"忽略"三种。位于"孤岛显示样式"选项组的三个图像按钮形象地说明了它们的填充效果。

（1）"孤岛检测"复选项。

控制是否检测内部孤岛。

（2）"孤岛显示样式"选项组。

◆ "普通"选项

从填充区域的最外部边界开始填充，当遇到内部"孤岛"时停止填充，直到遇到更内层的"孤岛"再次开始填充。对于嵌套的"孤岛"，采用"填充"与"不填充"的方式交替进行，这是 AutoCAD 2014 的默认方式。

◆ "外部"选项

从填充区域的最外部边界开始填充，当遇到内部"孤岛"停止进行填充。此选项只对结构的最外层进行填充，不会影响内部"孤岛"。

◆ "忽略"选项

忽略所有内部的对象，填充图案时将通过这些对象。

5）"边界保留"选项区域

指定是否将填充边界保留为对象。如果保留，还可以确定对象的类型。

（1）"保留边界"复选项。

根据图案的填充边界创建一个新的边界对象，并将它们添加到图形中。

（2）"对象类型"下拉列表框。

指定新边界对象的类型。用户可以通过下拉列表在"面域"和"多段线"两种类型之间选择。只有选择了"保留边界"复选项，此选项才可用。

6）"边界集"选项区域

当用户采用"添加：拾取点"方法来确定图案填充的封闭边界时，系统将从一个边界集中挑选若干对象来作为封闭边界。"边界集"选项区域提供了定义边界集的方法。

默认状态下，以当前视口中所有可见的对象作为边界选择集，系统将从当前图形窗口所有可见的对象中进行分析，并建立封闭边界。用户还可单击右侧"新建"按钮重新定义边界集。单击"新建"按钮，系统将暂时关闭"图案填充和渐变色"对话框，从绘图窗口重新选择组成边界的新的选择集，输入回车键后返回"图案填充和渐变色"对话框。对于大图形，重定义边界集可以加快生成边界的速度。

7）"允许的间隙"选项区域

设定将对象用作图案填充边界时，可以忽略的最大间隙，默认值为"0"。

AutoCAD 2014 允许将实际没有封闭的边界用作填充边界。如果在"允许的间隙"文本框中设定值（0～5 000），该值就是 AutoCAD 2014 确定填充边界时可以忽略的最大间隙（任何小于等于指定值的间隙都将被忽略，并将边界视为封闭）。

8）"继承选项"选项区域

控制当用户使用"继承特性"选项创建图案填充时，是否继承图案填充原点。

（1）"使用当前原点"复选项。

使用当前的图案填充原点的设置进行填充。

（2）"使用源图案填充的原点"复选项。

使用源图案填充的图案填充原点进行填充。

3."渐变色"选项卡

渐变填充是实体图案填充，能够体现出光照在平面上产生的过渡颜色效果。在 AutoCAD 2014 中，用户可以使用渐变填充在二维图形中表示实体。

"渐变色"选项卡主要用于设置渐变色的填充类型、填充方式以及填充角度等，如图 8-37 所示。

图 8-37　"渐变色"选项卡

1）"颜色"选项区域

指定使用单色明暗渐变还是使用双色颜色渐变填充边界。

（1）"单色"复选项。

指定使用一种颜色在亮度明暗之间过渡。

选中该复选项后，"双色"复选项下方的"颜色 2"选择框，变成了"渐浅"滑块，通过拖动该滑块，可以指定一种颜色的亮度，用于渐变填充，如图 8-38 所示。

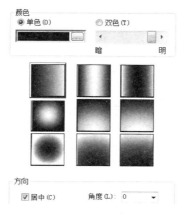

图 8-38　单色渐变色填充

（2）"双色"复选项。

指定在两种颜色之间平滑过渡的双色渐变填充。

2）"渐变图案"选项区域

显示用于渐变填充的固定图案。这些图案包括线性扫掠状、球状和抛物面状图案。

3）"方向"选项区域

（1）"居中"复选项。

指定对称渐变色配置。如果没有选定此选项，渐变填充将朝左上方变化，并创建光源在对象左边的图案。

（2）"角度"组合框。

指定渐变填充的角度。

8.7.3　图案填充的一般步骤

（1）单击"绘图"工具栏按钮，激活"图案填充"命令，打开"图案填充和渐变色"对话框。

（2）在"类型"下拉列表框中，选择要使用的图案填充的类型，默认为"预定义"选项。一般情况下使用 AutoCAD 2014"预定义"填充图案即可满足要求，此时可以忽略该步骤。

（3）单击"图案"下拉列表框右侧的"…"按钮，打开"填充图案选项板"对话框，选择所需的填充图案。

（4）在"边界"选项区域中，单击"添加：拾取点"按钮，选择"拾取内部点"方式确定图案填充边界，此时"图案填充和渐变色"对话框临时关闭，系统将返回绘图窗口。

（5）在需要图案填充的区域内部拾取点（可以拾取多个点），从而确定多个图案填充区域。完成拾取点之后，按"Enter"键，系统将返回"图案填充和渐变色"对话框。

（6）在"角度和比例"选项区域设置合适的角度和比例。

（7）单击"确定"按钮，完成图案填充。

8.7.4　图案填充注意事项

（1）通过对话框方式进行图案填充的方式比较直观简单，在填充图案中应尽量采用该方式。使用键盘命令"HATCH"也可以完成图案填充，所有的设置都是在命令行上完成。与对话框方式相比，命令行方式比较烦琐，不建议大多数用户采用。

（2）使用当前图案填充或填充设置显示当前定义的边界。在绘图区域中按 Esc 键返回到对话框，单击鼠标右键或按 Enter 键接受图案填充或填充。

（3）如果使用"分解"命令将其分解，则图案填充将按其图案的构成，分解成许多相互独立的线条。因此，分解图案填充将大大增加文件的数据量，也不便于后期编辑，建议用户在非特殊情况不要将其分解。

（4）在图案填充命令执行过程中，一些功能可以通过右键快捷菜单完成。

（5）选择"预定义"类型填充图案，在"填充图案选项板"对话框的"其他预定义"选项卡中选择"SOLID"图案，可以实现纯色填充，具体颜色可以在"图案填充和渐变色"对话框"颜色"下拉列表框中选择。

8.7.5　编辑图案填充

可以通过以下几种方式编辑图案填充：

1. 通过"快捷特性"选项板编辑

鼠标左键双击填充图案（必须保证光标中的拾取框在填充图案的线条上），打开"快捷特性"选项板，在其中进行相关编辑，如图 8-39 所示。

图 8-39　通过"快捷特性"选项板编辑图案填充

2. 通过"图案填充编辑"对话框编辑

选中填充图案，右键单击，在弹出右键快捷菜单中选择"图案填充编辑"，打开"图案填充编辑"对话框，可在其中进行相关编辑。该对话框与"图案填充和渐变色"对话框完全相同。

3. 通过"特性"选项板编辑

选中填充图案，右键单击，在弹出右键快捷菜单中选择"特性"选项，打开"特性"选项板，可在其中进行相关编辑。

本章小结

熟练掌握图块特性并使用图块绘图，可以进一步提高计算机绘图与设计的效率，并节省磁盘空间。本章通过实例介绍了图块的定义、插入、存盘和编辑以及机械设计中常用的图块的制作方法等内容。

思考练习

1. 创建带块属性的基准符号图块。
2. 如何在剖面图形中使用图案填充？
3. 什么是"孤岛"？删除"孤岛"的含义是什么？
4. 关联图案填充和不关联图案填充的区别在哪里？
5. 绘制如图 8-40 所示的图形。

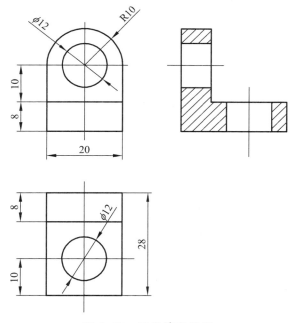

图 8-40　图案填充练习

第 9 章　打印输出图形

■ 本章导读

　　当制图工作完成后，接下来需要打印输出图，只有当图形打印到纸质图纸上之后，才能称得上设计任务的最终完成。AutoCAD 2014 提供了强大的图形输出功能。一方面，AutoCAD 2014 提供了两个并行的绘图工作环境，即模型空间和图纸空间，利用模型空间可以绘制和打印输出图形，利用图纸空间的布局设置也可以直接打印输出复杂的图纸；另一方面，为了能够在 Internet 上显示 AutoCAD 图形，Autodesk 采用了一种称为 DWF（Drawing Web Format）的新文件格式。DWF 文件格式支持图层、超级链接、背景颜色、距离测量、线宽、比例等图形特性，用户可以在不损失原始图形文件数据特性的前提下，通过 DWF 文件格式共享其数据和文件。

■ 本章要点

　　模型空间和图纸空间；
　　模型空间出图方式；
　　模型空间打印参数设置；
　　图纸空间打印出图方式。

9.1　模型空间和图纸空间

9.1.1　三个关于比例的概念

1. 图纸比例

　　图纸比例表示打印在纸质图纸上的图形单位尺寸与其实物相应要素的线性尺寸之比。该比例的选择应符合国标关于图纸比例的规定。

2. 绘图比例

　　在 AutoCAD 2014 中，绘图比例指的是绘图时图形单位尺寸与其实物相应要素的线性尺寸之比。

3. 打印比例

　　打印比例是指打印在纸质图纸上的图形单位尺寸与 AutoCAD 2014 中相应要素的线性尺寸之比。

9.1.2　模型空间

模型空间是创建工程模型的空间，是针对图形实体的空间，如图 9-1 所示。

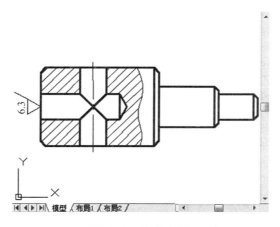

图 9-1　模型空间

在 AutoCAD 2014 中，大部分的绘图和设计工作都是在模型空间里进行的，如绘制和编辑二维或三维模型，标注尺寸和必要的文字及表格说明，渲染三维模型等。模型空间为用户提供了一个广阔的绘图区域，用户在模型空间中只需考虑图形绘制正确与否，而不必担心绘图空间是否足够大。

前面我们所介绍的所有内容都是在模型空间里完成的。同时，常用的打印输出方法也都可以在模型空间进行。

9.1.3　图纸空间

图纸空间完全模拟图纸页面，是一个二维的、有限的工作空间。

在图纸空间中可以建立一个或多个布局。所谓一个布局，即模仿一张图纸，是图纸空间的作图环境。图纸空间的范围即页面设置中设置的图纸幅面的大小。每一个布局与一张输出的图纸相对应，如图 9-2 所示。在布局中，通常安排有注释、标题块等。

在图纸空间中，用户可以调用一定规格的图纸，并将模型空间的全部图形或部分图形按一定的比例进行布局，也可以在图纸空间上添加相应的注释、图框等内容。利用图纸空间可以进行打印前的详细设置，实时预览打印效果。

图纸空间可以绘制二维图形，但不能绘制三维图形。

（1）从前面介绍的几个概念可以看出，在图纸空间中可以直接绘图并打印出图，图纸比例 = 绘图比例 × 打印比例。假设现在要绘制一张零件图并打印出图，图纸比例采用 1∶5（图纸/实物）。默认情况下，图纸空间打印输出，采用的打印比例是 1∶1（图纸/CAD 图形），此时在画图时，就必须采用绘图比例为 1∶5（CAD 图形/实物），即 5 个单位的实物尺寸画在 CAD 图中缩小为 1 个单位，所有尺寸都需要按照这种方式（缩小为原尺寸的 1/5）画在 CAD 图中，这无疑是错误的做法。

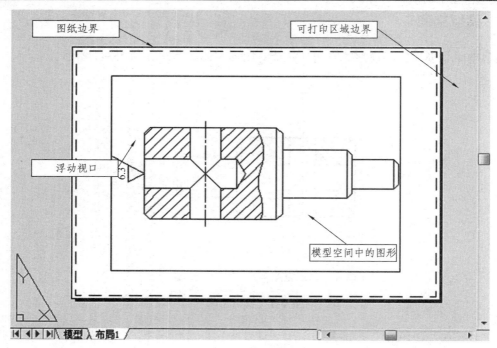

图 9-2　图纸空间

（2）要绘制三维模型，只能在模型空间中进行绘制，在打印输出时再转到图纸空间中进行打印输出布局设置。

（3）凡在布局（图纸空间）绘制的图形只能存在于布局里，在模型空间将无法显示，这极不便于图纸的编辑和交流，因此我们一般不建议在图纸空间内创建图形，只在该空间输出图形。

从上述三点可以看出图纸空间主要用于图纸的布局和打印输出，在图纸空间里，用户所要考虑的是图形在整张图纸中如何布局和打印输出图形。

9.1.4　视　口

1. 视　口

视口是显示用户模型的不同视图的区域。顾名思义，AutoCAD 2014 中的视口就是看图的一个"窗口"，所有的 CAD 图形操作都是在视口中进行的。

在模型空间中，可将绘图区域分割成一个或多个相邻的矩形视图，这些矩形视图被称为模型空间视口。

缺省状况下，AutoCAD 2014 把整个绘图区域作为单一视口。打开 AutoCAD 2014 的模型空间整个绘图区就是一个视口，观看、编辑图形都在视口中进行。

2. 平铺视口

在绘制大型或复杂的图形，需要观察图形的整体效果时，可以使用单一视口。但是为了方便编辑，常常需要将图形的局部进行放大，以显示细节，此时仅使用单一的绘图视口将无法满足需要。这种情况下，我们可以使用 AutoCAD 2014 的平铺视口功能。

　　平铺视口是指把绘图窗口分成多个矩形区域，从而创建多个不同的绘图区域。其中，每一个区域都可用来查看图形的不同部分，每个视口可以具有不同的视图缩放程度及视角方向，如图 9-3 所示。在绘制和编辑三维模型时，也可以通过平铺视口在不同视口中，显示不同角度不同显示模式的视图，如图 9-4 所示。

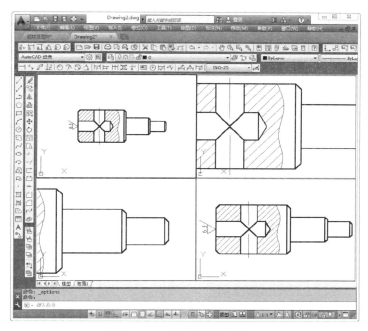

图 9-3　二维视图平铺视口

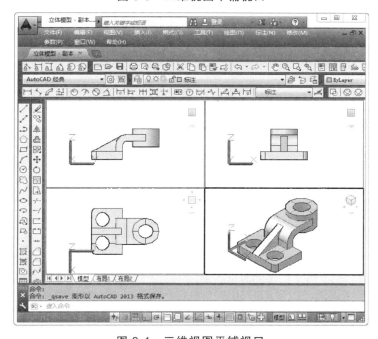

图 9-4　三维视图平铺视口

AutoCAD 2014 可以同时打开多达 32 000 个视口，屏幕上还可保留菜单栏和命令提示。窗口。

模型空间视口充满整个绘图区域并且相互之间不重叠。在一个视口中做出更改后，其他视口也会立即更新。

3. 浮动视口

在图纸空间创建的视口称为浮动视口。浮动视口就像是在图纸空间中开了一个窗口，这个窗口直接与模型空间相通。图纸空间能且只能通过浮动视口来显示模型空间的对象。与平铺视口不同，浮动视口可以重叠，也可以进行编辑。

在图纸空间中，浮动视口是图形对象，因此具有对象的特性，如颜色、图层、线型、线型比例、线宽和打印样式等。用户可以使用 AutoCAD 2014 中的修改命令对视口进行操作，如"删除""移动""复制""镜像""拉伸"和"缩放"等，也可以在视口的"夹点"和"特性"选项板中进行修改。

在布局（图纸空间）中，浮动视口的形状、数量、大小及位置可根据需要设定。浮动视口的位置和大小可以随时调整，每个浮动视口可以有自己的显示比例。浮动视口之间可以相互重叠，在浮动视口中可以分别指定控制层的可见性。打印输出时，所有打开的视口的可见内容都被打印。

1）浮动模型空间

浮动视口是 AutoCAD 对象，因此在图纸空间中排放布局时不能编辑模型。要编辑模型必须切换到模型空间或进入浮动模型空间。

浮动视口有激活和未激活两种状态。在浮动视口内部任意位置双击，可以激活视口，此时图纸空间将转换为浮动模型空间。此时，视口边界加粗，视口不能被编辑，只是作为浮动模型空间的边界。

浮动模型空间相当于通过浮动视口跨越图纸空间进入模型空间。在浮动模型空间可以进行模型空间的绝大多数操作，如绘制、编辑图形，创建、插入图块，图案填充，尺寸标注，视图平移、缩放等。

在视口外部、布局的空白区域内双击，浮动视口将取消激活状态，返回图纸空间。

通过浮动视口，可以观察、编辑在模型空间中建立的模型。在一个浮动视口中所作的修改，将影响各个浮动视口的显示内容。

2）浮动视口的特征

图纸空间中浮动视口具有以下特征：

（1）视口的边界是实体，可以删除、移动、缩放、拉伸视口。

（2）视口的形状没有限制，可以创建圆形视口、多边形视口等。

（3）视口不是平铺的，可以用多种方法将它们重叠、分离。

（4）每个视口都位于创建它的图层上，视口边界与层的颜色相同，但边界的线型是实线。出图时如不想打印视口，可将其单独置于一图层上，关闭或冻结即可。

（5）一张图纸（布局）可以同时打印多个视口，每个浮动视口可以有自己的显示比例（视口比例），因此可以实现多视口、多比例出图。

9.1.5　模型空间和图纸空间的区别与联系

1. 区　　别

在 AutoCAD 2014 中，模型空间只有一个，但布局（图纸）空间可以有多个。

在模型空间内只能以单视口、单一比例打印输出图形；在布局（图纸）空间中不但可以以单视口、单一比例打印输出图形，而且可以以多视口、不同比例打印输出图形。

通常二维平面图形以单一比例输出时可选择在模型空间出图；如果二维平面图形需要以不同比例（如图纸中有局部放大图的情况）打印输出，或者三维图形需要以多视口、多比例输出时，一般选择在布局（图纸空间）中进行操作。

2. 联　　系

模型空间与图纸空间均可绘制和编辑对象，所画的对象相对独立、互不影响。

但两者之间也有联系，图纸空间能且只能通过浮动视口来显示模型空间的对象。浮动视口就像是在图纸空间开的一个窗口，这个窗口直接与模型空间相通。主浮动视口激活时，我们可以在图纸空间直接通过浮动视口直接操作和编辑模型空间对象。

9.1.6　模型空间和图纸空间切换

启动 AutoCAD 2014 后，默认状态下将进入模型空间，绘图窗口下面的"模型"按钮处于激活状态。此时图纸空间是关闭的，可以通过"布局"选项卡切换到图纸空间，如图 9-5 所示。

单击绘图窗口下的"模型"标签和"布局"标签进行两个空间之间的切换，单击状态条上的"模型（图纸）"按钮也可以进行切换。

图 9-5　模型空间和图纸空间切换

9.2　模型空间出图方式

当图形绘制完成之后，我们需要进行尺寸标注，添加粗糙度、基准符号等图块，给图纸加上图框、标题栏（图框和标题栏建议做成图块，便于画图）、单独文字注释等内容，然后通过打印机或绘图仪出图。

如果以单视口、单一比例打印输出图形时，一般在模型空间打印出图更方便快捷。本小节以图纸比例"1∶5"为例讲解模型空间打印出图的两种方式，其流程如图 9-6 所示。

模型空间打印方式一：

（1）缩放图形为原尺寸的"1/5"。

（2）尺寸标注、测量单位比例因子均设为"5"，全局比例采用默认值"1"。

（3）插入图块（粗糙度符号、基准符号、图框、标题栏等），比例为"1"。

（4）按纸质图纸上字体高度要求，单独标注文字注释。

（5）打印，打印比例为"1∶1"。

模型空间打印方式二：

（1）不缩放图形。

（2）尺寸标注，全局比例因子设为"5"，测量单位比例因子采用默认值"1"。

（3）插入图块（粗糙度符号、基准符号、图框、标题栏等），比例为"5"。

（4）按纸质图纸上字体高度要求，单独标注文字注释，之后放大 5 倍。

（5）打印，打印比例为"1∶5"。

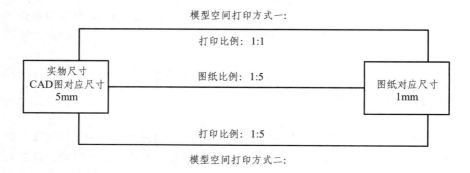

图 9-6　模型空间出图流程图

9.3　模型空间打印参数设置

在打印模型空间前，需要在"打印-模型"对话框中设置相关打印参数，这些参数是否设置合理将直接决定打印出图的成败。

9.3.1　添加和管理绘图设备

1. 常用的绘图设备

（1）打印机。

打印机通常用于 Windows 文本打印，但只能打印小幅面（A3 或 A4）的图纸，如果作为 AutoCAD 2014 的图形输出设备将显得不完善。

（2）绘图仪。

绘图仪是传统的输出设备，适合于打印大幅面图纸（A0、A1 和 A2），因此又称为大幅面打印机。

（3）打印文件

用户除了可以用打印机和绘图仪输出图形外，还可以根据需要对其进行配置，从而将图形以打印文件的形式输出。

2. 管理和添加绘图设备

要在 AutoCAD 2014 中配置相应的输出设备，可以通过"绘图仪管理器"来安装。

通过菜单选择"文件"→"绘图仪管理器"命令，打开"绘图仪管理器"，如图 9-7 所示。双击已有的绘图仪，弹出"绘图仪配置编辑器"对话框（见图 9-8），从中用户可以查看或修改此绘图仪的配置、端口、设备和介质设置。

图 9-7　绘图仪管理器

图 9-8　"绘图仪配置编辑器"对话框

双击"添加绘图仪向导"，系统将弹出"添加绘图仪"对话框，如图 9-9 所示。此时我们就可以开始新装绘图仪并对其进行设置，单击"下一步"，按步骤要求对其进行相应的设置即可。

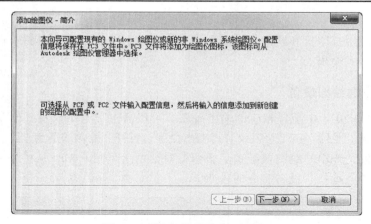

图 9-9 "添加绘图仪"对话框

9.3.2 打印样式

与线型和颜色一样，打印样式也是对象特性，用户可以将打印样式指定给对象或图层。

打印样式控制对象的打印特性，包括颜色、抖动、灰度、笔号、虚拟笔、淡显、线型、线宽、透明度、线条端点样式、线条连接样式、填充样式等。

用户可以设置打印样式来替代其他对象特性，也可以根据需要关闭这些替代设置。使用打印样式给用户提供了很大的灵活性。

1. 关于打印样式表

打印样式表是指定给"布局"选项卡或"模型"选项卡的打印样式的集合。打印样式表包括颜色相关打印样式表（CTB）和命名打印样式表（STB）两种类型，所有的打印样式都保存在这两种打印样式表中。

颜色相关打印样式表根据对象的颜色设定样式，而命名打印样式则可以指定给对象，与对象的颜色无关。默认情况下，颜色相关打印样式表和命名打印样式表都存储在"Plot Styles"文件夹中。

（1）颜色相关打印样式表（CTB）。

颜色相关打印样式建立在图形实体颜色设置的基础上，通过颜色来控制图形输出。使用时，用户可以根据颜色设置打印样式，从而控制使用该颜色的图形实体，最终达到控制图形输出的目的。

AutoCAD 2014 提供了 256 种颜色相关打印样式，每种样式对应一种颜色。在颜色相关打印样式模式下，用户可以方便地利用颜色来控制图形地输出特性（特别是线宽）。例如，用户可以指定图形中所有红色的对象均以相同方式（如相同的线宽）打印。

颜色相关打印样式表中可以编辑打印样式，但不能添加或删除打印样式。

（2）命名打印样式表（STB）。

命名打印样式包括用户自己创建的打印样式和 AutoCAD 2014 自带的打印样式，与图形文件中图形实体的颜色无关。

使用命名打印样式表时，具有相同颜色的对象也能以不同方式打印，这取决于指定给对象的打印样式。命名打印样式表的数量由用户的需要的量决定，用户可以将命名打印样式像所有其他特性一样指定给对象或布局。

在命名打印样式表中，用户可以使用"打印样式管理器"来添加、删除、重命名、复制和编辑打印样式表。

不同行业使用习惯不完全相同。以机械行业为例，由于该行业制图时一般图层用的比较少，通常会提前设置好图层线宽，图形线宽由图层决定，打印时直接选择"monochrome.ctb"打印样式输出即可。

2. 编辑打印样式

通过菜单选择"文件"→"打印样式管理器"命令，打开"打印样式管理器"（见图 9-10），双击已有的打印样式（如"monochrome ctb"打印样式），系统将弹出"打印样式编辑器-monochrome.ctb"对话框，如图 9-11 所示，在该对话框中选择"格式视图"选项卡，用户可在此设置和修改打印样式。

图 9-10　打印样式管理器

图 9-11　"打印样式编辑器-monochrome.ctb"对话框

　　双击"添加打印样式表向导"，系统将弹出"添加打印样式表"对话框，如图 9-12 所示。在"添加打印样式表对话框"中，用户可以开始添加新的打印样式，按步骤要求对其进行相应的设置。

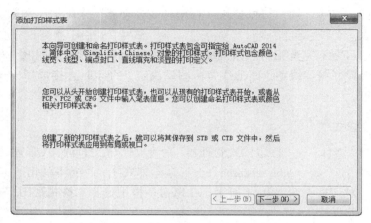

图 9-12　"添加打印样式表"对话框

3. 常用打印样式

（1）"acad.ctb"打印样式。

AutoCAD 2014 默认的打印样式为"acad.ctb"打印样式，该打印样式输出的图纸将按照实体对象的颜色打印，即彩色打印样式。但一般工程图的打印机均为黑色单色打印机，这就如同用黑色单色打印机打印彩色照片一样，不同的颜色打印出来成不同深浅的灰度。按照这种情况打印，很多彩色（特别是青色、黄色、绿色等色彩明快的颜色）的线条，打印成灰度图之后都会看不清，因此"acad.ctb"打印样式并不适合打印工程图。

（2）"monochrome ctb"打印样式。

AutoCAD 2014 内置了一种单色打印样式，即"monochrome.ctb"打印样式。打开"打印样式管理器"窗口，双击"monochrome ctb"图标，系统将弹出"打印样式编辑器-monochrome.ctb"对话框，选择"格式视图"选项卡，在此可以设置和修改打印样式。选择左侧"打印样式"列表区域内的各种颜色，会发现右侧"特性"选项区域中的"颜色"下拉列表始终是黑色，也就是说，此时无论对象是何种颜色，打印出的均是黑色。

（3）用彩色打印机打印黑白图纸的两种方法。

① 方法一：

打印前通过"特性"工具栏将所有对象颜色设置为"黑/白"，如图 9-13 所示。

图 9-13　"特性"工具栏

② 方法二：

打印时，选择"monochrome.ctb"打印样式。

9.3.3 "打印-模型"对话框

在完成绘图、标注尺寸、单独文字注释、添加粗糙度、基准符号等图块，并给图纸加上图框、标题栏（图框和标题栏建议做成图块，便于画图）等工作之后，就可以开始打印输出图纸。选择菜单栏"文件"→"打印"命令，系统将开启 "打印-模型"对话框如图 9-14 所示。在此对话框中用户可配置打印设备及选择打印样式，还能设定图纸幅面、打印比例及打印区域等参数。

图 9-14　"打印-模型"对话框

"打印-模型"对话框各选项功能如下：

1. "页面设置"选项区域

列出图形中已命名或已保存的页面设置。用户可以将图形中保存的命名页面设置作为当前页面设置，也可以在"打印"对话框中单击"添加"按钮，基于当前设置创建一个新的命名页面设置。

（1）"名称"下拉列表。

显示当前页面设置的名称。

（2）"添加"按钮。

单击"添加"按钮后，系统将显示"添加页面设置"对话框，从中可以将"打印"对话框中的当前设置保存到命名页面设置。通过"页面设置管理器"可以修改此页面设置。

2. "打印机/绘图仪"选项区域

用于指定打印布局时使用已配置（只有正确安装了打印驱动程序的情况下，在"名称"下拉列表框中，才会出现该打印设备的名称）的打印设备。

注意：不同的打印设备支持不同的图纸尺寸。只有选定合适的打印设备，才能在后续的"图纸尺寸"下拉列表中出现需要的图纸尺寸。

如果选定绘图仪不支持布局中选定的图纸尺寸，系统将显示警告，并提示用户选择绘图仪的默认图纸尺寸或自定义图纸尺寸。

选择打印设备后，"打印机/绘图仪"选项区域中随即将显示被选中的打印设备的详细名称、安装连接的端口以及其他有关打印设备的信息。

1）"名称"下拉列表

列出可作为本次打印操作的输出设备，包括 Windows 系统中已经安装好的打印设备和 AutoCAD 2014 内置的打印设备。

2）"特性"按钮

单击"特性"按钮，系统将打开"绘图仪配置编辑器"对话框，如图 9-15 所示。在该对话框中，用户可以设置打印机的配置参数。安装的打印机都不同，可以设置的参数也不同，一般包括打印介质、图形质量、自定义图纸尺寸、修改图纸可打印区域等设置项目。

图 9-15 "绘图仪配置编辑器"对话框

3）"绘图仪"信息栏

显示当前所选页面设置中指定的打印设备。

4）"位置"信息栏

显示当前所选页面设置中指定的输出设备的物理位置。

5）"说明"信息栏

显示当前所选页面设置中指定的输出设备的文字说明。可以在"绘图仪配置编辑器"中编辑该文字说明。

6）"打印到文件"复选项

选中"打印到文件"复选项，系统将打印输出到文件，而不是绘图仪或打印机。打印文件的默认位置可以通过"选项"对话框的"打印和发布"选项卡中，"打印到文件操作的默认位置"来进行指定。

如果"打印到文件"选项已被选中，单击"打印"对话框中的"确定"按钮将显示"打印到文件"对话框（标准文件浏览对话框）。

7）"局部预览"区域

"局部预览"区域将精确显示相对于图纸尺寸和可打印区域的有效打印区域。

不同的打印机由于机械构造不同，在页面上的打印范围也有不同的限制，超出该打印区域的图形对象将无法打印。页面的实际可打印区域的边界（取决于所选打印设备和图纸尺寸）在布局中将用虚线表示。

实际上，虽然每一种打印机都有其打印页面规定的默认可打印区域，但该可打印区域是可以进行修改的。我们可根据不同情况修改打印机的可打印区域。

下面介绍如何修改图纸可打印区域：

（1）在"页面设置-模型"对话框中的"打印机/绘图仪"选项组中单击"特性"按钮，打开"绘图仪配置编辑器"对话框。

（2）在"绘图仪配置编辑器"对话框中选择"修改标准图纸尺寸（可打印区域）"选项，接着在"修改标准图纸尺寸"选项组中选择一种所要修改的打印图纸（此处选择"ISO A3"图纸），如图 9-16 所示。

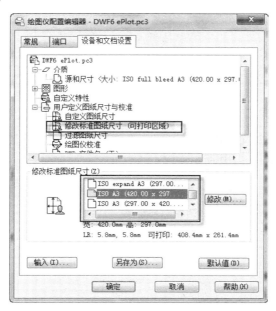

图 9-16 修改图纸可打印区域 1

（3）单击"修改"按钮，打开"自定义图纸尺寸-可打印区域"对话框，如图 9-17 所示。

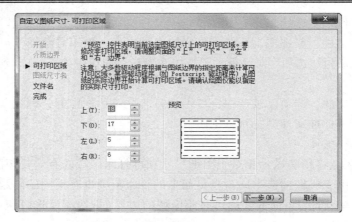

图 9-17　修改图纸可打印区域 2

（4）将"上""下""左""右"文本框的值均设为"0"，然后单击"下一步"按钮，打开"自定义图纸尺寸-文件名"对话框，如图 9-18 所示。

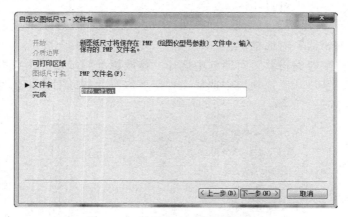

图 9-18　修改图纸可打印区域 3

（5）在"PMP 文件名"文本框中输入一个名称，然后单击"下一步"按钮，打开"自定义尺寸-完成"对话框，如图 9-19 所示。

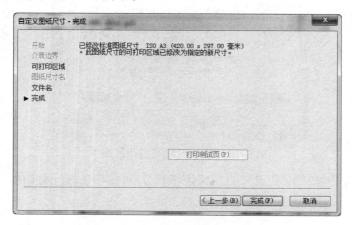

图 9-19　修改图纸可打印区域 4

（6）单击"完成"按钮，打开"修改打印机配置文件"对话框。在该对话框中可以选择
"在当前打印中应用修改"配置，或者在之后所有的打印中应用修改配置，如图 9-20 所示。

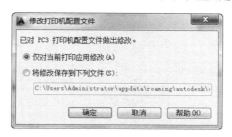

图 9-20　修改图纸可打印区域 5

（7）单击"确定"按钮，完成图纸可打印区域修改。

3．"图纸尺寸"下拉列表

显示所选打印设备可用的标准图纸尺寸。如果用户未选择绘图仪，该下拉列表将显示全
部标准图纸尺寸的列表以供选择。

如果所选绘图仪不支持布局中选定的图纸尺寸，系统将显示警告，并提示用户选择绘图
仪的默认图纸尺寸或自定义图纸尺寸。

4．打印份数

指定要打印的份数。当选择打印到文件时，此选项不可用。

5．"打印范围"下拉列表

（1）"显示"选项。

打印选定的"模型"选项卡当前视口中的视图（如果只有一个视口，则打印当前窗口显
示的图形）或布局中的当前图纸空间视图。

（2）"窗口"选项。

打印用户设定的打印区域。选择此选项后，系统将提示用户设置需要打印的矩形区域的
2 个对角点，用户可以通过单击"打印范围"下拉列表右边的"窗口"按钮重新设定打印区
域。此选项是模型空间打印出图时使用的方式。

（3）"图形界限"选项。

打印之前使用"图形界限"命令设定的图形界限范围。

6．"打印偏移"选项区域

指定打印区域相对于可打印区域左下角或图纸边界的偏移。通过在"X 偏移"和"Y 偏
移"框中输入正值或负值，可以偏移图纸上的几何图形。在公制单位文件中图纸的绘图仪单
位为毫米。

（1）"X"文本框。

相对于"打印偏移定义"选项中的设置，指定 X 方向上的打印原点。

（2）"Y"文本框。

相对于"打印偏移定义"选项中的设置，指定 Y 方向上的打印原点。

（3）"居中打印"复选项。

自动计算 X 偏移值和 Y 偏移值，并在图纸上居中打印。建议打印时务必选中此选项，以保证图纸打印时不偏移。

7. "打印比例"选项区域

控制图形单位与打印单位之间的相对尺寸。打印布局时，默认缩放比例设置为 1∶1；从"模型"选项卡打印时，默认设置为"布满图纸"。

（1）"布满图纸"复选项。

缩放打印图形以布满所选尺寸图纸，即在打印时自动根据图纸的大小缩放图形以布满图纸。

当取消该复选项后，用户可以在"比例"下拉列表中选择输出图形时的比例，也可以直接在下方的文本框中自定义打印比例。

（2）"比例"下拉列表。

定义打印的精确比例。除此之外用户还可以在下方的"自定义"文本框中输入具体值来确定图纸上的多少个毫米等于图形文件中的多少个单位。

（3）"缩放线宽"复选项。

选中"缩放线宽"复选项，系统将按照与打印比例成正比缩放线宽。线宽通常指定打印对象的线的宽度并按线宽尺寸打印，而不考虑打印比例。

8. "打印样式表（画笔指定）"下拉列表

设置、编辑打印样式表，或者创建新的打印样式表（相关内容请参见第 3 节"打印样式管理器"相关内容）。

9. "着色视口选项"选项区域

（1）"着色打印"下拉列表。

指定视图的打印方式。要为布局选项卡上的视口指定此设置，请选择该视口，然后在"工具"菜单中单击"特性"命令。一般情况下，推荐选择默认选项"按显示"。

（2）"质量"下拉列表。

指定着色和渲染视口的打印分辨率。一般情况下，推荐选择默认选项"常规"。

10. "打印选项"区域

指定线宽、透明度、打印样式、着色打印和对象的打印次序等。

11. "图形方向"选项区域

指定图形在图纸上的打印方向，以支持纵向或横向的绘图仪。"纵向"指将图纸的短边位于图形页面的顶部放置并打印图形。"横向"指将图纸的长边位于图形页面的顶部放置并打印图形；"反向打印"指上下颠倒放置并打印图形。

12. "预览"按钮

以上内容均设置好之后，可以单击"预览"按钮预览打印效果是否满意。

13. "应用到布局"按钮

将当前"打印"对话框的设置保存到当前布局。

9.3.4　模型空间中"打印-模型"对话框设置及打印出图操作步骤

设置"打印-模型"对话框中的相应对象，如图 9-21 所示。具体打印出图操作步骤如下：

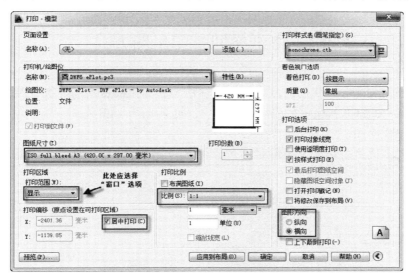

图 9-21　模型空间"打印"对话框设置选项

（1）选择打印机。

（2）选择名称为"monochrome.ctb"的打印样式，即黑色单色打印方式。

（3）选择名称前缀为"ISO full bleed"的图纸选项，该方式也称"满纸"打印。系统中有名称前缀为"ISO"的图纸选项，如"ISO A3"，但其页边距太大，会造成图纸打印时图纸边框及部分内容显示不全。若前缀为"ISO full bleed"的图纸页边距足够小，不会影响打印效果，如图 9-22 所示。

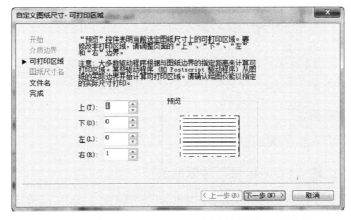

图 9-22　"ISO full bleed A3"图纸的可打印区域

（4）根据第 2 节所述两种模型空间打印出图方式设置合适的打印比例。

（5）选择图纸方向。

（6）设置打印偏移为居中打印。

（7）选择打印范围为窗口方式，系统将返回至模型空间绘图窗口，并通过"对象捕捉"功能选择模型空间窗口中插入的图框的两个对角点来确定打印的矩形区域。

（8）预览或打印。

9.4　图纸空间打印出图方式

当图形绘制完成之后，我们应该进行尺寸标注，添加粗糙度、基准符号等图块，给图纸加上图框、标题栏（图框和标题栏建议做成图块，便于画图）、单独文字注释等内容，然后通过打印机或绘图仪出图。

多视口或者多比例打印输出图形时，一般在图纸空间（布局）打印出图更方便快捷，图纸空间出图流程如图 9-23 所示。

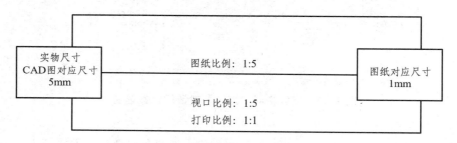

图 9-23　图纸空间打印出图流程图

1.　绘制图形

按绘图比例选择"1∶1"绘制图形。

2.　尺寸标注

将标注样式中"标注特征比例"选项设置为"按布局（图纸空间）缩放标注"。

3.　文字注释

按图纸字体高度要求，单独标注文字注释，之后放大 5 倍。

4.　插入粗糙度等图块

按比例"5∶1"插入相关图块。

5.　修改布局，设置"打印-布局"对话框选项

选择某个布局选项卡（如"布局一"选项卡），右键单击，在弹出的快捷菜单中，左键单击"打印"，系统将打开"打印-布局一"对话框。该对话框和第 3 节模型空间"打印-模型"

对话框设置方法大体相同，但有四处不同之处，如图 9-24 所示。

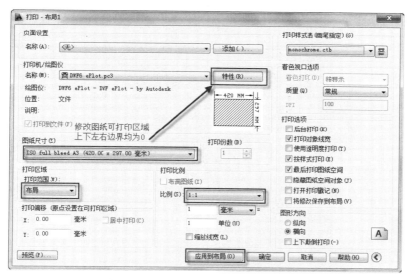

图 9-24　"打印-布局"对话框设置

（1）打印比例设置为"1∶1"。

（2）"打印范围"选择"布局"方式。

（3）修改图纸可打印区域，上下左右边界均设为"0"。

（4）所有设定完成后，单击"应用到布局"按钮。

6. 删除系统自动生成的视口

7. 插入图框、标题栏图块

图块插入比例 1∶1，图框图块的基点选为图框外框的左下角点，插入点为坐标原点（0，0）。

注意：如果图块的插入点为坐标原点（0，0），那么图框外框的左下角点会和图纸的可打印区域的左下角点重合，如图 9-25（a）所示。当可打印区域"左"和"下"边界设置为非"0"值时，如果不修改图纸可打印区域的话，会造成图框和图纸边界的错位，如图 9-25（b）所示。因此必须完成上述第 5 步中的修改图纸可打印区域，设定可打印区域边界均为"0"。

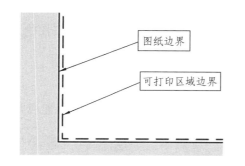
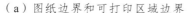
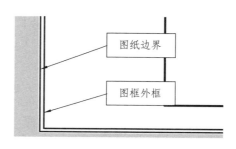

（a）图纸边界和可打印区域边界　　　　　　（b）图纸边界和插入图框位置

图 9-25　图纸边界、可打印区域和图框插入位置

8．创建多边形视口

利用视口工具条中的"多边形视口"命令创建多边形视口，如图 9-26 中粗线所示。

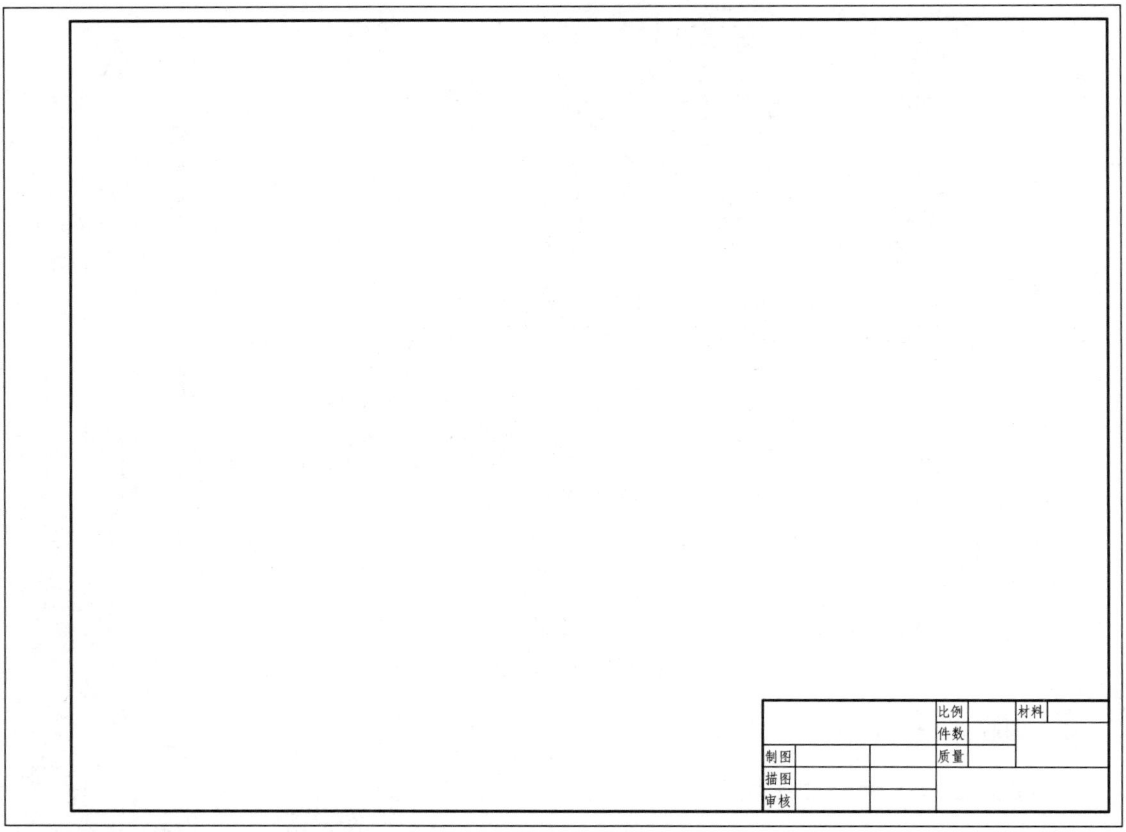

		比例	材料	
		件数		
制图		质量		
描图				
审核				

图 9-26　创建多边形视口

9．激活视口

鼠标左键双击视口内侧激活视口。

10．设定视口比例

通过视口工具条设定视口比例，视口比例应该与图纸比例相同。例如，当图纸比例为 1：5 时，则视口比例也应该设置为 1：5。

11．合理布局视图

在视口内平移视图，以达到合理布局。此处图纸内容超出视口边界时绝对不能视图缩放图形，因为一旦视图缩放图形，即对视口比例进行了调整。

12．取消视口激活状态

双击视口外侧区域将使视口处于非激活状态，此时视口比例和图纸布局被锁定。

13. 预览或打印图纸

■ 本章小结

　　图形绘制完成之后，尺寸标注、文字标注、图块的插入都和图纸比例以及打印方式紧密相关，本章详细介绍了二维图形打印输出的多种方式，以及这些方式对应的"打印"对话框的设置及操作步骤。

■ 思考练习

1. 简述打印出图有哪几种方法。
2. 简述几种打印出图的方法的优缺点。

第 10 章　二维图形绘制综合实例

■ 本章导读

通过前面章节的学习，我们已对 AutoCAD 2014 绘图有了比较全面的了解。在本章中，我们将学习如何创建 AutoCAD 图形样板，并使用图形样板绘制零件图。通过绘制简单的零件，学习二维机械零件的基本绘制步骤，熟悉常用二维绘图和编辑命令。

■ 本章要点

AutoCAD 2014 图形样板；
绘制零件平面图；
绘制零件三视图。

10.1　AutoCAD 2014 图形样板

在使用 AutoCAD 2014 完成绘图的过程中，一般需要完成设定绘图环境、图层、文字样式、标注样式、制作图块等工作。这些工作需要耗费大量的时间和精力，如果每次画图时都要做这些工作，绘图过程将会相当的烦琐。

采用 AutoCAD 2014 样板文件，则可以有效避免这些重复性操作，提高绘图效率。样板文件是扩展名为".dwt"的 AutoCAD 文件，文件中包含一些通用设置，如绘图单位、图形界限、图层、文字样式、标注样式及表格样式等，还包含一些常用的图形对象，如图框、标题栏及各种常用块等。

AutoCAD 2014 提供了一些样板文件（这些文件一般默认保存在系统的"Template"目录下），但是这些文件与我国的国家标准不相符，因此我们需要自行建立样板文件。

10.1.1　制作图形样板文件的准则

绘制零件图的图形样板文件必须注意以下几点：
（1）严格遵守国家标准的有关规定。
（2）使用标准线型。
（3）设置适当的图纸界限，以便能包含最大操作区。
（4）按照标准的图纸尺寸打印图形。

10.1.2　创建样板前的设置

创建图形样板前，我们首先应采用"无样板打开-公制"的方式建立一个图形文件，并在该图形文件中进行下列设置：

1.　图形界限

很多用户绘图时先设置图形界限，其实绘图时图形界限功能不用设置。

图形界限是绘图区域的范围，即栅格区域的大小，设置图形界限就是为了避免绘制的图形超出某个范围。

"图形界限"命令的执行方式有以下两种：

（1）菜单栏："格式"→"图形界限"。

（2）命令行：输入"limits✓"。

图形界限有"开（ON）"和"关（OFF）"两种状态。

"开（ON）"：选择该选项里，系统将进行图形界限检查，不允许在超出图形界限的区域内绘制对象。

"关（OFF）"：选择该选项，系统将不会进行图形界限检查，允许在超出图形界限的区域内绘制对象。此时我们可以理解为模型空间是无限大的，在哪里绘图都可以。

当图形界限处于"开（ON）"状态时，只有在图形界限内才能绘制图形。这一功能是为了配合"打印-模型"对话框（见图 10-1）中"打印范围"为"图形界限"的选项而设置的，虽然"打印-模型"对话框中还保留这种打印范围的选项，但实际上这种方式已经被淘汰了。

现在看来图形界限功能不但没有用处，相反一旦其处于开（ON）状态，限制了绘图区域，反而将会给绘图造成很大的束缚。因此，图形界限应该处于关（OFF）状态，这也是 AutoCAD 2014 中图形界限的默认状态，即绘图时图形界限功能不用设置。

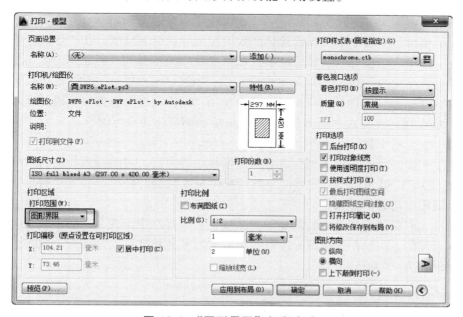

图 10-1　"图形界限"打印方式

2．图形单位

1）图形单位命令的执行方式

（1）菜单栏："格式"→"单位"。

（2）命令行：输入"units✓"。

（3）快捷键："un"。

执行此命令后，系统将打开"图形单位"对话框，在对话框中可以设置长度、角度数据的显示类型和精度，可以定义正角度值的方向是逆时针方向还是顺时针方向，还可以定义零角度的方向，如图 10-2 所示。上述内容一般采用默认即可，无需更改。

图 10-2 "图形单位"对话框

2）说　明

在"图形单位"对话框中可以设置长度数据和角度数据的精度，在"标注样式管理器"的"主单位"选项卡中也可以设置长度数据和角度数据的精度。两者之间的区别如下：

例如，一段尺寸为"50.1234"个单位的直线，如果"图形单位"对话框中长度数据的精度设置为"0.00"，在"特性"选项面板中或者使用"距离"命令查询该线段长度时会显示为"50.12"；而如果在标注样式中精度设置为"0.000"，则标注该尺寸时会显示为"50.123"。两者并不相关，也互不干扰。

对于新手来说，由于知识不到位或者画图不小心等原因，可能导致长度为"50"的尺寸画成了"50.1234"。但如果"图形单位"对话框中长度数据的精度位数显示的足够长，可以据此检查出画图中出现的错误。

在标注样式中必须合理设置数据显示的精度，否则标注中出现太长的小数位，对于工程图来说是不合理的。一般在机械图标注样式中长度数据的精度可以设置为"0.00"，角度数据的精度可以设置为"0.00"。

3．设置图层

默认情况下每个图形文件都会有"0"图层，另外画图过程中系统会自动产生一个"定义点（Defpoints）"图层，除此之外我们还需设置一些常用的图层，如图 10-3 所示。

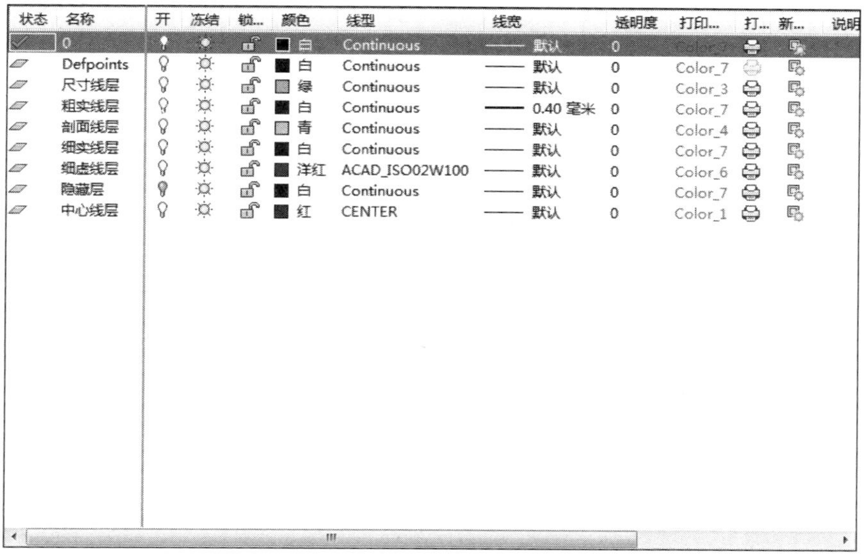

图 10-3　创建图层

各层的参数设置可参考表 10-1。

表 10-1　图层设置参数表

图层名	线　型	线宽	颜色	功　能
0 层	Continuous	默认	黑/白	一般不用
尺寸线层	Continuous	默认	绿	标注尺寸、书写文字
粗实线层	Continuous	0.5	黑/白	绘制可见轮廓线
细实线层	Continuous	默认	黑/白	绘制波浪线
细虚线层	ACAD-ISO02W100	默认	洋红	绘制不可见轮廓线
中心线层	Center	默认	红	绘制对称中心线、回转体轴线
剖面线层	Continuous	默认	青	填充剖面区域
隐藏层	Continuous	默认	黑/白	用于个别图线临时隐藏 该层设置为"关"状态

4．文字样式

默认情况下，每个图形文件都会有样式名为"Annotative"和"Standard"的文字样式。其中，"Annotative"文字样式勾选了"注释性"选项，用于通过注释比例方便的控制打印输出前文字的比例控制。由于接下来要建立的文字样式均勾选了"注释性"选项，因此可以删除"Annotative"文字样式。

除此之外，我们还需设置一些常用的文字样式，各层的参数设置可参考表 10-2。

表 10-2　文字样式设置参数表

样式名	字体名	大字体名	注释性	高　度	宽度因子
Standard	gbenor.shx	gbcbig.shx	勾选	0	1
标注	gbenor.shx	gbcbig.shx	勾选	0	1
宋体	宋体	无	勾选	0	0.7

5. 标注样式

默认情况下，每个图形文件都会有样式名为"Annotative"和"ISO-25"的标注样式。其中，"Annotative"文字样式勾选了"注释性"选项，用于通过注释比例方便的控制打印输出前标注样式的比例控制。"Annotative"和"ISO-25"这两种标注样式一般不需要修改其设置，而是新建一个样式名为"标注"的标注样式，如图 10-4（a）所示。

"标注"的标注样式中需要修改的参数设置可参考下述描述：

1）"线"选项卡，如图 10-4（b）所示

（1）"基线间距"设置为"10"。

（2）"起点偏移量"设置为"0"。

2）"文字"选项卡，如图 10-4（c）所示

（1）"文字样式"选择"标注"文字样式。

（2）"字体高度"设置为"3.5"。

3）"调整"选项卡，如图 10-4（d）所示

"标注特征比例"选项选择"使用全局比例"并设置参数为 1。

4）"主单位"选项卡，如图 10-4（e）所示

（1）"小数分隔符"选项选择"．句点"选项。

（2）"测量单位比例"选项区域中"比例因子"设为"1"。

（3）"角度标注"选项区域"精度"设置为"0.00"。

（4）"消零"选项区域选择"后续"复选项。

5）"公差"选项卡，如图 10-4（f）所示

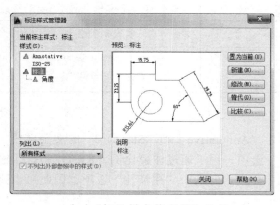

（a）"标注样式管理器"设置

（b）"线"选项卡

（c）"文字"选项卡

（d）"调整"选项卡

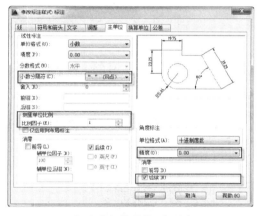

（e）"主单位"选项卡

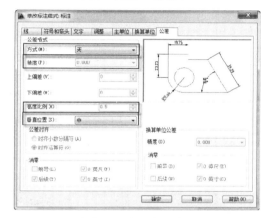

（f）"公差"选项卡

图 10-4　创建标注样式

（1）"方式"选项设置为"无"。

（2）"精度"选项设置为"0.000"。

（3）"高度比例"选项设置为"0.8"。

（4）"垂直位置"选项设置为"中"。

6）说　明

（1）在 CAD 样板中的标注样式中"全局比例"和"测量单位比例因子"均设置为"1"。在使用样板创建图形文件后，可根据图纸比例和不同的模型空间打印方式，选择设置"全局比例"或"测量单位比例因子"。

（2）"公差"选项卡中一旦"方式"选项设置为"极限偏差"，用该标注样式标注的尺寸将全部标上极限偏差，因此该选项应设置为"无"。个别尺寸需要设置极限偏差，可以通过"特性"选项板单独设置。类似地，如果某些尺寸前需要加符号"φ"，也是可以通过使用"特性"选项板或者同时配合"特性匹配"命令单独进行设置。

（3）"公差"选项卡中"精度""高度比例""垂直位置"等选项只有在"方式"选项中选择"极限偏差"后才可以设置，因此设置好这些选项后，再把"方式"选项设置为"无"。

6. 创建图块

一些常用图形可以创建为图块预存到样板文件中以备后续使用。

1）机械图常见的图块（见图 10-5）

（1）A4-A0 的图框。

（2）学校用标题栏。

（3）国标用标题栏。

（4）去除材料用粗糙度。

（5）不去除材料用粗糙度。

（6）粗糙度基本符号。

（7）基准符号。

（8）剖切符号。

（9）向视图符号。

2）说　明

（1）创建上述图块时一定要严格按照相关资料上关于符号形状和尺寸的描述制作。

（2）创建上述图块时，一定要注意图形的线条宽度。用户可以通过图层来控制线宽，也可以通过"特性"工具条来单独设置某些线条的线宽。

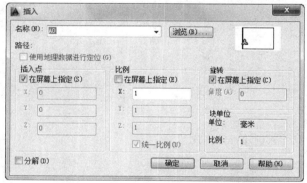

图 10-5　创建图块

7. 创建表格样式和多重引线样式

表格样式和多重引线样式可以根据需要自行设定，此处不再赘述。

10.1.3　建立样板图文件

通过前面的操作，样板图及其环境已经设置完毕，我们可以将其保存成样板图文件。我们可以直接选择将其保存为".dwt"格式文件，也可以使用"另存为…"命令打开"图形另存为"对话框，在其中输入或者指定保存文件的路径、文件名和文件类型（.dwt），然后单击"确定"保存文件如图 10-6 所示。

在"文件类型"下拉列表中选择"AutoCAD 图形样板（*.dwt）"选项时，系统自动进入 AutoCAD 2014 默认的样板文件目录。由于此目录中样板文件较多，每次打开时需耗时查找，不太方便，加之会在不同的电脑上绘图，因此用户经常把样板文件保存在其他更方便浏览的位置（如桌面或者 U 盘）。

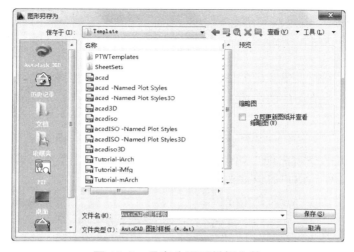

图 10-6   另存为图形样板文件

10.1.4 样板文件的使用

1. 通过"新建"命令使用样板

在新建图形文件时，系统将打开"选择样板"对话框，如图 10-7 所示。选择所需样板文件（如"AutoCAD 图形样板"），单击"打开"按钮，系统会以选中的样板文件作为模板新建一个后缀为".dwg"的图形文件（注意是图形文件，而不是选中的样板文件），该图形和选中的样板文件的设置和内容完全相同，即样板中的设置（如图形界限、图形单位、图层、文字样式、标注样式、表格样式、多重引线样式、图块等）全部存在，这样就节约了绘图前大量的准备工作，提高了绘图效率。

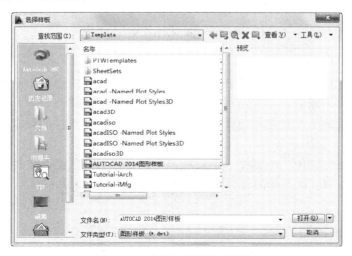

图 10-7   "选择样板"对话框

2. 双击样板文件使用样板

如果找到样板文件，直接双击样板文件图标可以达到同样的效果。

10.1.5　修改样板文件

样板文件的制作可能需要多次的修改才能较完善。而从上述操作方法可以看出，双击样板文件图标打开的是一个新建的图形文件，而不是样板文件本身，那么如何才能打开并修改样板文件呢？

通过菜单栏选择"文件"→"打开"命令，系统将弹出"选择文件"对话框，如图 10-8 所示。选择所需修改的样板文件（如"AutoCAD 图形样板"），单击"打开"按钮，此时系统打开的是该样板文件，用户可以修改并保存。

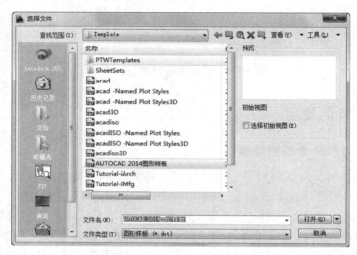

图 10-8　"选择文件"对话框

10.2　绘制零件平面图

任何机器或部件都是由若干零件装配而成的，零件是机器或部件中不可再分割的基本单元，也是制造单元。用来表示零件结构、大小及技术要求的图样称为零件图。零件图是加工制造零件的依据，反映了设计者的意图，表达了机器或部件对零件的要求，是生产中最重要的技术文件之一。

零件图和装配图的读图与绘制是学习机械制图的最终目标。绘制零件图和装配图也是使用 AutoCAD 2014 绘制机械图的最终目标，其中以绘制零件图为基础。

10.2.1　零件图包含的内容

为了满足生产需要，机械零件图一般应包括下列四项内容：

1．一组图形

用视图、剖视图、断面图及其他规定画法和简化画法等，正确、完整、清晰地表达零件的结构和形状。

2．完整的尺寸

零件在制造和检验时，需要使用到包括尺寸公差在内的全部尺寸。

3．技术要求

在图上用规定的符号标注或用文字说明零件在制造、检验、装配过程中应达到的技术要求，如表面粗糙度、几何公差、尺寸公差、热处理要求和零件表面修饰要求等。

4．标题栏

在标题栏中应填写零件的名称、材料、数量、比例、图号、有关人员的签名和日期等。

10.2.2　绘制零件平面图步骤

本小节将以传动轴零件图为例，向大家介绍如何绘制零件图，绘制完成的传动轴零件图如图 10-9 所示。该零件图图纸比例为 2∶1，拟采用本书第 9 章 9.2 节所介绍的模型空间打印方式二的方法打印出图。具体操作步骤如下：

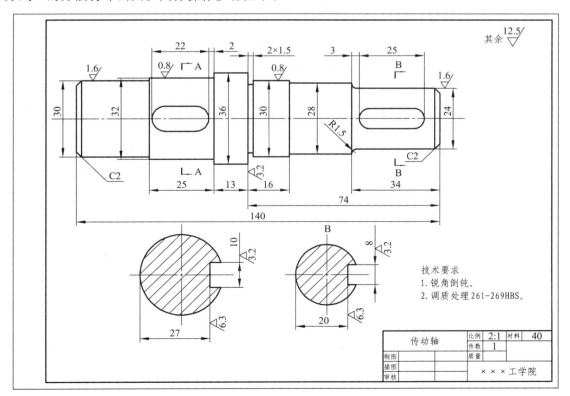

图 10-9　传动轴零件图

1．使用样板文件创建图形文件

找到制作好的样板文件，双击该文件，AutoCAD 2014 会以该样板文件作为模板新建一个后缀为".dwg"的图形文件。其中的图形界限、图形单位、图层、文字样式、标注样式、表格样式、多重引线样式、图块等已经全部设置好，这为我们节省了大量的绘图前期准备工作。

2．打印方式说明

打印比例设为 2∶1，打印时 AutoCAD 2014 会将图形文件中的所有对象都放大为图中尺寸（即实物尺寸）的 2 倍打印在纸质图纸上。对于图形来说，这种做法刚好满足图纸比例 2∶1 的要求，但同时所有的尺寸标注、粗糙度符号、基准符号、剖切符号、图框、标题栏、单独的文字注释等内容都会放大为图中尺寸的 2 倍，而这些内容在 AutoCAD 2014 中的尺寸是按照国标中推荐或规定的尺寸（在纸质图纸上）要求绘制的，如标注的字体高度为"3.5"，箭头的大小为"2.5"，将其放大 2 倍打印在纸质图纸上分别变成了"7 mm"和"5 mm"，这显然不合要求。因此，要在打印之前将这些内容都缩小为原来的 1/2（该数字与图纸比例有关），之后再放大两倍打印在纸质图纸上，从而还原为 AutoCAD 2014 图中设定的尺寸，符合图纸要求。

3．绘制和编辑图形

1）创建中心轴线

将"中心线层"设为当前图层，然后绘制一条水平构造线，如图 10-10 所示。

绘图过程中中心线可以使用"构造线"命令绘制，绘图过程中根据需要修剪即可，无需再计算中心线的长度。

2）绘制矩形

在绘制图形时，如果把图形分解成独立的一根根线条去绘图，需要计算出每根线条的长度和角度，这需要大量的计算，耗费较多的时间和精力，另外线条数量太多，绘图工作本身也复杂且耗时。

在一般机械图形中，很多图线都视作由矩形组成，或是由部分线条被修剪过的矩形组成。在这些矩形的长、宽尺寸在图中都是已知的，或是经过简单计算可以推算出来的。如果把这些矩形画出来，再移动到正确的位置，整个机械图形的大框架甚至是绝大部分图形就已经完成，这种绘图方法可以节约大量的绘图时间，提高绘图效率。轴类零件就是这样一种典型样例，轴的主视图可以看作是由很多矩形水平拼接而成的，用户可以依次画出每一个矩形，之后把矩形相互对齐到轴线位置即可。对于该图来说，首先绘制左侧水平长"28"，竖直宽"30"的矩形。

（1）将"粗实线"设为当前图层。

如果在画图过程中忘记切换图层，或者画错图线图层，可以通过两种方法更改图层：一是通过"特性匹配"命令来匹配图层和其他相关特性（如颜色、线型、线宽、文字样式、标注样式等）；二是选中需要修改图层的线条，之后在"图层"工具栏的"图层"下拉列表中直接选择要更改到的图层即可。

（2）绘制水平长"28"，竖直宽"30"的矩形，如图 10-11 所示。

图 10-10 绘制轴线   图 10-11 绘制矩形

3）移动矩形

激活"移动"命令，选择上述画出的矩形，指定矩形左侧竖直边的中点为基点（见图 10-12），指定中心轴线上一点作为移动的第二点（目标点）。由于构造线的对象捕捉特征点只有"中点"，因此要保证矩形上的点移动到轴线上，可以采用"最近点"，如图 10-13 所示，移动结果如图 10-14 所示。

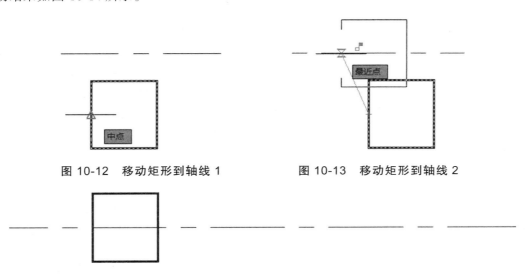

图 10-12 移动矩形到轴线 1   图 10-13 移动矩形到轴线 2

图 10-14 移动矩形到轴线 3

在执行某个绘图命令的过程中，在按住 Shift 的同时，单击鼠标右键，在弹出的对象捕捉快捷菜单中可以很方便地选择需要的对象捕捉特征点。

4）绘制第二个矩形，并移动对齐到相应位置

绘制第二个水平长"25"，竖直宽"32"的矩形。选择该矩形左侧竖直边的中点作为基点，将矩形移动到第一个矩形右侧竖直边的中点处，如图 10-15、图 10-16 所示。

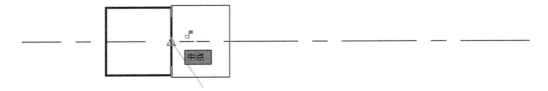

图 10-15 移动对齐其他矩形 1

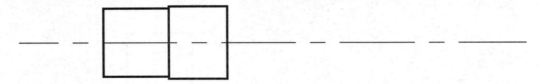

图 10-16　移动对齐其他矩形 2

5）绘制其他矩形，并移动对齐到相应位置

按照上述方法绘制其他尺寸的矩形，并移动对齐到相应位置，结果如图 10-17 所示。

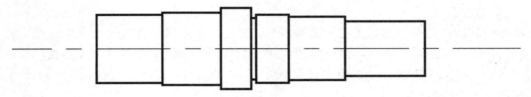

图 10-17　移动对齐其他矩形 3

6）绘制键槽

（1）绘制一个直径为"32"的圆，选取圆的圆心为基点，利用"极轴追踪"追踪水平方向，直接输入距离为"12"（相关尺寸从图中数据计算而来），从而复制该圆，如图 10-18 所示。

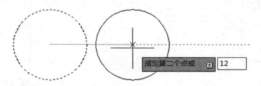

图 10-18　绘制键槽 1

（2）绘制两条水平线连接两圆。水平线的起点和端点均选在两圆相应的"象限点"上，如图 10-19 所示。

（3）修剪部分线条，如图 10-20 所示。

图 10-19　绘制键槽 2　　　　　　图 10-20　绘制键槽 3

7）移动键槽

（1）分解矩形。在绘图过程中，经常会使用现有的线条（如矩形的某个边）进行偏移来构造新的图线或临时定位线。如果直接使用"偏移"命令对矩形、多边形、圆等由多段线构成的封闭的整段线条进行偏移，将导致整个对象（如矩形的四个边）向内或向外偏移。因此，我们需要对矩形先分解，再对分解后的个别边偏移。

激活"分解"命令，选择自左侧计算第三个矩形（尺寸标注为"φ36"）进行分解。

（2）偏移现有边，构造定位线。激活"偏移"命令，选择上一步分解的矩形的左侧竖直边作为要偏移的对象，向左偏移距离为"2"，从而构造出一条竖直的直线，作为移动键槽时定位所用的临时定位线，如图 10-21 所示。

（3）选择已经绘制完成的键槽的最左侧的点作为基点，将上一步"偏移"命令中构造出的定位线和中心轴线的交点作为第二点（目标点），移动键槽到相应的位置，如图 10-22 所示。

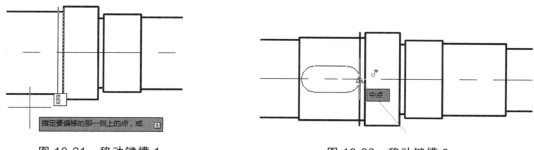

图 10-21　移动键槽 1　　　　　　　　图 10-22　移动键槽 2

8）绘制并移动其他键槽

按照步骤 6、7 的方法，绘制并移动其他键槽，如图 10-23 所示。

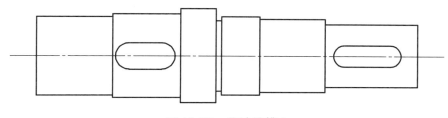

图 10-23　移动键槽 3

9）倒角圆角

按照图中的尺寸对图形进行倒角圆角，如图 10-24 所示。

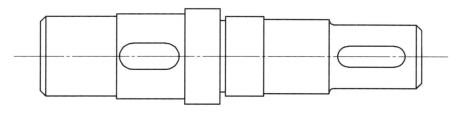

图 10-24　倒角圆角处理

10）绘制断面图

（1）在图中需要作断面图的位置，插入带剖切名称属性的剖切符号图块。粗糙度符号、基准符号、剖切符号、图框、标题栏等符号和图形在绘图时经常使用，因此在 AutoCAD 2014 中可以将他们制作成图块，尺寸按照国标要求制作，即按照最终打印在纸质图纸上的尺寸制作。这些图块在打印之前要缩小为原来尺寸的 1/2，因此插入这些图块时，图块比例要设置为 "0.5"。

注意：后续在插入图块时，所有插入图块的比例均为 0.5，该比例与图纸比例以及打印出图方式紧密相关，直接关系到打印出图的正确与否，且插入图块数量较多，因此要格外留意。

（2）在剖切符号上下对齐的位置（剖切迹线上）分别绘制直径为 "φ32" 和 "φ24" 的圆，并绘制 "十" 字对称中心线，如图 10-25 所示。

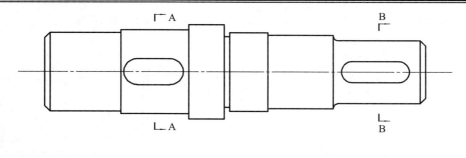

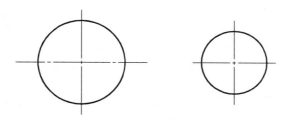

图 10-25　断面图 1

（3）更改线型比例。断面图中，两圆的"十"字对称中心线处在"中心线层"，但是从图中可以看出，由于线型比例不当，该中心线已显示为实线。

选择"格式"→"线型"命令，系统将打开"线型管理器"对话框。单击"细节"按钮，该对话框将完整显示，在其中的"全局比例因子"文本框中输入"0.5"，单击"确定"按钮完成修改线型，如图 10-26 所示。该比例的具体数值可以多试几次，直到线型显示效果满意为止。

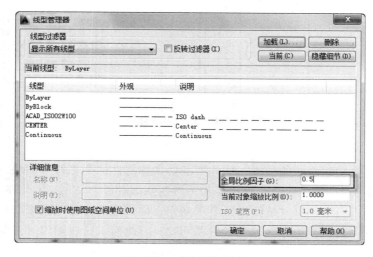

图 10-26　更改线型比例

（4）选中两圆的中心线，通过"偏移"命令构造出键槽的组成线条，如图 10-27 所示。

（5）更改上述线条的图层到"粗实线层"。

（6）通过"修剪"命令修剪多余线条，如图 10-28 所示。

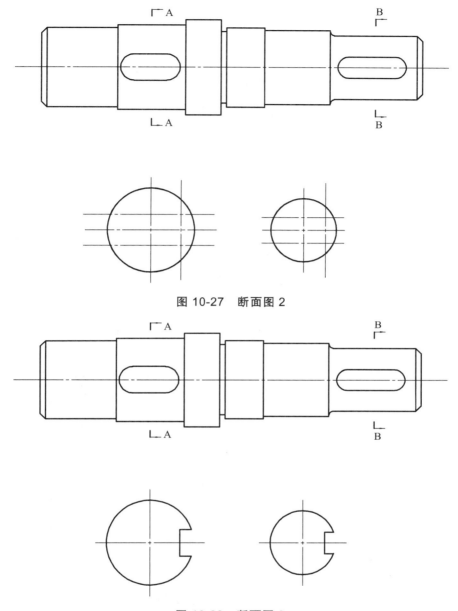

图 10-27　断面图 2

图 10-28　断面图 3

（7）通过图案填充填充两个断面图，注意选择合适的图案比例，如图 10-29 所示。

11）标注尺寸

（1）在"样式"工具栏的"标注样式控制"下拉列表中选择"标注"，即把"标注"样式作为当前标注样式。

（2）修改标注样式中的全局比例。

标注样式中标注组成要素的尺寸（如文字高度、箭头大小、基线间距、尺寸界线超出尺寸线的距离、尺寸界线起点从图形中偏移的距离、文字从尺寸线偏移的距离等）在打印之前也要缩小为原来的 1/2，因此要设置当前标注样式中的全局比例为"0.5"。

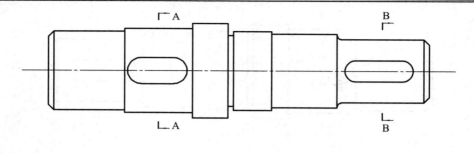

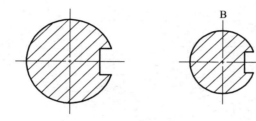

图 10-29　断面图 4

单击"样式"工具栏中的"标注样式管理器"按钮，系统将打开"标注样式管理器"对话框。在该对话框中选取当前标注样式，单击"修改"按钮，系统将打开"修改标注样式：标注"对话框。在"调整"选项卡的"标注特征比例"选项区域中，选择"使用全局比例"选项，并在其右侧的文本框中将"全局比例"修改为 0.5，如图 10-30 所示。

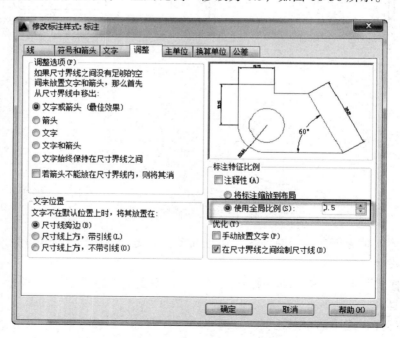

图 10-30　设定全局比例

（3）使用当前标注样式标注尺寸，如图 10-31 所示。

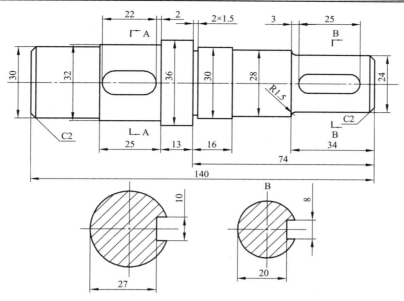

图 10-31　标注尺寸

（4）修改个别尺寸标注，如图 10-32 所示。

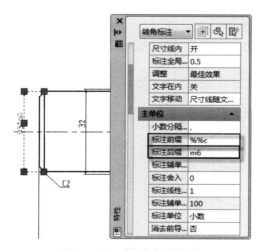

图 10-32　修改个别标注

使用当前标注样式标注尺寸时，其中个别尺寸需要修正。例如，轴的直径需要在数字前面加上字符"φ"，有尺寸公差要求的轴径还需要在尺寸数字后面加上尺寸偏差或者公差代号。这些内容如果直接在当前标注样式中修改，会对所有的尺寸标注起作用，因此只能单独修改。

可以通过"特性"选项板选中需要单独修改的尺寸标注进行修改。例如最左侧的矩形对应的轴径的尺寸标注（尺寸标注为"30"），其标注应为"φ30m6"，这里需要对数字"30"前方加上字符"φ"，后方加上字符"m6"。选择该尺寸标注并右键单击，在弹出的快捷菜单中选择"特性"，系统将弹出"特性"选项板。在该选项板的"前缀"文本框中输入字符"%%C"，敲击回车键，系统会在标注数字"30"前方加上符号"φ"；在该选项板的"后缀"文本框中输入字符"m6"，敲击回车键，此时该标注将显示为"φ30m6"。

如果通过"特性"选项板修改的尺寸标注较多，单独修改每个尺寸标注会非常麻烦，此时有两种方法可以简化修改过程：一是将修改内容相同的尺寸标注全部选中，然后在"特性"选项板中对其统一修改；二是在尺寸标注修改完成后，使用"特性匹配"命令将其他尺寸标注与已修改好的尺寸标注相匹配。

12）插入粗糙度图块

在图中需要标注粗糙度的位置，插入带属性的粗糙度图块，图块比例为"0.5"，如图 10-33 所示。注意，后续在插入图块时所有插入图块的比例均为 0.5，该比例与图纸比例以及打印出图方式紧密相关，将直接关系到打印出图的正确与否，且插入图块数量较多，因此要格外留意。

新老标准粗糙度符号规则画法不一样，根据图中标注的位置，其标注方法也有所不同，因此要注意新老标准不能混用。

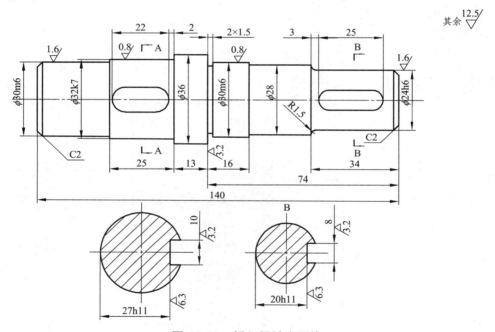

图 10-33　插入粗糙度图块

4. 添加注释文字

零件图中往往需要添加一些单独的文字注释，如技术要求、视图名称（如视图、剖视图、断面图或局部放大图）等。这些文字注释需要用"单行文字"或"多行文字"（一般选用多行文字）命令单独添加，其字体高度可以按照纸质图纸上要求的字体高度设定，之后通过"缩放"命令缩小为原高度的"1/2"。

5. 添加图框和标题栏

由于图框和标题栏也被定义成图块，因此在插入这些图块时，需将图块比例设置为"0.5"，如图 10-34 所示。添加图框图块后，还需单独调整图形或文字的位置以适应图纸布局。

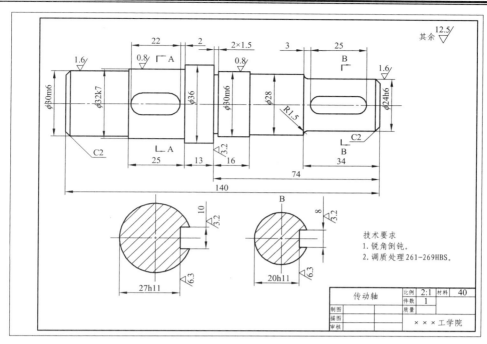

图 10-34　书写文字、插入图框和标题栏

10.2.3　打印图形

选择"文件"→"打印"命令，系统将弹出"打印-模型"对话框，按照如图 10-35 所示的参数设置该对话框。其中"打印机"选项区域的"名称"下拉列表应根据实际情况选择所需打印机名称。在"打印范围"下拉列表中选择"窗口"选项，系统将返回模型空间绘图窗口，通过"对象捕捉"功能捕捉图框外框的两个对角点后，系统将再次弹出"打印-模型"，点击"打印"按钮即可开始打印。

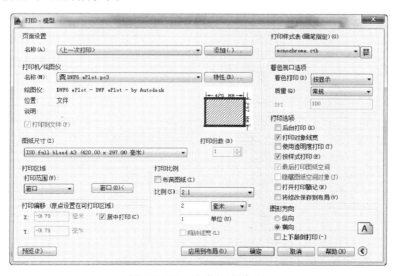

图 10-35　设定打印参数

10.3　绘制零件三视图

　　一个视图只能反映物体的一个方位的形状，不能完整反映物体的结构形状。三视图是从三个不同方向对同一个物体进行投射的结果，能较完整的表达物体的结构。另外，三视图还有如局部视图、斜视图、剖视图、断面图等作为辅助，基本能完整的表达物体的结构。

　　三视图不仅能反映物体的形状，还能反映物体各个方向的尺寸大小，因此三视图在许多行业都有非常广泛的应用。

10.3.1　三视图的投影规律

　　三视图的投影规律可以简单概括为：主俯视图长对正，主左视图高平齐，俯左视图宽相等。根据三视图投影规律，可以使用"构造线"命令构造线条实现视图中对齐的效果。

10.3.2　绘制零件三视图步骤

　　本小节将以支架零件图为例向大家介绍绘制零件三视图的步骤，绘制完成的支架零件图如图 10-36 所示，该零件图图纸比例为"2：1"，拟采用本书第 9 章 9.2 节所介绍的模型空间打印方式一的方法打印出图。

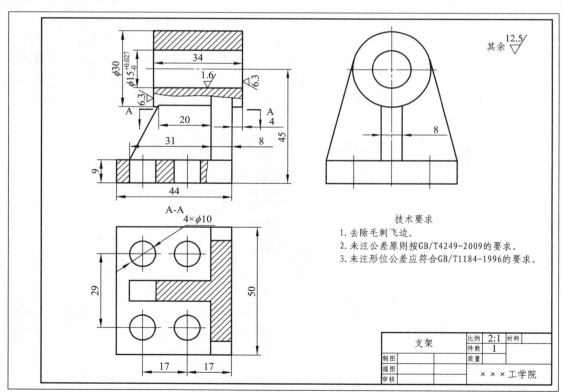

图 10-36　支架零件图

1. 使用样板文件创建图形文件

选择已制作好的样板文件并双击该文件，AutoCAD 2014 将会以该样板文件作为模板新建一个后缀为".dwg"的图形文件，其中的图形界限、图形单位、图层、文字样式、标注样式、表格样式、多重引线样式、图块等已经全部设置好。

2. 打印方式说明

打印比例设为"1∶1"，打印时 AutoCAD 2014 会将图形文件中的所有对象都按照"1∶1"的比例打印在纸质图纸上。如需满足图形以"2∶1"的图纸比例输出在图纸上，需先把图形先放大为原来的 2 倍，再按照"1∶1"的打印比例输出。

图形放大为 2 倍，即 100 个单位的线段，放大后为 200 个单位。按照标注原则，不管采用什么比例绘图，仍应该标注实物真实的尺寸，即应该标注为 100 个单位，因此在标注样式中要把测量单位比例因子设定为"0.5"。标注样式中标注组成要素的尺寸（如文字高度、箭头大小、基线间距、尺寸界线超出尺寸线的距离、尺寸界线起点从图形中偏移的距离、文字从尺寸线偏移的距离等）按照纸质图纸上的要求设定，打印比例为 1∶1，因此全局比例仍为默认值 1。

由于粗糙度符号、基准符号、剖切符号、图框、标题栏等符号、图形在绘图时会经常用到，因此在我们可以将他们制作成图块，尺寸按照国标要求制作，即按照最终打印在纸质图纸上的尺寸制作。由于打印比例设为"1∶1"，因此这些图块插入图形中时，图块比例应设为"1"。

3. 绘制和编辑图形

1）绘制左视图

（1）创建中心轴线。

将"中心线层"设为当前图层，然后绘制一条水平构造线"a"和一条竖直构造线"b"，如图 10-37 所示。

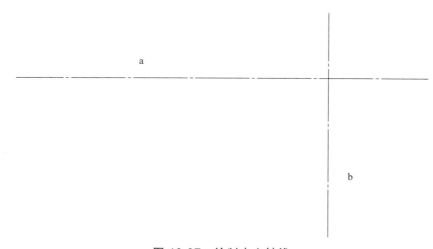

图 10-37　绘制中心轴线

由于需要指明图中具体的线条或点位置，因此本小节后续内容中，我们将用小写英文字母表示相应线条，大写英文字母表示相应点。

（2）绘制同心圆。

将"粗实线层"设为当前图层，以两个构造线的交点为圆心分别绘制直径为"φ15"和直径为"φ30"的同心圆，如图 10-38 所示。

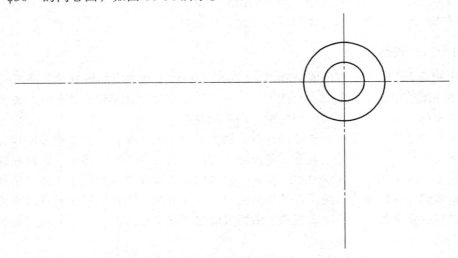

图 10-38　绘制同心圆

如果在画图过程中忘记切换图层，图线画错图层，可以通过"特性匹配"命令来匹配图层和其他相关特性（如颜色、线型、线宽、文字样式、标注样式等），后续内容不再一一说明。

（3）使用"偏移"命令绘制平行线。

使用"偏移"命令，对构造线"a"向下作出两条平行线，偏移距离分别为"36"和"45"。

使用"偏移"命令，对构造线"b"向左右两侧作出四条平行线，偏移距离分别为"4"和"25"，如图 10-39 所示。

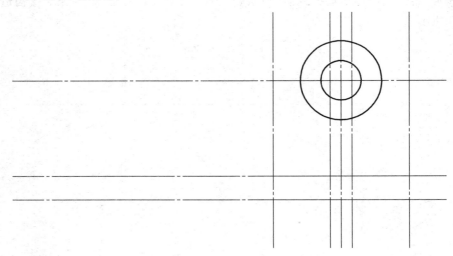

图 10-39　绘制平行线

（4）修剪、整理线条。

使用"修剪"和"删除"命令修剪并删除多余线条，如图 10-40 所示。

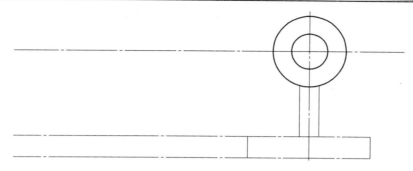

图 10-40　修剪、整理线条

（5）打断线段，转换图层。

部分水平构造线在绘制主视图时可以作为辅助线，起到构造或对齐线条的作用。因此这部分构造线并不用被修剪掉，而是通过"打断于点"命令将其打断。

如果需要打断的线条太多，操作起来将非常缓慢。此时，也可使用"修剪"命令直接修剪掉多余构造线，待需要时再重新绘制构造线。

◆　将图中下方的两条水平构造线于"A""B"两点处断开。

◆　通过"特性匹配"命令更改部分线条图层，如图 10-41 所示。

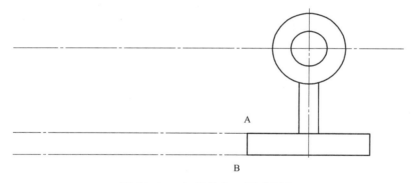

图 10-41　打断线条、更改图层

（6）修剪圆的十字中心线。

如果希望圆的十字中心线超出圆的部分均匀一致，可以采用下列方法：

◆　绘制图中两圆的同心圆，直径为"φ33"，如图 10-42 所示。

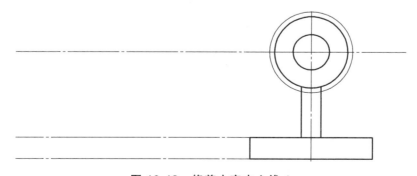

图 10-42　修剪十字中心线 1

◆ 以直径为"φ33"的圆为边界修剪圆的十字中心线。

◆ 删除直径为"φ33"的圆，结果如图 10-43 所示。

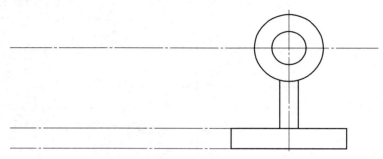

图 10-43　修剪十字中心线 2

（7）绘制左视图中的其他线条。

◆ 绘制"CD"直线。激活"直线"命令，依次捕捉"C"点和圆上的切点"D"。此时由于其他特征点的干扰，无法捕捉切点，我们可以按住 Shift 键同时单击鼠标右键，在弹出的"对象捕捉"快捷菜单，选择"切点"选项，系统将暂时屏蔽其他特征点而只选择捕捉切点。

◆ 绘制与"CD"对称的直线。

◆ 使用"偏移"命令，在构造线"b"向左右两侧作出两条平行线，偏移距离均为"14.5"。

◆ 修剪刚作出的两条平行线，如图 10-44 所示。此时会发现修剪后的平行线因为线型比例不合适，已经显示为实线。

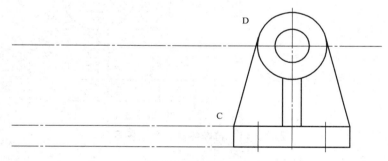

图 10-44　绘制其他线条

◆ 选择"格式"→"线型"命令，打开"线型管理器"对话框修改"全局比例因子"为"0.2"，结果如图 10-45 所示。

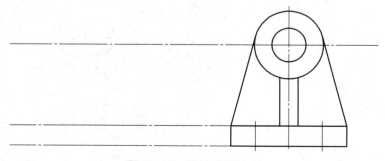

图 10-45　更改线型比例

2）绘制主视图

（1）绘制构造线。

◆　在图中适当位置作出竖直构造线"c"，以确定主视图最右侧的位置，确保主视图和左视图之间留出足够的距离，如图 10-46 所示。

◆　通过"复制"命令作出构造线 c 的平行线，

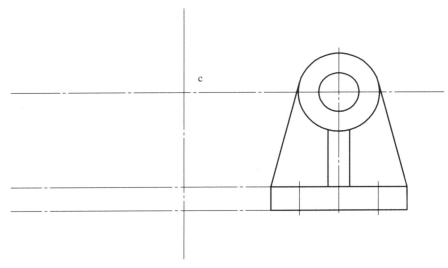

图 10-46　绘制主视图构造线

与"偏移"命令相比，"复制"命令同样可以作出现有线段的平行线（主要是水平或竖直的平行线）。"偏移"命令一次只能使用同一偏移距离，而"复制"命令一次命令中可以指定多个偏移距离，有时更为方便快捷。

激活"复制"命令，在提示选择要复制的对象时，选择构造线 c，指定构造线 a 和构造线 c 的交点 E 作为复制的基点，在提示指定第二点（目标点）时，通过"极轴追踪"功能追踪"180°"方向（水平向左），然后输入"4✓"，如图 10-47 所示。

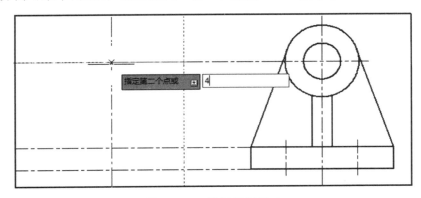

图 10-47　绘制平行线 1

系统将绘制出一条间距为"4"的平行线，之后依次输入"12✓"，"34✓"，"48✓"，构造出一系列竖直的平行线，如图 10-48 所示。

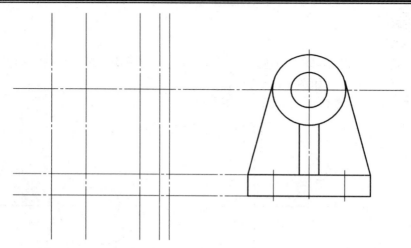

图 10-48　绘制平行线 2

◆ 分别通过左视图两圆的上下四个象限点做出水平构造线，如图 10-49 所示。

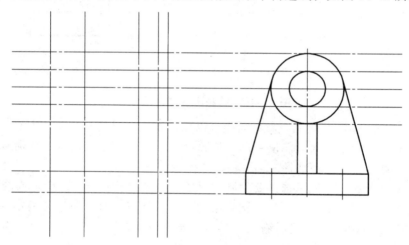

图 10-49　绘制平行线 3

（2）修剪构造线。

使用"修剪"和"删除"命令修剪并删除多余线条，如图 10-50 所示。

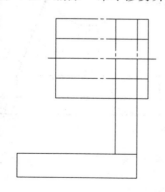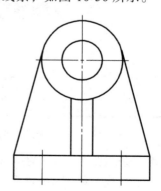

图 10-50　修剪、整理线条

（3）绘制波浪线。

使用"样条曲线"命令绘制波浪线作为视图和剖视图的分界，如图 10-51 所示。

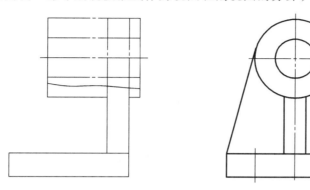

图 10-51　绘制波浪线

（4）修剪多余线条。

使用"修剪"命令修剪支撑板的多余线条，如图 10-52 所示。

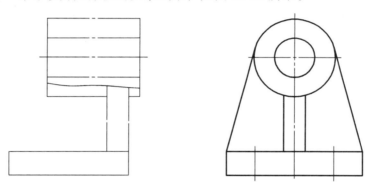

图 10-52　修剪线条

（5）绘制底座中的孔。

◆ 使用"偏移"命令，对线段"d"向左作出两条平行线段"e"和"f"，偏移距离分别为"17"和"34"，如图 10-53 所示。

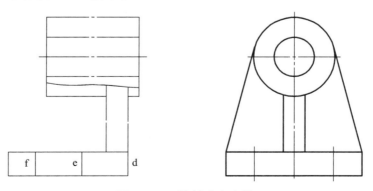

图 10-53　绘制孔中心线

◆ 使用"偏移"命令，分别对孔轴线"e"和"f"向左右两侧偏移，作出四条平行线，偏移距离分别为均为"5",如图 10-54 所示。

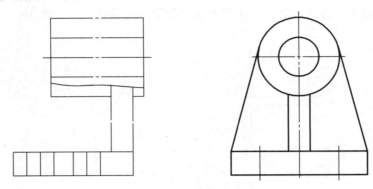

图 10-54   绘制孔轮廓线

◆ 选中线段"f",把光标悬停在线段"f"的上端点夹点处,系统弹出多功能夹点编辑右键菜单,选择"拉长"选项,适当拉长该侧孔轴线,如图 10-55 所示。用同样的方法适当拉长孔轴线"e"和"f",如图 10-56 所示。

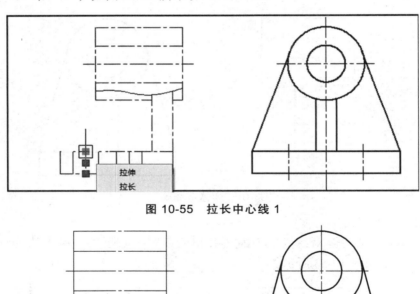

图 10-55   拉长中心线 1

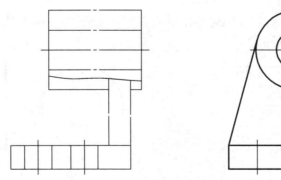

图 10-56   拉长中心线 2

◆ 使用"样条曲线"命令,在主视图底座绘制波浪线作为视图和剖视图的分界,如图 10-57 所示。

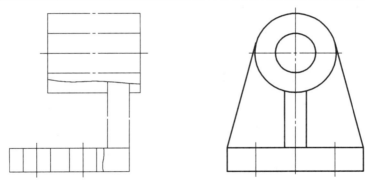

图 10-57　绘制波浪线

◆ 通过"特性匹配"命令更改部分线条图层，如图 10-58 所示。

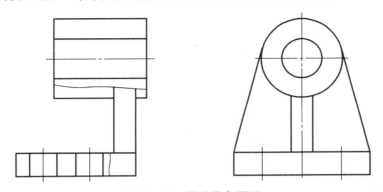

图 10-58　更改线条图层

（6）绘制肋板细节。

◆ 通过左视图中大圆与线段"g"的交点"F"点，作水平构造线"h"，如图 10-59 所示。

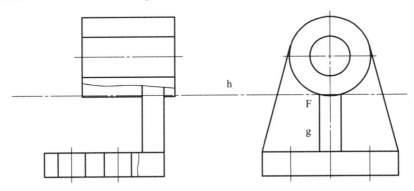

图 10-59　绘制肋板主视图 1

◆ 通过"偏移"命令，对线段"i"作左侧的两条平行线"j"和"k"，偏移距离分别为 20 和 31，如图 10-60 所示。

◆ 线段"k"和底座上表面投影的直线的交点为"G"点，水平构造线"h"和线段"j"的交点为"H"点，连接线段"GH"，如图 10-61 所示。

◆ 使用"修剪"和"删除"命令修剪并删除多余线条，如图 10-62 所示。

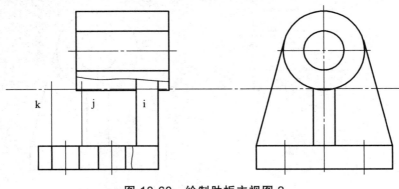

图 10-60　绘制肋板主视图 2

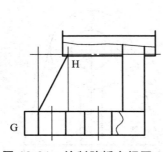

图 10-61　绘制肋板主视图 3

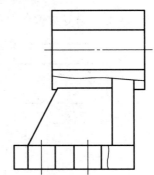

图 10-62　绘制肋板主视图 4

3）绘制俯视图

（1）绘制构造线。

◆　绘制如图 10-63 所示的竖直构造线。

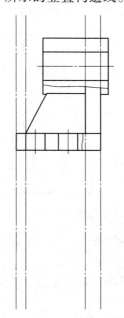

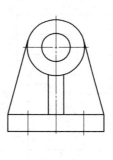

图 10-63　绘制构造线 1

◆　在主视图下方适当位置绘制水平构造线"1"作为俯视图最后端的定位线，如图 10-64 所示。

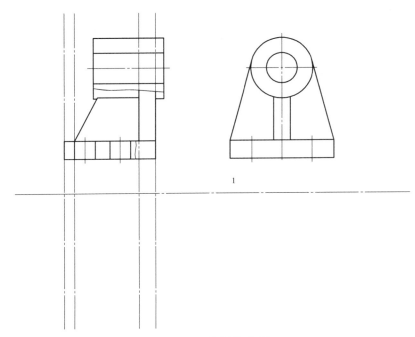

图 10-64　绘制构造线 2

◆　通过"偏移"命令，对构造线"1"作下侧的两条平行线，偏移距离分别为"25"和"50"，如图 10-65 所示。

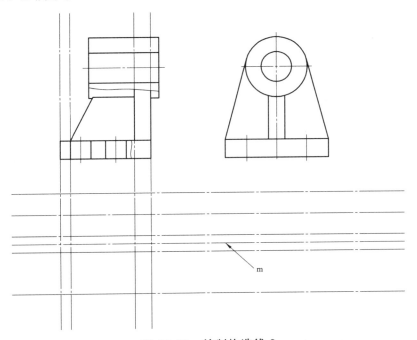

图 10-65　绘制构造线 3

◆ 通过"偏移"命令，对构造线 m 作上侧的两条平行线，偏移距离分别为"14.5"和"4"，对构造线 m 作下侧的一条平行线，偏移距离为"4"，如图 10-65 所示。

（2）修剪构造线。

使用"修剪"和"删除"命令修剪并删除多余线条，如图 10-66 所示。

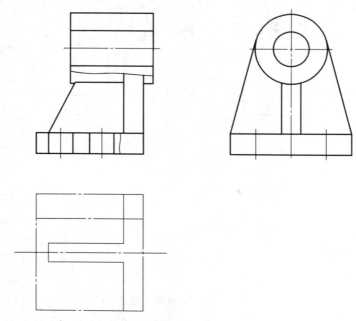

图 10-66　修剪构造线

（3）绘制底座孔的投影圆。

◆ 激活"圆"命令，使光标悬停在如图 10-67 所示图形的俯视图中"×"号所对应的交点位置，系统将记录下该对象捕捉特征点。将光标向左拖动，使用"对象追踪"功能，追踪"180°"角度，并直接输入距离"17"（见图 10-68）。此时即确定了圆心位置（距离"×"号对应点位置向左 17 个单位处），指定半径为 5，完成圆的绘制，如图 10-69 所示。

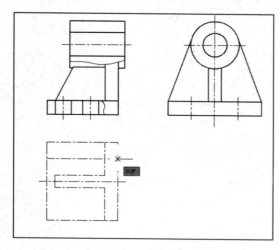

图 10-67　绘制圆孔 1

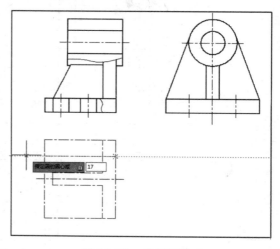

图 10-68　绘制圆孔 2

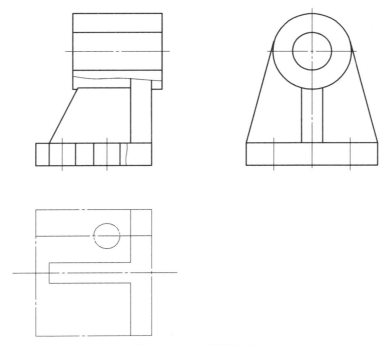

图 10-69　绘制圆孔 3

◆ 使用"修剪"命令修剪上一步绘制的圆的"十"字中心线，如图 10-70 所示。

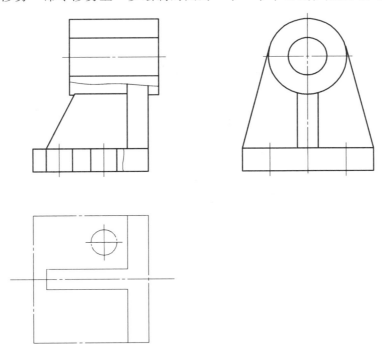

图 10-70　绘制圆孔中心线

◆ 使用"复制"命令，水平向左复制前两步确定的圆和十字中心线，距离为"17"，如图 10-71 所示。

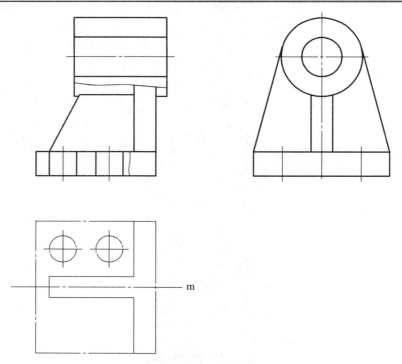

图 10-71   复制圆孔

◆ 使用"镜像"命令，镜像俯视图后侧的两个圆及"十"字中心线，镜像线选择线段"m"，结果如图 10-72 所示。

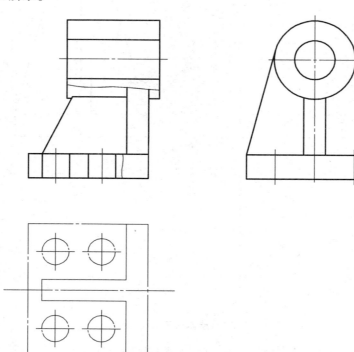

图 10-72   镜像圆孔

◆ 通过"特性匹配"命令更改部分线条图层，如图 10-73 所示。

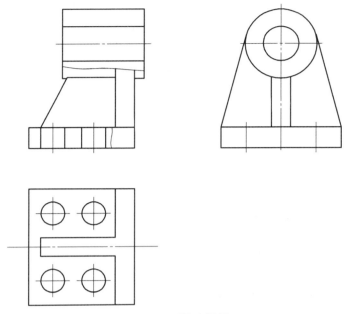

图 10-73　更改图层

（4）绘制俯视图剖视图。

◆ 在如图 10-74 所示图形中合适的位置绘制横穿肋板的水平构造线和竖直的构造线。

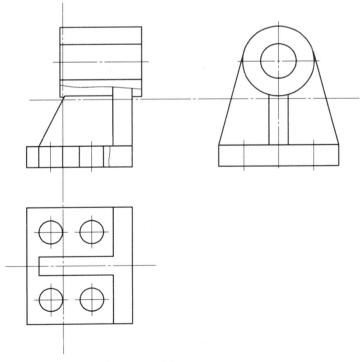

图 10-74　绘制俯视剖视图 1

◆ 修剪上一步确定的水平和竖直构造线，如图 10-75 所示。

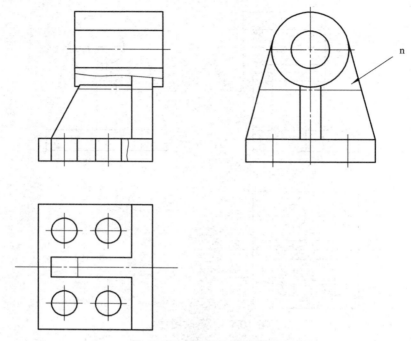

图 10-75　绘制俯视剖视图 2

◆ 将如图 10-75 所示图形中的线段"n"移动并旋转 90° 到如图 10-76 所示图形中的线段"n"位置。

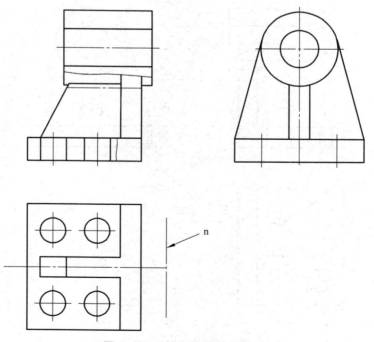

图 10-76　绘制俯视剖视图 3

◆ 在线段"n"两个端点处分别绘制两条水平构造线，如图 10-77 所示。

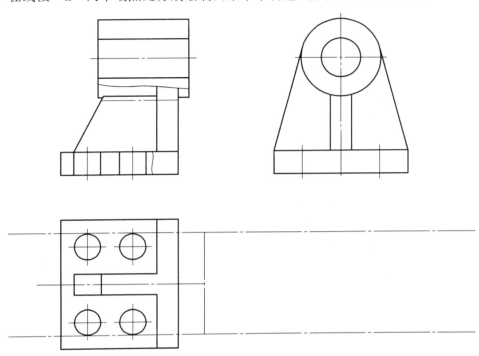

图 10-77　绘制俯视剖视图 4

◆ 使用"修剪"和"删除"命令修剪并删除多余线条，如图 10-78 所示。

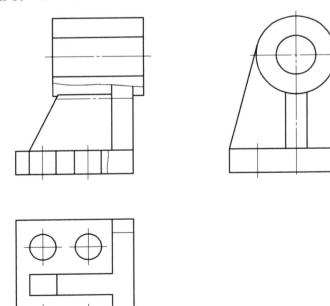

图 10-78　绘制俯视剖视图 5

◆ 通过"特性匹配"命令更改部分线条图层，如图 10-79 所示。

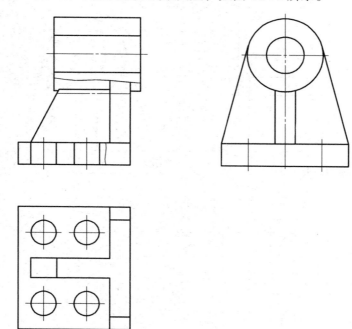

图 10-79　绘制俯视剖视图 6

4）图案填充

（1）激活"图案填充"命令，打开"图案填充和渐变色"对话框，如图 10-80 所示。

图 10-80　图案填充 1

（2）单击"图案"下拉列表框右侧的"…"按钮，打开"填充图案选项板"对话框（见图 10-81），选择图中所示图案，单击"确定"按钮，系统将返回"图案填充和渐变色"对话框。点击"添加：拾取点"按钮，系统将暂时关闭"图案填充和渐变色"对话框，返回绘图窗口，在需要图案填充的图形内部单击鼠标左键以确定内部拾取点，按"Enter"键，返回"图案填充和渐变色"对话框，单击"确定"按钮完成图案填充，如图 10-82 所示。

图 10-81　图案填充 2

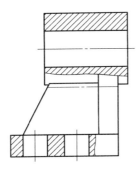
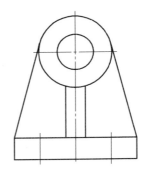
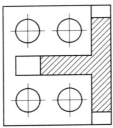

图 10-82　图案填充 3

4. 插入剖切符号图块

（1）在如图 10-83 所示的位置，插入剖切符号图块，插入图块比例为"1"。

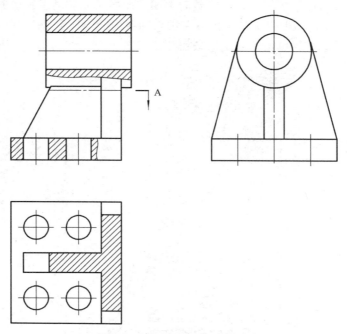

图 10-83　绘制剖切符号 1

（2）镜像剖切符号图块，并移动已插入图块到合适位置。

（3）删除定位剖切符号位置的辅助线，如图 10-84 所示。

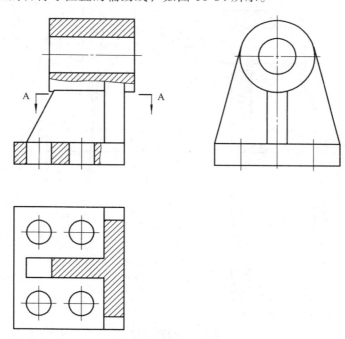

图 10-84　绘制剖切符号 2

5．标注尺寸

（1）设定测量单位比例因子。

将"标注"标注样式设为当前标注样式，修改当前标注样式中的测量单位比例因子为"0.5"，如图 10-85 所示。

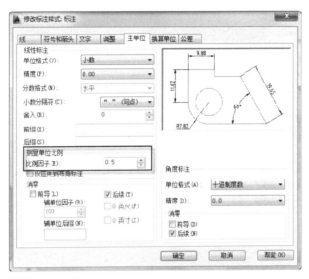

图 10-85　标注尺寸 1

（2）标注尺寸。

采用当前标注样式标注尺寸，如图 10-86 所示。

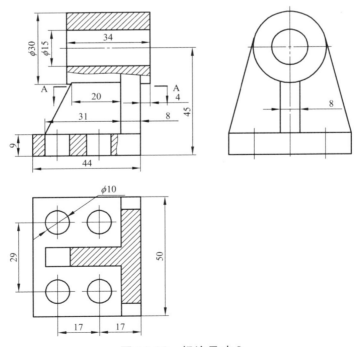

图 10-86　标注尺寸 2

（3）修改个别标注。

图中个别标注需要在数字前加上符号"φ"，如图 10-87 所示。个别标注需要在数字后面加上尺寸公差，如图 10-88 所示。我们可以通过"特性"选项板对相关标注进行修改，最终标注效果如图 10-89 所示。

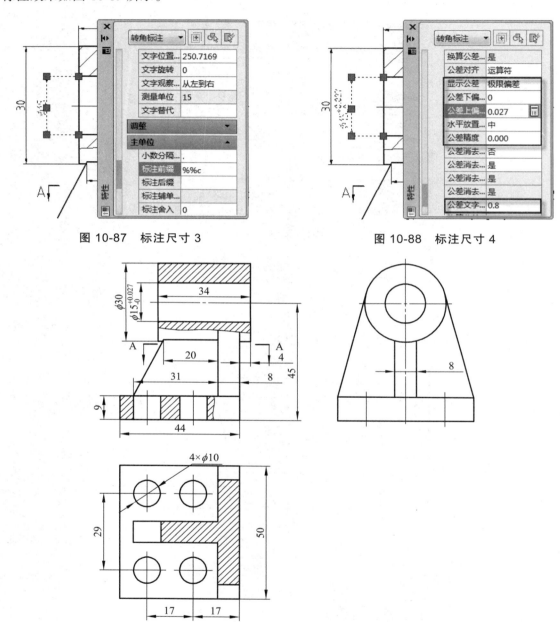

图 10-87　标注尺寸 3　　　　　　　　　图 10-88　标注尺寸 4

图 10-89　标注尺寸 5

6. 插入粗糙度图块

在图中相应位置插入粗糙度图块，插入图块比例为"1"，如图 10-90 所示。

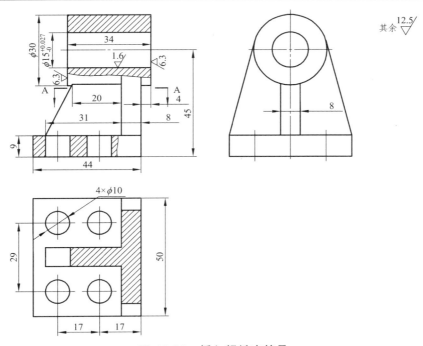

图 10-90　插入粗糙度符号

7. 单独文字注释

在图中填写技术要求等单独文字注释，字体高度按照最终打印在纸质图纸上的字体高度要求书写，如图 10-91 所示。

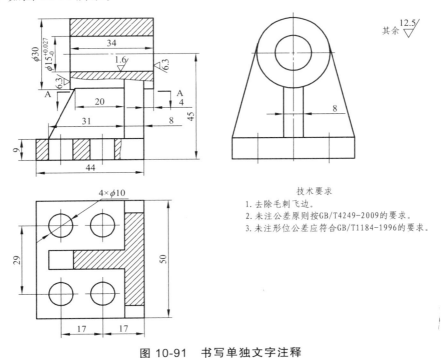

技术要求
1. 去除毛刺飞边。
2. 未注公差原则按GB/T4249-2009的要求。
3. 未注形位公差应符合GB/T1184-1996的要求。

图 10-91　书写单独文字注释

8. 插入图框、标题栏图块

（1）在图中插入图框、标题栏图块，插入图块比例为1，如图10-92所示。

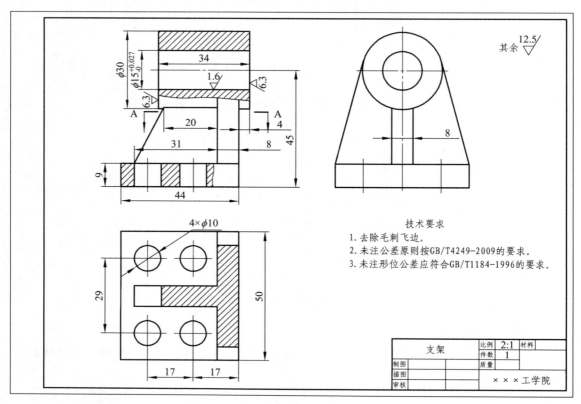

图 10-92 插入图框、标题栏图块

（2）填写标题栏图块属性值，如图10-93所示。

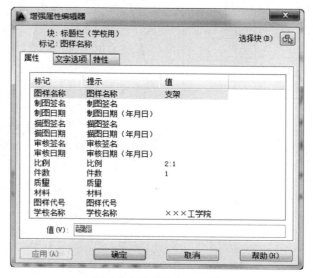

图 10-93 填写标题栏

10.3.3　打印图形

选择"文件"→"打印"命令，系统出"打印-模型"对话框，按照如图 10-94 所示的参数设置该对话框。其中，"打印机"选项区域的"名称"下拉列表应根据实际情况选择所需打印机名称。

图 10-94　设定"打印-模型"对话框参数

在"打印范围"下拉列表中选择"窗口"选项，系统将返回模型空间绘图窗口，通过"对象捕捉"功能捕捉图框外框的两个对角点，系统将再次弹出"打印-模型"，点击"打印"按钮即可开始打印。

▰ 本章小结

本章通过两个实例，从样板文件的建立到图形绘制、尺寸标注、文字标注以及特殊符号的标注，介绍了二维图形绘制到打印出图的全过程，并且通过实例详细介绍了两种打印出图的方式。

▰ 思考练习

按照 2∶1 的图纸比例，绘制 10-95 所示图形。

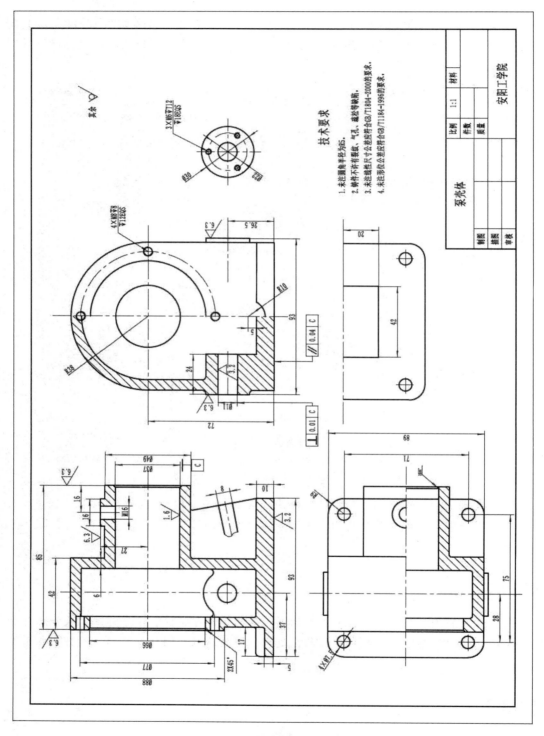

图 10-95

参考文献

[1] 胡仁喜. AutoCAD 2008 中文版机械设计及实例教程[M]. 北京：化学工业出版社，2008.

[2] 宋小春. AutoCAD 2002 应用教程[M]. 北京：水利水电出版社，2003.

[3] 苏玉雄. AutoCAD 2008 中文版案例教程[M]. 北京：水利水电出版社，2008.

[4] 马彩祝. CAD 技术 AutoCAD2008 中文版[M]. 广州：华南理工大学出版社，2008.

[5] 姜勇. 从零开始：AUTO CAD 2006 中文版机械制图基础培训教程[M]. 北京：人民邮电出版社，2006.

[6] 史宇宏. AutoCAD 中文版实例引导教程[M]. 北京：人民邮电出版社，2004.

[7] 邓兴龙. AutoCAD 2008 实例教程[M]. 广州：华南理工大学出版社，2009.